前 言

对国内为数不少的高职学生而言,数学一度是失败和不愉快的学习经历的代名词,让人无奈和逃避.为什么高职阶段还要学习数学?学习数学有何用?这些问题自然成为高职学生拿到教材时的第一个念头.其实,数学对高职学生的意义在于:数学是一门重要的素质教育课程,能提高学生运用重要的高等数学思想、方法和技巧来理解和高效解决实际问题,能为后续专业课程的学习和今后的专业工作提供必不可少的帮助和支撑.

本书在编写过程中结合电子信息类、汽车专业群教学需求,淡化数学推导证明,强化理解基本的数学思想,培养学生的初步数学建模能力,通过自主学习拓展数学知识的能力,从而全面提升学生数学素养.本书将数学基本知识、数学建模和数学实验有机融合,主要有以下几个特点:

1. 教材体系:"一个突破,两个衔接"

"一个突破"指突破传统的高等数学教材编写过于注重学科体系完整性的特点,根据高素质应用型专门人才培养的要求整合教材内容体系."两个衔接"指教材内容与技能型人才的培养需要相衔接,与我国高职学生的实际数学水平相衔接.本书内容精练、难度适中、突出应用,注重与实际应用联系较多的数学基础知识、基本方法和基本技能的训练,不追求复杂的计算和变换,注重揭示抽象概念的本质.

2. 教材内容:案例驱动启发思维

本书精心编写了大量与专业和实际生活联系紧密的适合高职高专数学教学的应用案例,通过生活和专业中的实际问题启发学生思维,引出数学知识,再列举大量浅显、贴近专业与生活的数学应用案例,将理解概念落实到用数学思想及数学概念消化、吸纳概念及原理上,充分体现了高职教育服务专业、服务学生可持续发展的实际要求.

3. 教学目标:强化数学学习方法

本书特别强调学生学习方法的掌握,更注重学生基础概念的建立、基本方法的突破以及应用问题的分析和求解.让学生了解强调本质、结构和强化分类是突破基本方法的核心,并充分利用数学软件 Mathematica 的数值功能和图形功能,让学生从感官上更形象地理解所学知识,加深对概念的认识和理解,真正做到简单高效地掌握一些复杂的计算,有利于提高运用数学知识解决实际问题的能力.

本书根据现代课程的教育理念,以职业能力为主线构建课程体系,由实验与对话引入教学内容,使课程具有开放性和生成性,激发学生学习兴趣,提升学生数学素养.此外,符号计算系统 Mathematica 与数学内容有机结合,突破高职院校生数学计算困难的瓶颈.本书共 7 章,具体编写分工如下:李波负责编写第 5 章及全部数学建模内容;王妍婷负责编写第 1 章、第 2 章;李小敏负责编写第 3 章、第 4 章;李松负责编写第 6 章;邓卓负责编写第 7 章;彭先萌负责编写各章节习题;姜秋明负责编写软件相关内容;何玲玲、范光负责审读全书.

由于编者水平有限,书中疏漏之处在所难免,恳请读者不吝指正.

编　者

2021 年 12 月

高等工科数学

主　编　李　波　王妍婷
副主编　李小敏　李　松　彭先萌
　　　　姜秋明　邓　卓
主　审　何玲玲　范　光
顾　问　张　健　刘竹林

重庆大学出版社

内容提要

本书共分为7章,主要内容包括常微分方程、多元函数微积分、行列式与矩阵、线性方程组、随机事件与概率、随机变量及其数字特征、数理统计简介.本书根据现代课程的教育理念,以职业能力为主线构建课程体系,由实验与对话引入教学内容,使课程具有开放性和生成性,从而激发学生的学习兴趣,提升学生的数学素养.除此外,符号计算系统 Mathematica 与数学内容有机结合,突破了高职院校学生数学计算困难的瓶颈.

本书可供高职院校工科类的学生作为教材或教学参考书.

图书在版编目(CIP)数据

高等工科数学 / 李波,王妍婷主编. -- 重庆 : 重庆大学出版社, 2022.3(2024.1 重印)

高职高专公共课系列教材

ISBN 978-7-5689-3184-7

Ⅰ. ①高… Ⅱ. ①李… ②王… Ⅲ. ①高等数学—高等职业教育—教材 Ⅳ. ①O13

中国版本图书馆 CIP 数据核字(2022)第041410号

高等工科数学

主　编　李　波　王妍婷

副主编　李小敏　李　松　彭先萌

姜秋明　邓　卓

责任编辑:范　琪　　版式设计:范　琪

责任校对:王　倩　　责任印制:张　策

*

重庆大学出版社出版发行

出版人:陈晓阳

社址:重庆市沙坪坝区大学城西路21号

邮编:401331

电话:(023) 88617190　88617185(中小学)

传真:(023) 88617186　88617166

网址:http://www.cqup.com.cn

邮箱:fxk@cqup.com.cn (营销中心)

全国新华书店经销

重庆华林天美印务有限公司印刷

*

开本:787mm×1092mm　1/16　印张:13.25　字数:325千

2022年3月第1版　2024年1月第2次印刷

印数:3 001—6 500

ISBN 978-7-5689-3184-7　定价:45.00元

CONTENTS 目　录

第 1 章
常微分方程

“300 年来分析是数学里首要的分支，而微分方程又是分析的心脏，这是初等微积分的天然后继课，又是为了解物理科学的一门最重要的数学，而且在它所产生的较深的问题中，它又是高等分析里大部分思想和理论的根源.”塞蒙斯(Simmons)曾如此评价微分方程在数学中的地位.

在科学技术和实际应用中，寻求变量之间的函数关系是一个重要课题. 在大量的实际问题中，人们往往不能直接找到函数关系，但可以得到未知函数及其导数(或微分)与自变量之间关系的等式，这样的等式称为微分方程. 微分方程是描述客观事物数量关系的一种重要数学模型. 本章将研究几种特殊类型的微分方程及其解法.

实验与对话 作积分曲线族

例 作微分方程$y' + 2xy = x\,\mathrm{e}^{-x^2}$的通解所决定的曲线族.

解 利用 Mathematica 求微分方程通解为：

$$y = \frac{1}{2}x^2\mathrm{e}^{-x^2} + c\,\mathrm{e}^{-x^2}$$

其中,C 为任意常数.

再利用 Mathematica 作曲线 $y = \frac{1}{2}x^2\mathrm{e}^{-x^2} + c\,\mathrm{e}^{-x^2}$ 图形,给出 C 的不同值,观察图形的变化情况(图 1.1). 展开师生对话,并将对话中所产生的相关问题记录在下面的方框中.

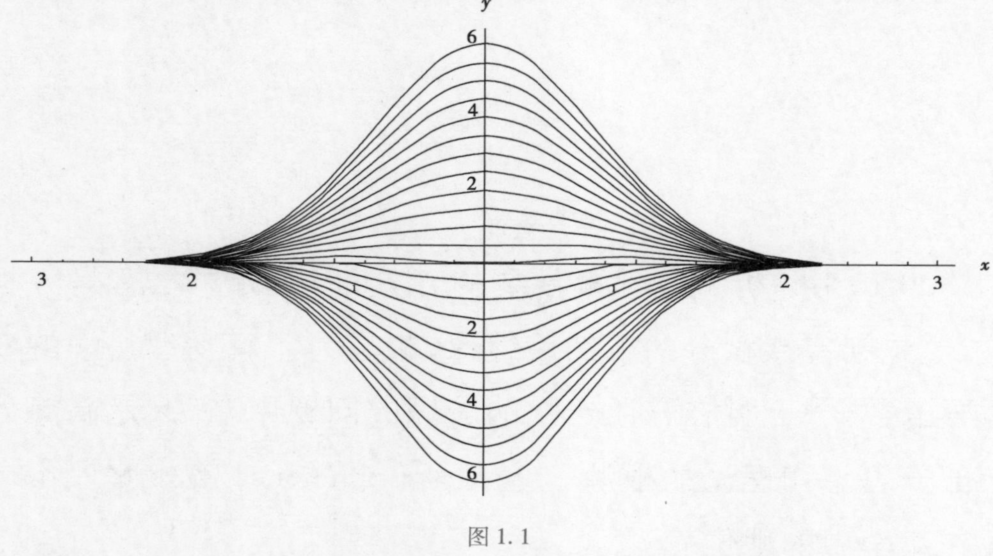

图 1.1

问题记录：

1.1 微分方程的概念与可分离变量的微分方程

1.1.1 微分方程

我们已经学过代数方程，它是含未知数的等式. 在科学研究和现实生活中还常常碰到含有未知函数的导数或微分的关系式，例如：

1）一物体以一定的初速度垂直上抛，设此物体的运动只受重力的影响，因为物体运动的加速度是路程 s 对时间 t 的二阶导数，则其函数关系为

$$ms''(t) = -mg,$$

即

$$s''(t) = -g.$$

2）已知直角坐标系中的一条曲线上，其上任一点 $P(x,y)$ 处的切线斜率等于该点的纵坐标的平方，即 $y' = y^2$.

在实际问题中还可以列出很多这样的关系式，例如：

①$y' = 2x^2$；

②$(y - 2xy)\mathrm{d}x + x^3\mathrm{d}y = 0$；

③$y' - 2x = 3y$；

④$y'' = 3\sqrt{1 + y'^2}$；

⑤$y'' + 3y' + 4y = 0$.

下面给出微分方程的定义.

定义 1.1 凡是含有未知函数的导数（或微分）的等式，称为微分方程. 未知函数是一元函数的微分方程称为常微分方程，未知函数是多元函数的微分方程称为偏微分方程.

本章只讨论常微分方程，简称微分方程. 微分方程中出现的未知函数导数的最高阶数，称为微分方程的阶. 方程①、②、③为一阶微分方程，方程④、⑤为二阶微分方程.

一阶微分方程的一般形式为

$$F(x,y,y') = 0 \text{ 或 } y' = f(x,y).$$

n 阶微分方程的一般形式为

$$F(x,y,y',\cdots,y^{(n)}) = 0.$$

其中，x 是自变量，y 是未知函数；$F(x,y,y',\cdots,y^{(n)})$ 是给定的函数，而且一定含有 $y^{(n)}$.

1.1.2 微分方程的解

定义 1.2 代入微分方程后，使其成为恒等式的函数，称为该微分方程的解.

不难验证，函数 $y = x^2 + 1$，$y = x^2 + 2$，$y = x^2 + 6$ 及 $y = x^2 + C$ 都是 $y' = 2x$ 的解.

若微分方程的解中含有相互独立的任意常数的个数与方程的阶数相同，则称此解为该微分方程的通解（或一般解）. 确定微分方程通解中的任意常数的值的条件称为初始条件. 通解

中的任意常数被确定而得到的解,称为方程的特解.

例如,$y=x^2+C$ 是 $y'=2x$ 的通解. $y=x^2+1$,$y=x^2-\frac{1}{2}$都是 $y'=2x$ 的特解.

定义 1.3　求微分方程 $y'=f(x,y)$ 满足初始条件$y|_{x=x_0}=y_0$ 特解的问题叫作一阶微分方程的初始问题. 记作:$\begin{cases}y'=f(x,y)\\ y|_{x=x_0}=y_0\end{cases}$,求解某初值问题就是求方程的特解.

例 1.1　验证:函数 $y=C_1\mathrm{e}^x+C_2x\mathrm{e}^x$($C_1,C_2$ 是任意常数)是微分方程 $y''-2y'+y=0$ 的通解.

解　对 $y=C_1\mathrm{e}^x+C_2x\mathrm{e}^x$ 的两边求导数,得

$$y'=C_1\mathrm{e}^x+C_2(1+x)\mathrm{e}^x,y''=C_1\mathrm{e}^x+C_2\mathrm{e}^x+C_2(1+x)\mathrm{e}^x.$$

将 y,y' 及 y''代入原方程的左边,有

$$[C_1\mathrm{e}^x+C_2\mathrm{e}^x+C_2(1+x)\mathrm{e}^x]-2[C_1\mathrm{e}^x+C_2(1+x)\mathrm{e}^x]+(C_1\mathrm{e}^x+C_2x\mathrm{e}^x)=0,$$

即函数 $y=C_1\mathrm{e}^x+C_2x\mathrm{e}^x$($C_1,C_2$ 为任意常数)是微分方程 $y''-2y'+y=0$ 的通解.

例 1.2　验证方程 $y'=\frac{2y}{x}$的通解为 $y=Cx^2$(C 为任意常数),并求满足初始条件$y|_{x=1}=2$ 的特解.

解　由 $y=Cx^2$ 得 $y'=2Cx$,

将 y 及 y'代入原方程的两边,左边有 $y'=2Cx$,而右边$\frac{2y}{x}=2Cx$,所以函数 $y=Cx^2$(C 为任意常数)为方程 $y'=\frac{2y}{x}$的通解.

将初始条件$y|_{x=1}=2$ 代入通解,得 $C=2$,故所求特解为 $y=2x^2$.

例 1.3　设曲线上的任一点 $P(x,y)$处的切线斜率与切点的横坐标成反比,且曲线通过点(1,4),求该曲线的方程.

解　设所求曲线的方程为 $y=y(x)$,根据题意,得$\frac{\mathrm{d}y}{\mathrm{d}x}=\frac{k}{x}$,即

$$\mathrm{d}y=\frac{k}{x}\mathrm{d}x$$

对等式两边积分

$$\int\mathrm{d}y=\int\frac{k}{x}\mathrm{d}x,$$

得

$$y=k\ln x+C.$$

由已知曲线通过点(1,4),代入上式,得 $C=4$.

所以,所求曲线方程为 $y=k\ln x+4$.

一般地,微分方程的特解的图形是一条曲线,该曲线叫作微分方程的积分曲线;通解是一族积分曲线;初始问题$\begin{cases}y'=f(x,y)\\ y|_{x=x_0}=y_0\end{cases}$是微分方程通过点$(x_0,y_0)$的那条积分曲线.

1.1.3　可分离变量的微分方程

定义 1.4　形如$\frac{dy}{dx}=f(x)g(y)$的一阶微分方程，称为可分离变量的微分方程.

该微分方程的特点是等式右边可以分解成两个函数之积，其中一个仅是 x 的函数，另一个仅是 y 的函数，即$f(x)$,$g(y)$分别是变量 x,y 的已知连续函数.

可分离变量的微分方程$\frac{dy}{dx}=f(x)g(y)$的求解步骤为：

第一步，分离变量

$$\frac{1}{g(y)}dy=f(x)dx \qquad (g(y)\neq 0);$$

第二步，两边积分

$$\int\frac{1}{g(y)}dy=\int f(x)dx.$$

这里$\int\frac{1}{g(y)}dy$，$\int f(x)dx$ 应分别理解为$\frac{1}{g(y)}$,$f(x)$的某个原函数，C 为任意常数，才能保证通解中所含任意常数只有一个.

因此，可分离变量的微分方程的解法就是先分离变量，然后两边积分.

例 1.4　求方程$\frac{dy}{dx}=-\frac{x}{y}$的通解.

解　分离变量，得

$$ydy=-xdx,$$

两边积分

$$\int ydy=\int -xdx,$$

得

$$\frac{1}{2}y^2=-\frac{1}{2}x^2+\frac{1}{2}C \qquad (C\text{ 为任意常数}),$$

故方程的通解为

$$x^2+y^2=C.$$

例 1.5　求方程$\frac{dy}{dx}=-\frac{y}{x}$的通解.

解　分离变量，得

$$\frac{dy}{y}=-\frac{1}{x}dx,$$

两边积分

$$\int\frac{dy}{y}=\int -\frac{1}{x}dx,$$

得

$$\ln|y|=-\ln|x|+C_1,$$

所以

$$y = \pm e^{C_1}\frac{1}{x}.$$

当 C_1 为任意常数时，$\pm e^{C_1}$ 为任意非零常数，又因为 $y=0$ 也是微分方程的解，但已包含在通解中.

故方程的通解为

$$y=\frac{C}{x}\qquad (C\text{ 为任意常数}).$$

例 1.6 求方程 $\frac{dy}{dx}=2xy^2$ 的通解.

解 分离变量，得

$$\frac{dy}{y^2}=2x\,dx\qquad (y\neq 0),$$

两边积分

$$\int\frac{dy}{y^2}=\int 2x\,dx,$$

得

$$-\frac{1}{y}=x^2+C.$$

故方程的通解为

$$y=-\frac{1}{x^2+C}.$$

注 $y=0$ 也是微分方程的解，但不是特解. 这说明了微分方程的通解并不是微分方程的全部解.

例 1.7 求微分方程 $xy\,dy+dx=y^2\,dx+y\,dy$ 满足条件 $y|_{x=0}=2$ 的特解.

解 分离变量，得

$$\frac{y}{y^2-1}dy=\frac{1}{x-1}dx,$$

两边积分

$$\int\frac{y}{y^2-1}dy=\int\frac{1}{x-1}dx,$$

即

$$\frac{1}{2}\ln|y^2-1|=\ln|x-1|+C_1$$

$$|y^2-1|=(x-1)^2e^{2C_1},$$

所以

$$y^2-1=\pm e^{2C_1}(x-1)^2,$$

记 $\pm e^{2C_1}=C\neq 0$，得方程的通解 $y^2-1=C(x-1)^2$.

可以验证 $y=\pm 1$ 也是原方程的解，所以原方程的通解为 $y^2-1=C(x-1)^2$，其中 C 为任意常数.

代入初始条件 $y|_{x=0}=2$，得 $C=3$，所以，所求特解为 $y^2-1=3(x-1)^2$.

注 为了方便起见，以后在求解时遇到对数不再添加绝对值，也不对常数作细致的讨论.

例 1.8 一物体的质量为 m，初速度为 v_0，在一个与初速度同向的恒力 F 作用下，在光滑水平面上做直线运动，如图 1.2 所示，求该物体运动的位移时间函数.

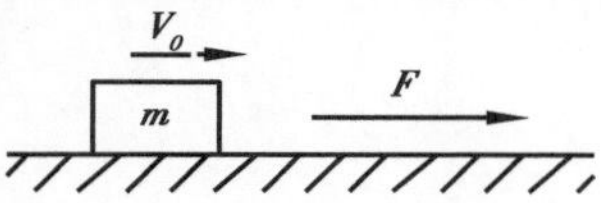

图 1.2

解 设该物体运动的位移时间函数为 $s=s(t)$，

根据牛顿第二定律，有

$$\frac{\mathrm{d}^2 s}{\mathrm{d}^2 t}=\frac{F}{m},$$

对上式两边积分，得

$$\frac{\mathrm{d}s}{\mathrm{d}t}=\frac{F}{m}t+C_1,$$

再两边积分，得

$$s=\frac{1}{2}\frac{F}{m}t^2+C_1t+C_2,$$

其中 C_1,C_2 都是任意常数.

此外，未知函数还应满足条件，当 $t=0$ 时，

$$s=0, v=\frac{\mathrm{d}s}{\mathrm{d}t}=v_0,$$

从而有

$$s=\frac{1}{2}\frac{F}{m}t^2+v_0t,$$

上式即为所求的位移时间函数.

例 1.9 设降落伞从跳伞塔下落后，所受空气阻力与速度成正比，并设降落伞离开跳伞塔顶时($t=0$)速度为零，求降落伞下落速度与时间的函数关系(图 1.3).

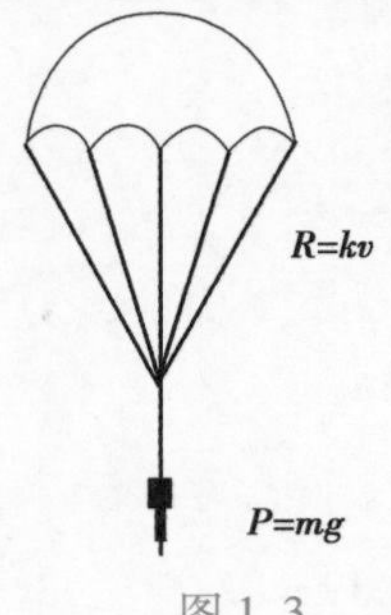

图 1.3

解 设降落伞下落速度为 $v(t)$，在下落时，同时受到重力 P 与阻力 R 的作用，重力大小为 mg，方向与 v 一致；阻力大小为 kv(k 为比例系数)，方向与 v 相反，从而伞所受外力为

$$F=mg-kv$$

根据牛顿第二运动定律 $F=ma$，得到函数 $v(t)$ 应满足微分方程

$$\begin{cases} m\dfrac{\mathrm{d}v}{\mathrm{d}t}=mg-kv \\ v|_{t=0}=0 \end{cases},$$

该方程是可分离变量的，分离变量得

$$\frac{\mathrm{d}v}{mg-kv}=\frac{\mathrm{d}t}{m},$$

两边积分

$$\int\frac{\mathrm{d}v}{mg-kv}=\int\frac{\mathrm{d}t}{m},$$

即

$$-\frac{1}{k}\ln(mg-kv)=\frac{t}{m}+C_1,$$

所以

$$mg-kv=\mathrm{e}^{-kC_1}\cdot\mathrm{e}^{-\frac{kt}{m}}.$$

可得
$$v=\frac{mg}{k}+C\cdot\mathrm{e}^{-\frac{kt}{m}},$$

其中，$C=-\frac{1}{k}\cdot\mathrm{e}^{-kC_1}$.

由初始条件$v\big|_{t=0}=0$，有 $C=-\frac{mg}{k}$，

故所求的函数为

$$v=\frac{mg}{k}\left(1-\mathrm{e}^{-\frac{kt}{m}}\right).$$

习题 1.1

1. 指出下列微分方程的阶数(其中，y 为未知量).

(1) $x\mathrm{d}x+y^3\mathrm{d}y=0$； (2) $\frac{\mathrm{d}y}{\mathrm{d}x}=2xy$；

(3) $4\mathrm{d}y=\frac{9x}{9-x^2}\mathrm{d}x$； (4) $y''-9y'=3x^2+1$；

(5) $xy''-2y'=8x^2+\cos x$； (6) $y'y''-x^2y=1$.

2. 验证下列各函数是否为所给微分方程的通解. 若是，求出相应的特解.

(1) $3y-xy'=0$ $y=Cx^3$ $\left(y(1)=\frac{1}{3}\right)$；

(2) $y''+y=\mathrm{e}^x$ $y=C_1\sin x+C_2\cos x+\frac{1}{2}\mathrm{e}^x$ $\left(y(0)=2, y\left(\frac{\pi}{2}\right)=\mathrm{e}^{\frac{\pi}{2}}\right)$.

3. 用分离变量法求解下列微分方程.

(1) $\frac{\mathrm{d}y}{\mathrm{d}x}=-2y(y-2)$； (2) $y'+y=0$ ；

(3) $(1+x^2)\mathrm{d}y+(1+y^2)\mathrm{d}x=0$； (4) $\frac{\mathrm{d}y}{\mathrm{d}x}=\frac{y}{\sqrt{1-x^2}}$；

(5) $\frac{\mathrm{d}y}{\mathrm{d}x}=(1+x+x^2)y$； (6) $(\mathrm{e}^{x+y}-\mathrm{e}^x)\mathrm{d}x+(\mathrm{e}^{x+y}+\mathrm{e}^y)\mathrm{d}y=0$.

4. 写出由下列条件确定的曲线所满足的微分方程.

(1) 曲线在点(x,y)处的切线斜率等于该点横坐标的 2 倍.

(2) 曲线在点 $P(x,y)$ 处的法线与 x 轴的交点为 Q，且线段 PQ 被 y 轴平分.

1.2　齐次微分方程

1.2.1　齐次微分方程的概念

在实际问题中我们常见如下微分方程:

(1) $\frac{dy}{dx}=\sqrt{1-\left(\frac{y}{x}\right)^2}$;

(2) $xy'=\sqrt{xy}+y(x>0)$;

(3) $\frac{y}{x}dx-\tan\frac{y}{x}dy=0$;

(4) $(xy-y^2)dx-(x^2-2xy)dy=0$;

……

这些方程都具有 $y'+g\left(\frac{y}{x}\right)=0$ 的特点.

定义 1.5　如果一阶微分方程$\frac{dy}{dx}=f(x,y)$中的$f(x,y)$可写成$\frac{y}{x}$的函数,即

$$\frac{dy}{dx}=\varphi\left(\frac{y}{x}\right),$$

称此方程为齐次微分方程.

如$(xy-y^2)dx-(x^2-2xy)dy=0$ 可变形为如下齐次微分方程

$$\frac{dy}{dx}=\frac{xy-y^2}{x^2-2xy}=\frac{\frac{y}{x}-\left(\frac{y}{x}\right)^2}{1-2\left(\frac{y}{x}\right)}=\varphi\left(\frac{y}{x}\right).$$

注　要判断方程 $y'=f(x,y)$是否为齐次微分方程,只需用 tx,ty 分别替换$f(x,y)$中的 x, y,如果$f(tx,ty)=f(x,y)$,则该方程就是齐次微分方程.

例 1.10　判断方程 $xy'=\sqrt{xy}+y(x>0)$是否为齐次微分方程.

解　用 tx,ty 分别替换 $xy'=\sqrt{xy}+y$ 中的 x,y 得

$$txy'=\sqrt{txty}+ty,$$

即 $xy'=\sqrt{xy}+y$ 与原方程相同,所以方程 $xy'=\sqrt{xy}+y(x>0)$是齐次微分方程.

1.2.2　齐次微分方程的解法

齐次微分方程的一般形式为

$$\frac{dy}{dx}=\varphi\left(\frac{y}{x}\right).$$

引入变量替换 $u=\frac{y}{x}$,有

$$y=u\cdot x,\frac{\mathrm{d}y}{\mathrm{d}x}=u+x\frac{\mathrm{d}u}{\mathrm{d}x},$$

将它们代入齐次方程得

$$u+x\frac{\mathrm{d}u}{\mathrm{d}x}=\varphi(u),$$

移项

$$x\frac{\mathrm{d}u}{\mathrm{d}x}=\varphi(u)-u,$$

分离变量,得

$$\frac{\mathrm{d}u}{\varphi(u)-u}=\frac{\mathrm{d}x}{x},$$

两边积分,得

$$\int\frac{\mathrm{d}u}{\varphi(u)-u}=\int\frac{\mathrm{d}x}{x},$$

求出积分后,再用 $\frac{y}{x}$ 代替 u,就得到所给齐次方程的通解.

例 1.11 求解方程 $y^2+x^2\frac{\mathrm{d}y}{\mathrm{d}x}=xy\frac{\mathrm{d}y}{\mathrm{d}x}$.

解 该方程可化为

$$\frac{\mathrm{d}y}{\mathrm{d}x}=\frac{y^2}{xy-x^2}=\frac{\left(\frac{y}{x}\right)^2}{\frac{y}{x}-1},$$

这是齐次方程. 令 $\frac{y}{x}=u$,则有 $\frac{\mathrm{d}y}{\mathrm{d}x}=x\frac{\mathrm{d}u}{\mathrm{d}x}+u$,代入上述方程,方程化为

$$x\frac{\mathrm{d}u}{\mathrm{d}x}+u=\frac{u^2}{u-1},$$

即

$$x\frac{\mathrm{d}u}{\mathrm{d}x}=\frac{u}{u-1}.$$

分离变量,得

$$\left(1-\frac{1}{u}\right)\mathrm{d}u=\frac{\mathrm{d}x}{x},$$

两边积分,得

$$u-\ln u=\ln x+\ln\frac{1}{C_1},$$

即

$$\ln u+\ln x=u+\ln C_1,$$

所以方程的通解为

$$y=Ce^u=Ce^{\frac{y}{x}}.$$

例 1.12 求解方程 $xy' = 2\sqrt{xy} + y \quad (x>0, y>0)$.

解 方程可化为

$$\frac{\mathrm{d}y}{\mathrm{d}x} = 2\sqrt{\frac{y}{x}} + \frac{y}{x}(x>0),$$

这是齐次方程. 令 $\frac{y}{x} = u$,则 $\frac{\mathrm{d}y}{\mathrm{d}x} = x\frac{\mathrm{d}u}{\mathrm{d}x} + u$,代入上述方程,方程可化为

$$x\frac{\mathrm{d}u}{\mathrm{d}x} + u = 2\sqrt{u} + u,$$

即

$$x\frac{\mathrm{d}u}{\mathrm{d}x} = 2\sqrt{u},$$

分离变量,得

$$\frac{\mathrm{d}u}{2\sqrt{u}} = \frac{\mathrm{d}x}{x},$$

两边积分,得

$$\sqrt{u} = \ln x + C,$$

故原方程的通解为

$$y = x\,[\ln x + C]^2.$$

另外,$y=0$ 也是原方程的解.

例 1.13 求解方程 $(x-2y)y' = 2x - y$.

解 方程可化为

$$\frac{\mathrm{d}y}{\mathrm{d}x} = \frac{2x-y}{x-2y} = \frac{2-\frac{y}{x}}{1-2\frac{y}{x}}$$

这是齐次方程. 令 $\frac{y}{x} = u$,则 $\frac{\mathrm{d}y}{\mathrm{d}x} = x\frac{\mathrm{d}u}{\mathrm{d}x} + u$,代入上述方程,方程可化为

$$x\frac{\mathrm{d}u}{\mathrm{d}x} + u = \frac{2-u}{1-2u},$$

即

$$x\frac{\mathrm{d}u}{\mathrm{d}x} = \frac{2-2u+2u^2}{1-2u},$$

分离变量,得

$$\frac{(1-2u)\mathrm{d}u}{2-2u+2u^2} = \frac{\mathrm{d}x}{x},$$

两边积分,得

$$-\frac{1}{2}\ln(1-u+u^2) = \ln x - \ln C,$$

即

$$\ln(1-u+u^2) = -2\ln x + 2\ln C,$$

$$1-u+u^2=\frac{C^2}{x^2},$$

故原方程的通解为 $x^2-xy+y^2=C^2$.

由上例可知，解齐次方程实际上是通过变量替换的方法，将方程化为可分离变量方程，然后进行求解. 变量替换法在解微分方程中有着特殊的作用. 但困难之处是如何选择适宜的变量替换，一般来说，并无一定的规律可循，往往要根据所给定微分方程的特点而定.

例 1.14 求解方程 $\frac{\mathrm{d}y}{\mathrm{d}x}=x^2+2xy+y^2$.

解 这个微分方程不是一阶齐次微分方程，令 $u=x+y$，则 $y=u-x$，$\frac{\mathrm{d}y}{\mathrm{d}x}=\frac{\mathrm{d}u}{\mathrm{d}x}-1$. 从而原方程化为

$$\frac{\mathrm{d}u}{\mathrm{d}x}=1+u^2,$$

分离变量，得

$$\frac{\mathrm{d}u}{1+u^2}=\mathrm{d}x,$$

两边积分，得

$$\arctan u=x+C,$$

即

$$u=\tan(x+C).$$

故原方程的通解为 $x+y=\tan(x+C)$.

例 1.15 解微分方程 $\frac{\mathrm{d}y}{\mathrm{d}x}=\frac{y}{x-\sqrt{x^2+y^2}}\ (y\neq 0)$.

解 方程变形为 $\frac{\mathrm{d}x}{\mathrm{d}y}=\frac{x-\sqrt{x^2+y^2}}{y}=\frac{x}{y}\pm\sqrt{1+\left(\frac{x}{y}\right)^2}$，令 $u=\frac{x}{y}$，得 $\frac{\mathrm{d}x}{\mathrm{d}y}=u+y\frac{\mathrm{d}u}{\mathrm{d}y}$，于是

$$u+y\frac{\mathrm{d}u}{\mathrm{d}y}=u\pm\sqrt{1+u^2},$$

变量分离，得

$$\frac{\mathrm{d}u}{\sqrt{1+u^2}}=\pm\frac{\mathrm{d}y}{y},$$

两边积分，得

$$\int\frac{\mathrm{d}u}{\sqrt{1+u^2}}=\pm\int\frac{\mathrm{d}y}{y},$$

即

$$\ln(u+\sqrt{1+u^2})=\pm\ln y+\ln C,$$

于是

$$u+\sqrt{1+u^2}=\frac{C}{y}\text{或}\ u+\sqrt{1+u^2}=Cy.$$

故原方程的通解为 $x+\sqrt{x^2+y^2}=C$ 或 $x+\sqrt{x^2+y^2}=Cy^2$.

注 当分子简单而分母复杂时,可将 x 看成 y 的函数,变形为$\frac{dx}{dy}=\varphi\left(\frac{x}{y}\right)$的齐次方程来求解.

习题 1.2

1. 求解下列方程.

(1)$\frac{dy}{dx}=\frac{y}{x}+\tan\frac{y}{x}$;　(2)$x\frac{dy}{dx}=y+\sqrt{x^2-y^2}\ (x>0)$;

(3)$x^2dy=(xy+y^2)dx$;　(4)$(1+2e^{\frac{x}{y}})dx+2e^{\frac{x}{y}}\left(1-\frac{x}{y}\right)dy=0$;

(5)$y^2+x^2\frac{dy}{dx}=xy\frac{dy}{dx}$;　(6)$\frac{dy}{dx}=\frac{y^2}{xy-2x^2}$.

2. 通过换元法解下列微分方程.

(1)$(2x+y-4)dx+dy=0$;　(2)$\frac{dy}{dx}=\frac{2x+4y+3}{x+2y+1}$;

(3)$xy'+y=y(\ln x+\ln y)$;　(4)$\frac{dy}{dx}=1-\cos(y-x)$.

3. 设曲线 $y=f(x)$ 上任一点处的切线斜率为$\frac{2y}{x}+2$,且经过点(1,2),求该曲线方程.

4. 设某曲线上任意一点的切线介于两坐标之间的部分恰为切点所平分,已知此曲线过点(2,3),求该曲线方程.

1.3 一阶线性微分方程与可降阶的高阶微分方程

利用可分离变量法,可以求一些比较简单的微分方程解,而实际问题中的微分方程往往比较复杂. 本节将介绍一阶线性微分方程与可降阶的高阶微分方程,并给出相应的解法.

1.3.1 一阶线性微分方程

(1)一阶线性微分方程的概念

定义 1.6 形如$\frac{dy}{dx}+P(x)y=Q(x)$的一阶微分方程叫作一阶线性微分方程,其中 $P(x)$,$Q(x)$都是 x 的连续函数.

当 $Q(x)\equiv 0$,则方程化为$\frac{dy}{dx}+P(x)y=0$,称为一阶齐次线性微分方程;

当 $Q(x)\neq 0$,则方程$\frac{dy}{dx}+P(x)y=Q(x)$,称为一阶非齐次线性微分方程.

如微分方程:①$\frac{dy}{dx}=3xy+2x$;②$y'=xy+y+\sin x$;③$y dx-\tan x dy=0$;④$xy dx-\frac{x^2+1}{x+1}dy=0$

等都是一阶线性微分方程.

(2)一阶线性微分方程的解法

我们先讨论$\frac{dy}{dx}+P(x)y=Q(x)$所对应的齐次方程$\frac{dy}{dx}+P(x)y=0$的通解问题.

分离变量,得
$$\frac{dy}{y}=-P(x)dx,$$
两边积分,得
$$\ln y=-\int P(x)dx+\ln C,$$
因此,通解为$y=Ce^{-\int P(x)dx}$.

容易验证,无论C取什么值,$y=Ce^{-\int P(x)dx}$只能是$\frac{dy}{dx}+P(x)y=0$的解,而不是非齐次线性方程$\frac{dy}{dx}+P(x)y=Q(x)$的解.如果我们假设方程$\frac{dy}{dx}+P(x)y=Q(x)$具有形如$y=Ce^{-\int P(x)dx}$的解,显然C一般不是常数而应是x的函数$C(x)$,只要能求出这个函数$C(x)$,即可求得方程$\frac{dy}{dx}+P(x)y=Q(x)$的解.

设方程$\frac{dy}{dx}+P(x)y=Q(x)$有通解$y=C(x)e^{-\int P(x)dx}$,则
$$\frac{dy}{dx}=C'(x)e^{-\int P(x)dx}-C(x)P(x)e^{-\int P(x)dx},$$
代入方程$\frac{dy}{dx}+P(x)y=Q(x)$,得
$$C'(x)e^{-\int P(x)dx}=Q(x),$$
于是
$$C(x)=C+\int Q(x)e^{\int P(x)dx}dx.$$
故非齐次线性方程$\frac{dy}{dx}+P(x)y=Q(x)$的通解为
$$y=e^{-\int P(x)dx}\left[\int Q(x)e^{\int P(x)dx}dx+C\right].$$

上述通过把对应的齐次线性方程通解中的任意常数C换为待定函数$C(x)$,然后求出非齐次线性方程通解的方法,称为常数变易法.

因此,一阶线性微分方程的解法有两种:

①利用常数变易法;

②利用公式$y=e^{-\int P(x)dx}\left[\int Q(x)e^{\int P(x)dx}dx+C\right]$.

例 1.16 求微分方程$y'-2xy=e^{x^2}\cos x$的通解.

解 解法一:用常数变易法.原方程对应的齐次方程为$\frac{dy}{dx}-2xy=0$,
分离变量,得

$$\frac{dy}{dx}=2xy,$$

即

$$\frac{dy}{y}=2xdx,$$

两边积分

$$\int\frac{dy}{y}=\int 2xdx,$$

得

$$\ln y=x^2+\ln C,$$

故对应齐次线性微分方程的通解为 $y=Ce^{x^2}$.

设原方程有通解 $y=C(x)e^{x^2}$,代入原方程,得

$$C'(x)e^{x^2}=e^{x^2}\cos x,$$

即

$$C'(x)=\cos x,$$

所以

$$C(x)=\int\cos x dx=\sin x+C,$$

故原方程的通解为 $y=e^{x^2}(\sin x+C)$(C 为任意常数).

解法二:这里 $P(x)=-2x,Q(x)=e^{x^2}\cos x$ 代入通解,得

$$\begin{aligned}y&=e^{-\int -2xdx}\left(\int e^{x^2}\cos x\cdot e^{\int -2xdx}dx+C\right)\\&=e^{x^2}\left(\int e^{x^2}\cos x\cdot e^{-x^2}dx+C\right)\\&=e^{x^2}\left(\int\cos xdx+C\right)\\&=e^{x^2}(\sin x+C),\end{aligned}$$

故原方程有通解 $y=e^{x^2}(\sin x+C)$(C 为任意常数).

例 1.17 求微分方程 $y'=\frac{y}{y+x}$的通解.

解 解法一:用常数变易法.原方程可化为 $\frac{dx}{dy}-\frac{1}{y}x=1$,为一阶线性微分方程,它所对应的齐次方程为$\frac{dx}{dy}-\frac{1}{y}x=0$,可求得其通解为 $x=Cy$.

设 $x=C(y)$, y 为方程$\frac{dx}{dy}-\frac{1}{y}x=1$ 的通解,代入方程,化简得

$$C'(y)y=1,$$

从而有

$$C(y)=\ln y-\ln C,$$

即

$$y=Ce^{c(y)},$$

故原方程的通解为 $y=Ce^{\frac{x}{y}}$(C 为任意常数).

解法二:原方程可化为$\dfrac{dy}{dx}=\dfrac{\frac{y}{x}}{\frac{y}{x}+1}$,

令 $u=\dfrac{y}{x}$,则

$$u+x\frac{du}{dx}=\frac{u}{u+1},$$

即

$$-\frac{u+1}{u^2}du=\frac{dx}{x},$$

两边积分

$$\int -\frac{u+1}{u^2}du=\int\frac{dx}{x},$$

得

$$\frac{1}{u}-\ln u=\ln x-\ln C,$$

故原方程的通解为 $y=Ce^{\frac{x}{y}}$(C 为任意常数).

例 1.18 求微分方程 $2y'-y=e^x$ 的通解.

解 它是一阶线性微分方程,用常数变易法.

原方程化为$\dfrac{dy}{dx}-\dfrac{1}{2}y=\dfrac{1}{2}e^x$,对应的齐次方程为$\dfrac{dy}{dx}-\dfrac{1}{2}y=0$,可求其通解为 $y=Ce^{\frac{x}{2}}$.

设 $y=C(x)e^{\frac{x}{2}}$为原方程的通解,代入原方程得 $C'(x)=\dfrac{1}{2}e^{\frac{x}{2}}$,所以

$$C(x)=\int\frac{1}{2}e^{\frac{x}{2}}dx=e^{\frac{x}{2}}+C,$$

故原方程的通解为 $y=Ce^{\frac{x}{2}}+e^x$(C 为任意常数).

例 1.19 求微分方程$(y^2-6x)y'+2y=0$,满足初始条件 $y(1)=1$ 的特解.

解 方程可化为$\dfrac{dy}{dx}=\dfrac{2y}{6x-y^2}$,它不是一阶线性微分方程,但取倒数得

$$\frac{dx}{dy}=\frac{3x}{y}-\frac{y}{2},$$

这是 x 关于 y 的一阶线性微分方程.此方程对应的齐次方程为$\dfrac{dx}{dy}=\dfrac{3x}{y}$,其通解为

$$x=Cy^3.$$

设方程$\dfrac{dx}{dy}=\dfrac{3x}{y}-\dfrac{y}{2}$的通解为 $x=C(y)y^3$,代入方程有

$$C'(y)y^3=-\frac{1}{2}y,$$

即

$$C'(y)=-\frac{1}{2y^2},$$

从而有

$$C(y)=\frac{1}{2y}+C,$$

则原方程的通解为 $x=\frac{1}{2}y^2+Cy^3$.

由初始条件 $x=1,y=1$,得 $C=\frac{1}{2}$,于是求微分方程的特解为 $x=\frac{1}{2}y^2(y+1)$.

例 1.20 设 $f(x)$ 是连续函数,且由 $\int_0^x tf(t)\,\mathrm{d}t=x^2+f(x)$ 确定,求 $f(x)$.

解 因为 $f(x)$ 是连续函数,所以 $\int_0^x tf(t)\,\mathrm{d}t$ 可导,$f(x)=\int_0^x tf(t)\,\mathrm{d}t-x^2$ 也可导. 对方程 $\int_0^x tf(t)\,\mathrm{d}t=x^2+f(x)$ 两边求导得

$$xf(x)=2x+f'(x),$$

即 $\frac{\mathrm{d}y}{\mathrm{d}x}-xy=-2x$,它是一阶线性微分方程,其通解为 $y=C\mathrm{e}^{\frac{x^2}{2}}+2$.

由等式 $\int_0^x tf(t)\,\mathrm{d}t=x^2+f(x)$ 可得 $f(0)=0$,代入通解得 $C=-2$,

所以

$$f(x)=2(1-\mathrm{e}^{\frac{x^2}{2}}).$$

例 1.21 在一个含有电阻 R(单位:Ω),电感 L(单位:H)和电源 E(单位:V)的 RL 串联回路中,由回路定律得知电流满足微分方程

$$\frac{\mathrm{d}I}{\mathrm{d}t}+\frac{R}{L}I=\frac{E}{L}.$$

若在电路中有电源 $3\sin 2t$ V,电阻 10 Ω,电感 0.5 H 和初始电流 6 A,求电路中任意时刻 t 的电流.

解 (1)建立微分方程

这里 $E=3\sin 2t$, $R=10$, $L=0.5$,将其代入 RL 电路中,电流应满足微分方程,得

$$\frac{\mathrm{d}I}{\mathrm{d}t}+20I=6\sin 2t,$$

初始条件为 $I|_{t=0}=6$.

(2)求通解

该方程对应的齐次方程为

$$\frac{\mathrm{d}I}{\mathrm{d}t}+20I=0,$$

分离变量,得

$$\frac{\mathrm{d}I}{I}=-20\mathrm{d}t,$$

两边积分,得

$$\ln|I|=-20t+\ln C,$$

即

$$I = Ce^{-20t}.$$

再将通解中任意常数 C 换成待定函数 $C(t)$，令 $I = C(t)e^{-20t}$ 为非齐次方程的解，再将其代入原方程得

$$C'(t) = 6e^{20t}\sin 2t,$$

所以

$$C(t) = \int 6e^{20t}\sin 2t dt = \frac{30}{101}\sin 2te^{20t} - \frac{3}{101}\cos 2te^{20t} + C,$$

由 $I = Ce^{-20t}$ 得

$$I = Ce^{-20t} + \frac{30}{101}\sin 2te^{20t} - \frac{3}{101}\cos 2te^{20t}.$$

1.3.2* 可降阶的高阶微分方程

前面，我们主要讨论了一阶线性微分方程的求解问题，对于二阶及二阶以上的微分方程（即高阶微分方程），我们可以通过适当的变量替换转化为低阶的微分方程来求解.

下面，我们仅就三类较简单的高阶微分方程的求解展开讨论.

(1) $y^{(n)} = f(x)$ 型的微分方程

微分方程 $y^{(n)} = f(x)$ 的右端仅含有自变量 x，只要把 $y^{(n-1)}$ 作为新的未知函数，那么，该方程就是新未知函数的一阶微分方程，对两边积分，就得到一个 $(n-1)$ 阶的微分方程

$$y^{(n-1)} = \int f(x)dx + C_1,$$

同理

$$y^{(n-2)} = \int\left[\int f(x)dx + C_1\right]dx + C_2.$$

依此类推，连续积分 n 次，就得到方程的含有 n 个任意常数的通解.

例 1.22 求微分方程 $y'' = \cos x$ 的通解.

解 对两边积分，得

$$y' = \int\cos x dx = \sin x + C_1,$$

再对两边积分，得

$$y = \int(\sin x + C_1)dx = -\cos x + C_1x + C_2,$$

这就是所求微分方程的通解，其中 C_1, C_2 为任意常数.

例 1.23 求 $y''' = e^{2x} - \cos x$ 的通解.

解 根据题意有

$$y'' = \int\left(e^{2x} - \cos x\right)dx = \frac{1}{2}e^{2x} - \sin x + C_0,$$

积分得

$$y' = \int\left(\frac{1}{2}e^{2x} - \sin x + C\right)dx = \frac{1}{4}e^{2x} + \cos x + C_0x + C_2,$$

再积分得

$$y = \int\left(\frac{1}{4}e^{2x} + \cos x + C_0 x + C_2\right)dx$$
$$= \frac{1}{8}e^{2x} + \sin x + \frac{1}{2}C_0 x^2 + C_2 x + C_3 .$$

故所求微分方程的通解为 $y = \frac{1}{8}e^{2x} + \sin x + C_1 x^2 + C_2 x + C_3 \quad \left(C_1 = \frac{1}{2}C_0\right)$.

(2) $y'' = f(x, y')$ 型的微分方程

微分方程 $y'' = f(x, y')$ 的右端不显含有未知函数 y,如果作变量替换 $y' = p$,则 $y'' = p'$,方程可化为 $p' = f(x, p)$,这是一个关于变量 x, p 的一阶微分方程,设其通解为 $p = \varphi(x, C_1)$.

由 $p = \frac{dy}{dx}$,得到一个一阶微分方程

$$\frac{dy}{dx} = \varphi(x, C_1),$$

因此,方程的通解为 $y = \int \varphi(x, C_1)dx + C_2$,其中 C_1, C_2 为任意常数.

例 1.24 求微分方程 $x^3 y'' + x^2 y' = 1$ 的通解.

解 方程中不显含未知函数 y,令 $y' = p$,则 $y'' = \frac{dp}{dx}$,代入原方程得

$$x^3 \frac{dp}{dx} + x^2 p = 1,$$

即

$$\frac{dp}{dx} + \frac{1}{x}p = \frac{1}{x^3},$$

这是关于未知函数 $p(x)$ 的一阶线性微分方程,代入常数变易法的通解公式,有

$$p(x) = e^{-\int \frac{1}{x}dx}\left(\int \frac{1}{x^3} e^{\int \frac{1}{x}dx} dx + C_1\right)$$
$$= \frac{1}{x}\left(\int \frac{1}{x^3} \cdot x dx + C_1\right)$$
$$= \frac{1}{x}\left(-\frac{1}{x} + C_1\right)$$
$$= -\frac{1}{x^2} + \frac{C_1}{x},$$

从而有

$$\frac{dy}{dx} = -\frac{1}{x^2} + \frac{C_1}{x},$$

所以

$$y = \int\left(-\frac{1}{x^2} + \frac{C_1}{x}\right)dx = \frac{1}{x} + C_1 \ln|x| + C_2,$$

因此,原方程的通解为 $y=\dfrac{1}{x}+C_1\ln|x|+C_2$,其中 C_1,C_2 为任意常数.

例 1.25 求微分方程 $(1+x^2)y''=2xy'$ 满足初始条件 $y|_{x=0}=1,y'|_{x=0}=3$ 的特解.

解 设 $y'=p$,则 $y''=p'$,原方程可化为 $(1+x^2)\dfrac{\mathrm{d}p}{\mathrm{d}x}=2xp$.

分离变量,得

$$\frac{\mathrm{d}p}{p}=\frac{2x}{1+x^2}\mathrm{d}x,$$

两边积分,得

$$\ln p=\ln(1+x^2)+\ln C_1,$$

所以

$$p=C_1(1+x^2).$$

由条件 $y'|_{x=0}=3$,得 $C_1=3$,

从而

$$y'=3(1+x^2),$$

再积分得

$$y=x^3+3x+C_2,$$

由条件 $y|_{x=0}=1$,得 $C_2=1$.

故所求微分方程的特解为 $y=x^3+3x+1$.

注 求高阶微分方程满足初始条件的特解时,对任意常数应尽可能及时定出来,这样处理会使运算大大简化,而不要求出通解后再逐一确定.

(3) $y''=f(y,y')$ 型微分方程

微分方程 $y''=f(y,y')$ 的右端不显含自变量 x,作变量替换 $y'=p(y)$,利用复合函数求导法则得 $y''=\dfrac{\mathrm{d}p}{\mathrm{d}x}=\dfrac{\mathrm{d}p}{\mathrm{d}y}\cdot\dfrac{\mathrm{d}y}{\mathrm{d}x}=p\dfrac{\mathrm{d}p}{\mathrm{d}y}$,方程可化为 $p\dfrac{\mathrm{d}p}{\mathrm{d}y}=f(y,p)$,这是一个关于变量 y,p 的一阶微分方程.

设它的通解为 $p=\varphi(y,C_1)$,从而有

$$\frac{\mathrm{d}y}{\mathrm{d}x}=\varphi(y,C_1),$$

分离变量

$$\frac{\mathrm{d}y}{\varphi(y,C_1)}=\mathrm{d}x,$$

再积分 $\displaystyle\int\frac{\mathrm{d}y}{\varphi(y,C_1)}=x+C_2$,就可得到原方程的通解.

例 1.26 求 $yy''-(y')^2=0$ 的通解.

解 所给方程是 $y''=f(y,y')$ 型的,设 $y'=p$,于是

$$y''=\frac{\mathrm{d}p}{\mathrm{d}x}=\frac{\mathrm{d}p}{\mathrm{d}y}\cdot\frac{\mathrm{d}y}{\mathrm{d}x}=p\frac{\mathrm{d}p}{\mathrm{d}y}.$$

原方程化为

$$yp\frac{\mathrm{d}p}{\mathrm{d}y}-p^2=0,$$

当 $p\neq 0$ 时,分离变量,得

$$\frac{\mathrm{d}p}{p}=\frac{\mathrm{d}y}{y},$$

两边积分,得

$$p=C_1y,$$

即

$$y'=C_1y,$$

再分离变量,得

$$\frac{\mathrm{d}y}{y}=C_1\mathrm{d}x,$$

两边积分,得

$$\ln y=C_1x+\ln C_2,$$

故所求方程的通解为 $y=C_2\mathrm{e}^{C_1x}$,其中 C_1,C_2 为任意常数.($p=0,y=C$ 也在上述通解中).

例 1.27 求微分方程 $y''=2yy'$ 满足 $y|_{x=0}=1,y'|_{x=0}=2$ 的特解.

解 这是个不显含 x 的二阶微分方程,令 $y'=p(y)$,则 $y''=p\frac{\mathrm{d}p}{\mathrm{d}y}$.

原方程化为

$$p\frac{\mathrm{d}p}{\mathrm{d}y}=2yp,$$

于是

$$\mathrm{d}p=2y\mathrm{d}y,$$

两边积分得

$$p=y^2+C_1.$$

由初始条件 $y|_{x=0}=1,y'|_{x=0}=2$,得 $C_1=1$,则

$$\frac{\mathrm{d}y}{\mathrm{d}x}=y^2+1,$$

分离变量后两边积分,得

$$\arctan y=x+C_2,$$

再由初始条件 $y|_{x=0}=1$,得 $C_2=\frac{\pi}{4}$,

于是原微分方程的特解为

$$\arctan y=x+\frac{\pi}{4}\text{或 }y=\tan\left(x+\frac{\pi}{4}\right).$$

习题 1.3

1. 求方程 $y'=\frac{y+\ln x}{x}$ 的通解.

2. 求方程 $xy'+y=\cos x$ 的通解.

3. 已知某曲线经过点(1,1),它的切线在纵轴上的截距等于切点的横坐标,求该曲线方程.

4. 设曲线上任一点 $P(x,y)$ 的切线及该点到坐标原点 O 的连线 OP 与 y 轴围成的面积是常数 A,求该曲线方程.

5. 解下列微分方程.

(1) $y''' = e^x + \sin x$; (2) $y''' = 8x$.

6. 求下列微分方程的通解.

(1) $y'' = \dfrac{1}{2y'}$; (2) $y'' + \sqrt{1-(y')^2} = 0$;

(3) $xy'' + y' = 0$; (4) $yy'' - (y')^2 - y' = 0$.

7. 求微分方程 $2(y')^2 = y''(y-1)$ 满足初始条件 $y|_{x=1} = 2, y'|_{x=1} = -1$ 的特解.

1.4* 二阶常系数线性微分方程

在自然科学及工程技术中,线性微分方程有着十分广泛的应用,在上一节我们讨论了一阶线性微分方程的解法. 本节主要介绍二阶常系数线性微分方程的性质及其解法.

1.4.1 二阶常系数线性微分方程的概念

定义 1.7 形如

$$y'' + p(x)y' + q(x)y = f(x) \tag{1.1}$$

称为二阶线性微分方程. 方程右端的 $f(x)$ 称为自由项.

当 $f(x) \equiv 0$ 时,式(1.1)为

$$y'' + p(x)y' + q(x)y = 0 \tag{1.2}$$

称为二阶齐次线性微分方程.

当 $f(x) \neq 0$ 时,式(1.1)称为二阶非齐次线性微分方程.

当系数 $p(x), q(x)$ 分别为常数 p, q 时,方程

$$y'' + py' + qy = f(x) \tag{1.3}$$

称为二阶常系数线性微分方程. 而方程

$$y'' + py' + qy = 0 \tag{1.4}$$

称为二阶常系数齐次线性微分方程.

1.4.2 二阶常系数线性微分方程解的结构

定理 1.1 (二阶常系数齐次线性微分方程解的叠加原理) 若 $y_1(x)$ 和 $y_2(x)$ 是二阶常系数齐次线性微分方程(1.4)的两个解,则 $y = C_1y_1 + C_2y_2$ (C_1, C_2 为任意常数)也是式(1.4)的解;且当 y_1 与 y_2 线性无关时,$y = C_1y_1 + C_2y_2$ 就是式(1.4)的通解,其中 C_1, C_2 为任意常数.

证明 将 $y = C_1y_1 + C_2y_2$ 直接代入方程 $y'' + py' + qy = 0$ 的左端,得

$$\begin{aligned}&(C_1y_1''+C_2y_2'')+p(C_1y_1'+C_2y_2')+q(C_1y_1+C_2y_2)\\&=C_1(y_1''+py_1'+qy_1)+C_2(y_2''+py_2'+qy_2)\\&=C_1\cdot 0+C_2\cdot 0\\&=0.\end{aligned}$$

所以 $y=C_1y_1+C_2y_2$ 是方程 $y''+py'+qy=0$ 的解.

由于 y_1 与 y_2 线性无关,所以,任意常数 C_1,C_2 是两个独立的任意常数,即解 $y=C_1y_1+C_2y_2$ 就是方程的通解.

注 (1)线性相关与线性无关

设 $y_1(x),y_2(x)$ 是定义在区间 (a,b) 内的函数,若存在两个不全为零的数 k_1,k_2,使得对于区间 (a,b) 内的任一 x,恒有

$$k_1y_1(x)+k_2y_2(x)=0$$

成立,则称函数 $y_1(x),y_2(x)$ 在区间 (a,b) 内线性相关,否则称为线性无关.

显然,函数 $y_1(x),y_2(x)$ 线性相关的充分必要条件是 $\dfrac{y_1(x)}{y_2(x)}$ 在区间 (a,b) 内恒为常数.

如果 $\dfrac{y_1(x)}{y_2(x)}$ 不为常数,则 $y_1(x),y_2(x)$ 在区间 (a,b) 内线性无关.

(2)独立的任意常数

在表达式 $y=C_1y_1(x)+C_2y_2(x)$ (C_1,C_2 为任意常数)中 C_1,C_2 为独立的任意常数的充分必要条件为 $y_1(x),y_2(x)$ 线性无关.

定理 1.2 (非齐次线性微分方程解的结构) 如果函数 y_p 为二阶常系数非齐次线性微分方程 $y''+py'+qy=f(x)$ 的一个特解,y_c 为对应二阶常系数齐次线性微分方程 $y''+py'+qy=0$ 的通解,则 $y=y_c+y_p$ 为该二阶常系数非齐次线性微分方程的通解.

1.4.3 二阶常系数齐次线性微分方程的解法

二阶齐次线性微分方程解的叠加原理说明,要求方程 $y''+py'+qy=0$ 的通解,只需求出它的两个线性无关的特解即可. 由于齐次线性微分方程左端是未知函数的常数,未知函数的一阶导数的常数倍与二阶导数的代数和等于0,适于方程的函数 y 必须与其一阶导数、二阶导数只能相差一个常数因子,可以猜想方程具有 $y=\mathrm{e}^{rx}$ 形式的解.

把指数函数 $y=\mathrm{e}^{rx}$ (r 是常数),代入方程 $y''+py'+qy=0$,则有

$$\mathrm{e}^{rx}(r^2+pr+q)=0,$$

由于 $\mathrm{e}^{rx}\neq 0$,从而有

$$r^2+pr+q=0. \tag{1.5}$$

由此可见,只要 r 满足代数方程 $r^2+pr+q=0$,函数 $y=e^{rx}$ 就是微分方程 $y''+py'+qy=0$ 的解. 此代数方程(1.5)叫作微分方程 $y''+py'+qy=0$ 的特征方程. 特征方程(1.5)的根称为微分方程 $y''+py'+qy=0$ 的特征根.

1)当 $p^2-4q>0$ 时,特征方程 $r^2+pr+q=0$ 有两个不相等的实根 r_1,r_2,即

$$r_1=\frac{-p+\sqrt{p^2-4q}}{2},r_2=\frac{-p-\sqrt{p^2-4q}}{2}.$$

$y=\mathrm{e}^{r_1x}$ 与 $y=\mathrm{e}^{r_2x}$ 均是微分方程的两个解,并且 $\dfrac{y_2}{y_1}=\dfrac{\mathrm{e}^{r_2x}}{\mathrm{e}^{r_1x}}=\mathrm{e}^{(r_2-r_1)x}$ 不是常数.

因此,微分方程 $y''+py'+qy=0$ 的通解为 $y=C_1e^{r_1x}+C_2e^{r_2x}$($C_1,C_2$ 为任意常数).

2)当 $p^2-4q=0$ 时,特征方程 $r^2+pr+q=0$ 有两个相等的实根 r_1,r_2,即

$$r_1=r_2=-\frac{p}{2}.$$

这时,微分方程 $y''+py'+qy=0$ 的一个解为 $y_1=e^{r_1x}$,可以验证 $y_2=xe^{r_1x}$ 也是方程的一个解,且 y_1 与 y_2 线性无关.

因此,微分方程 $y''+py'+qy=0$ 的通解为 $y=C_1e^{r_1x}+C_2xe^{r_1x}$($C_1,C_2$ 为任意常数).

3)当 $p^2-4q<0$ 时,特征方程 $r^2+pr+q=0$ 有一对共轭复根 r_1,r_2,即

$$r_1=\alpha+i\beta,r_2=\alpha-i\beta\ (\beta\neq 0),$$

其中 $\alpha=-\frac{p}{2},\beta=\frac{\sqrt{4q-p^2}}{2}$.

可以验证 $y_1=e^{\alpha x}\cos\beta x,y_2=e^{\alpha x}\sin\beta x$ 是微分方程 $y''+py'+qy=0$ 的两个线性无关的解,因此微分方程 $y''+py'+qy=0$ 的通解为

$$y=C_1e^{\alpha x}\cos\beta x+C_2e^{\alpha x}\sin\beta x\ (C_1,C_2\ \text{为任意常数}).$$

例 1.28 求微分方程 $y''-2y'-3y=0$ 的通解.

解 该方程的特征方程为

$$r^2-2r-3=0,$$

其特征根为

$$r_1=-1,r_2=3.$$

故所求微分方程的通解为

$$y=C_1e^{-x}+C_2e^{3x}.$$

例 1.29 求微分方程 $y''-4y'+4y=0$ 的通解.

解 该方程的特征方程为

$$r^2-4r+4=0,$$

其特征根为

$$r_1=r_2=2.$$

故所求微分方程的通解为

$$y=C_1e^{2x}+C_2xe^{2x}.$$

例 1.30 求微分方程 $y''+4y'+13y=0$ 的通解.

解 该方程的特征方程为

$$r^2+4r+13=0,$$

它有一对共轭复根

$$r_{1,2}=-2\pm 3i.$$

故所求微分方程的通解为

$$y=C_1e^{-2x}\cos 3x+C_2e^{-2x}\sin 3x.$$

综上所述,求二阶常系数齐次线性微分方程 $y''+py'+qy=0$ 的通解的步骤如下:

第一步:写出微分方程 $y''+py'+qy=0$ 的特征方程 $r^2+pr+q=0$;

第二步:求出特征方程 $r^2+pr+q=0$ 的两个根 r_1,r_2;

第三步:根据特征方程的两个根的不同情形,按表 1.1 写出微分方程的通解.

表 1.1

特征方程的根	通解形式
两个不等实根 $r_1 \neq r_2$	$y = C_1 e^{r_1 x} + C_2 e^{r_2 x}$
两个相等实根 $r_1 = r_2 = r$	$y = (C_1 + C_2 x) e^{rx}$
一对共轭复根 $r = \alpha \pm i\beta$	$y = (C_1 \cos \beta x + C_2 \sin \beta x) e^{\alpha x}$

从以上例子可以看出,求二阶常系数齐次线性微分方程的通解,不必通过积分,只要用代数方法求出特征方程的特征根,就可求得方程的通解.

1.4.4　二阶常系数非齐次线性微分方程的解法

由二阶常系数非齐次线性微分方程解的结构定理知,二阶常系数非齐次线性微分方程 $y'' + py' + qy = f(x)$ 的通解是对应的齐次线性微分方程的通解与其自身的一个特解之和,而求二阶常系数齐次线性微分方程的通解问题已经解决,所以只需讨论求二阶常系数非齐次线性微分方程的特解 y_p 的方法.

以下介绍当自由项 $f(x)$ 为某些特殊类型函数时的求特解方法.

(1) $f(x) = e^{\lambda x} P_m(x)$ 型

由于右端函数 $f(x)$ 是指数函数 $e^{\lambda x}$ 与 m 次多项式 $P_m(x)$ 的乘积,而指数函数与多项式的乘积的导数仍是这类函数,因此推测:

方程 $y'' + py' + qy = f(x)$ 的特解应为 $y_p = e^{\lambda x} Q(x)$($Q(x)$ 是某个次数待定的多项式),则

$$y_p' = \lambda e^{\lambda x} Q(x) + e^{\lambda x} Q'(x),$$

$$y_p'' = \lambda^2 e^{\lambda x} Q(x) + 2\lambda e^{\lambda x} Q'(x) + e^{\lambda x} Q''(x),$$

代入方程 $y'' + py' + qy = f(x)$,整理得

$$e^{\lambda x}[Q''(x) + (2\lambda + p) Q'(x) + (\lambda^2 + \lambda p + q) Q(x)] \equiv e^{\lambda x} P_m(x),$$

消去 $e^{\lambda x}$,得

$$Q''(x) + (2\lambda + p) Q'(x) + (\lambda^2 + \lambda p + q) Q(x) \equiv P_m(x).$$

上式右端是一个 m 次多项式,所以,左端也应是 m 次多项式,由于多项式每求一次导数,就要降低一次次数,故有下列 3 种情况:

①如果 $\lambda^2 + \lambda p + q \neq 0$,即 λ 不是特征方程 $r^2 + pr + q = 0$ 的根. 由于 $P_m(x)$ 是一个 m 次的多项式,欲使

$$Q''(x) + (2\lambda + p) Q'(x) + (\lambda^2 + \lambda p + q) Q(x) \equiv P_m(x)$$

的两端恒等,那么 $Q(x)$ 必为一个 m 次多项式,设为

$$Q(x) = Q_m(x) = b_0 x^m + b_1 x^{m-1} + \cdots + b_{m-1} x + b_m,$$

其中 $b_0, b_1, \cdots, b_{m-1}, b_m$ 为 $m+1$ 个待定系数,将之代入恒等式

$$Q''(x) + (2\lambda + p) Q'(x) + (\lambda^2 + \lambda p + q) Q(x) \equiv P_m(x),$$

比较恒等式两端 x 的同次幂的系数,得到含有 $m+1$ 的未知数 $b_0,b_1,\cdots,b_{m-1},b_m$ 的 $m+1$ 个线性方程组,从而求出 $b_0,b_1,\cdots,b_{m-1},b_m$,得到特解

$$y_p=e^{\lambda x}Q_m(x).$$

②如果 $\lambda^2+\lambda p+q=0$,但 $2\lambda+p\neq 0$ 时,即 λ 是方程 $y''+py'+qy=0$ 的特征方程 $r^2+pr+q=0$ 的单根.那么

$$Q''(x)+(2\lambda+p)Q'(x)+(\lambda^2+\lambda p+q)Q(x)\equiv P_m(x)$$

化为

$$Q''(x)+(2\lambda+p)Q'(x)\equiv p_m(x),$$

上式两端恒等,那么 $Q'(x)$ 必是一个 m 次多项式.因此,可设 $Q(x)=xQ_m(x)$,并且用同样的方法来确定系数 $b_0,b_1,\cdots,b_{m-1},b_m$,得到特解

$$y_p=e^{\lambda x}xQ_m(x).$$

③如果 $\lambda^2+\lambda p+q=0$ 且 $2\lambda+p\neq 0$ 时,即 λ 是方程 $y''+p(x)y'+q(x)y=f(x)$ 的特征方程 $r^2+pr+q=0$ 的二重根. 那么

$$Q''(x)+(2\lambda+p)Q'(x)+(\lambda^2+\lambda p+q)Q(x)\equiv p_m(x)$$

化为

$$Q''(x)\equiv P_m(x),$$

上式两端恒等,那么 $Q''(x)$ 必是一个 m 次多项式.因此,可设 $Q(x)=x^2Q_m(x)$,并且用同样的方法来确定系数 $b_0,b_1,\cdots,b_{m-1},b_m$,得到特解

$$y_p=e^{\lambda x}x^2Q_m(x).$$

综上所述,有结论:

如果 $f(x)=e^{\lambda x}p_m(x)$,则方程 $y''+p(x)y'+q(x)y=f(x)$ 的特解形式为

$$y_p=e^{\lambda x}x^kQ_m(x),$$

其中 $Q_m(x)$ 是与 $P_m(x)$ 同次的多项式,而 k 的选取应满足条件

$$k=\begin{cases}0,\lambda\text{ 不是特征根}\\1,\lambda\text{ 是特征单根.}\\2,\lambda\text{ 是特征重根}\end{cases}$$

例 1.31 求微分方程 $y''-3y'+2y=xe^{2x}$ 的一个特解.

解 该方程对应的齐次方程的特征方程为 $r^2-3r+2=0$,其特征根 $r_1=1,r_2=2$. 因为 $f(x)=xe^{2x}$,$\lambda=2$ 是单特征根,$P_m(x)=x$ 是一次多项式,故设特解

$$y_p=x(b_0x+b_1)e^{2x}=(b_0x^2+b_1x)e^{2x}.$$

则有

$$y'_p=[2b_0x^2+(2b_1+2b_0)x+b_1]e^{2x},$$
$$y''_p=[4b_0x^2+(8b_0+4b_1)x+(2b_0+4b_1)]e^{2x}.$$

代入原方程,得

$$2b_0x+(2b_0+b_1)=x.$$

比较系数得 $\begin{cases}2b_0=1\\2b_0+b_1=0\end{cases}$,

解得 $b_0=\dfrac{1}{2}, b_1=-1$.

故原方程的一个特解为 $y_p=x\left(\dfrac{1}{2}x-1\right)e^{2x}$.

例 1.32 求微分方程 $2y''+y'-y=2e^x$ 的通解.

解 该方程对应的齐次方程的特征方程为 $2r^2+r-1=0$,其特征根为 $r_1=-1, r_2=\dfrac{1}{2}$,所以原方程对应的齐次方程的通解为 $\bar{y}=C_1e^{-x}+C_2e^{\frac{1}{2}x}$.

因为 $f(x)=2e^x, \lambda=1$ 不是特征根,$P_m(x)=2$ 是零次多项式.

故设 $y_p=Ae^x$ 为原方程的特解,则有

$$y_p'=Ae^x, y''_p=Ae^x.$$

代入原方程,得 $2A=2$,即 $A=1$.

所以原方程的一个特解为 $y_p=e^x$.

故所求微分方程的通解为 $y=\bar{y}+y_p=C_1e^{-x}+C_2e^{\frac{1}{2}x}+e^x$.

(2)$f(x)=e^{\lambda x}[P_l(x)\cos\omega x+P_n(x)\sin\omega x]$**型**

这里 λ,ω 是实数,$P_l(x), P_n(x)$ 分别是 x 的 l,n 次多项式,并且允许其中一个为零. 对于这种类型的方程,由于指数函数的各阶导数仍为指数函数,正弦函数与余弦函数的导数也总是余弦函数与正弦函数,可以证明:非齐次方程的特解 y_p 具有如下形式

$$y_p=x^ke^{\lambda x}[R_m(x)\cos\omega x+I_m(x)\sin\omega x],$$

其中 $R_m(x), I_m(x)$ 是两个 m 次多项式,$m=\max\{l,n\}$,且

$$k=\begin{cases}0, \lambda+i\omega \text{ 不是特征根}\\1, \lambda+i\omega \text{ 是特征根}\end{cases}.$$

为处理问题方便,再介绍两个定理.

定理 1.3 (非齐次线性微分方程解的分离) 如果 y_1 是方程 $y''+py'+qy=f_1(x)$ 的解,y_2 是方程 $y''+py'+qy=f_2(x)$ 的解,则 $y=y_1+y_2$ 是方程 $y''+py'+qy=f_1(x)+f_2(x)$ 的解.

定理 1.4 如果 y_1 是方程 $y''+py'+qy=f_1(x)$ 的解,y_2 是方程 $y''+py'+qy=f_2(x)$ 的解,则 y_1-y_2 是方程 $y''+py'+qy=0$ 的解.

注 ①上述 4 个定理对于二阶非常系数的线性微分方程也是成立的.

②上述求常系数非齐次线性微分方程特解的方法称为待定系数法求特解,对于简单微分方程也可以利用观察法求特解或常数变异法求特解.

例 1.33 求方程 $y''+y=\sin x$ 的通解.

解 该方程为二阶常系数非齐次线性方程,其对应的齐次方程为

$$y''+y=0,$$

特征方程为

$$r^2+1=0,$$

特征根 $r_1=i, r_2=-i$,齐次方程的通解为 $y_c=C_1\cos x+C_2\sin x$.

由于方程 $y''+y=\sin x=e^0\sin x, \alpha+i\beta=i$(其中 $\alpha=0$, $\beta=1$)恰是特征单根,从而设特解

为 $y_p=x(A\cos x+B\sin x)$ 代入原方程，可得 $A=-\dfrac{1}{2}$，$B=0$，所以 $y_p=-\dfrac{1}{2}x\cos x$ 是方程的一个特解.

故所求方程的通解为 $y=C_1\cos x+C_2\sin x-\dfrac{1}{2}x\cos x$.

例 1.34 一质量为 m 的质点由静止开始沉入液体，当下沉时，液体的反作用力与下沉速度成正比，求此质点的运动规律.

解 设质点的运动规律为 $x=x(t)$，由题意及牛顿第二定律知：

$$\begin{cases} m\dfrac{\mathrm{d}^2x}{\mathrm{d}t^2}=mg-k\dfrac{\mathrm{d}x}{\mathrm{d}t} \\ x\Big|_{t=0}=0,\dfrac{\mathrm{d}x}{\mathrm{d}t}\Big|_{t=0}=0 \end{cases}\quad (k>0\text{ 为比例系数}),$$

问题就是求微分方程 $\dfrac{\mathrm{d}^2x}{\mathrm{d}t^2}+\dfrac{k}{m}\dfrac{\mathrm{d}x}{\mathrm{d}t}=g$，在初始条件下的特解.

对应齐次方程的特征方程 $r^2+\dfrac{k}{m}r=0$ 有特征根 $r_1=0$，$r_2=-\dfrac{k}{m}$，从而对应的齐次方程的通解为 $x_c=C_1+C_2\mathrm{e}^{-\frac{k}{m}t}$.

又因 $\lambda=0$ 是特征单根，可设一个特解 $x_p=At$，代入原方程，即得 $A=\dfrac{mg}{k}$，因此 $x_p=\dfrac{mg}{k}t$ 是原微分方程的一特解，所以原微分方程的通解为

$$x=C_1+C_2\mathrm{e}^{-\frac{k}{m}t}+\frac{mg}{k}t.$$

由初始条件可求得

$$C_1=-\frac{m^2g}{k^2},C_2=\frac{m^2g}{k^2},$$

因此所求质点的运动规律为

$$x(t)=\frac{mg}{k}t-\frac{m^2g}{k^2}(1-\mathrm{e}^{-\frac{k}{m}t}).$$

习题 1.4

1. 求下列常系数齐次线性微分方程的通解.

(1) $y''-5y'+6y=0$；　　(2) $y''-2y'+y=0$；

(3) $2y''+2y'+3y=0$；　　(4) $y^{(4)}+8y'=0$.

2. 求下列常系数非齐次线性微分方程的通解.

(1) $y''-2y'-3y=x+1$；　　(2) $y''-4y=2\mathrm{e}^{2x}$；

(3) $y''-4y'+8y=\mathrm{e}^{2x}\sin 2x$；　　(4) $y''-2y'+2y=4\mathrm{e}^x\cos x$.

3. 求微分方程 $y''-y=4x\mathrm{e}^x$ 满足初始条件 $y\big|_{x=0}=0$，$y'\big|_{x=0}=1$ 的特解.

4. 有一个底半径为 10 cm，质量分布均匀的圆柱形浮筒浮在水面上，它的轴与水面垂直，今沿轴的方向把浮筒轻轻地按下再放开，浮筒便开始作以 2 s 为周期的上下振动（浮筒始终有一部分露在水面上），设水的密度 $\rho=10^3\ \mathrm{kg/m^3}$，试求浮筒的质量.

1.5 利用 Mathematica 解微分方程

Mathematica 能求线性与非线性的常微分方程(组)的精确解,能求解的类型大致覆盖了人工求解的范围,功能较强. 但是,计算机不如人灵活(例如在隐函数和隐方程的处理方面),输出的结果与人工计算的结果可能在形式上不同.

利用 Mathematica 求解微分方程,命令语法格式及其意义:

DSolve[微分方程,y,x]　　用来求解非独立变量 x 的函数 y 的一个微分方程

求特解的语句如下:

DSolve[{微分方程,初始条件},未知函数,自变量]

注意:

①未知函数总带有自变量,例如 y[x],不能只键入 y;

②方程中的等号,用连续键入两个等号表示;

③导数符号用键盘上的撇号,连续两撇表示二阶导数;

④在使用命令时,一般把初始条件作为一个方程来看待;

⑤输出结果总是尽量用显式解表出,有时反而会使表达式变得复杂;

⑥在没有给定方程的初值条件下,我们所得到的解包括 C[1],C[2]是待定系数.

例 1.35　求微分方程 $\dfrac{dy}{dx}-\dfrac{y}{x}=0$ 的通解.

解　In[1]: = DSolve[y′[x] − $\dfrac{\text{y[x]}}{\text{x}}$ = = 0,y[x],x]

Out[1] = {{y[x]→xC[1]}}

例 1.36　求微分方程 $y'-y=e^{-x}$ 的通解.

解　In[1]: = DSolve[y′[x] − y[x] = = e^{-x},y[x],x]

Out[1] = {{y[x]→ $-\dfrac{e^{-x}}{2}+e^{x}$C[1]}}

例 1.37　求微分方程 $y''-3y'+2y=3xe^{2x}$ 的通解,并求满足初始条件 $y|_{x=1}=e^{2}$, $y'|_{x=0}=2$ 的特解.

解　In[1]: = DSolve[y″[x] − 3y′[x] + 2y[x] = = 3x e^{2x},y[x],x]

Out[1] = {{y[x]→ $\dfrac{3}{2}e^{2x}(2-2x+x^{2})+e^{x}$C[1] + e^{2x}C[2]}}

In[2]: = DSolve[{y″[x] − 3y′[x] + 2y[x] = = 3x e^{2x},y[1] = = e^{2},y′[0] = = 2},
y[x],x]

Out[2] = {{y[x]→ $\dfrac{1}{2}e^{2x}(5-6x+3x^{2})$}}

1.6 数学建模:交通管理中的黄灯问题

▶问题提出

在十字路口的交通管理中,亮红灯前,要亮一段时间黄灯,这是为了让那些正行驶在十字路口的人注意,告诉他们红灯即将亮起,假如你能够停住,应当马上刹车,以免闯红灯违反交通规则. 这里我们不妨想一下:黄灯应当亮多久才比较合适?

▶问题分析

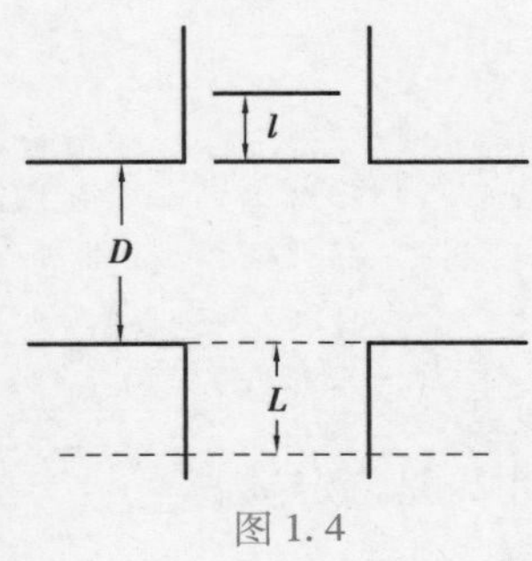

图 1.4

现在让我们来分析,在十字路口行驶的车辆中,交警主要考虑的是机动车辆,因为只要机动车辆能停住,那么非机动车辆自然也应能停住. 驶近交叉路口的驾驶员在看到黄色信号灯后要立即做出决定:是停车还是通过路口. 如果他决定停车,也就是说,在街道上存在着一条无形的线,如图 1.4 所示,从这条线到街口的距离与此街道的法定速度有关,法定速度越大,此距离也越大. 当黄灯亮起时车子到路口的距离小于此距离时不能停车,否则会冲出路口;大于此距离时必须停车;等于此距离时可以停车也可以通过路口. 对于那些已经过线而无法停住的车辆,黄灯又必须留下足够的时间使它们能顺利地通过路口.

▶建立模型

根据上述分析,我们确定了求解这一问题的步骤如下:

步骤 1:根据该街道的法定速度 v_0 求出停车线位置(即停车线到街口的距离);

步骤 2:根据停车线位置及法定速度确定黄灯该亮多久.

▶模型求解

①停车线的确定.

要确定停车线位置应当考虑两点:a. 驾驶员看到黄灯并决定停车需要一段反应时间 t_1,在这段时间里,驾驶员尚未刹车;b. 驾驶员刹车后,车还需要继续行驶一段距离,我们把这段距离称为刹车距离.

驾驶员的反应时间(实际为平均反应时间)t_1 较易得到,可以根据经验或者统计数据求出,交通部门对驾驶员也有一个统一的要求. 例如,不失一般性,我们可假设它为 1 s(反应时间的长短不影响计算方法).

停车时,驾驶员踩动刹车踏板产生一种摩擦力,该力使汽车减速并最终停下. 设汽车质量为 m,刹车摩擦系数为 f,$x(t)$ 为刹车后在 t 时刻内行驶的距离,根据刹车规律,可假设刹车制

动力为fmg. 由牛顿第二定律知,刹车过程中车辆应满足下列运动方程

$$\begin{cases} m\dfrac{\mathrm{d}^2x}{\mathrm{d}t^2}=-fmg \\ x(0)=0,\left.\dfrac{\mathrm{d}x}{\mathrm{d}t}\right|_{t=0}=v_0 \end{cases}, \tag{1.6}$$

在式(1.6)两边同除以m并积分一次,并注意到当$t=0$时,$\dfrac{\mathrm{d}x}{\mathrm{d}t}=v_0$,得

$$\frac{\mathrm{d}x}{\mathrm{d}t}=-fgt+v_0, \tag{1.7}$$

刹车时间t_2可这样求得,当$t=t_2$时,$\dfrac{\mathrm{d}x}{\mathrm{d}t}=0$,故

$$t_2=\frac{v_0}{fg},$$

将式(1.7)再积分一次,得

$$x(t)=-\frac{1}{2}fgt^2+v_0t,$$

将$t_2=\dfrac{v_0}{fg}$代入,即可求得停车距离为

$$x(t_2)=\frac{1}{2}\frac{v_0^2}{fg}.$$

据此可知,停车线到路口的距离应为

$$L=v_0t_1+\frac{1}{2}\frac{v_0^2}{fg},$$

等式右端第一项为反应时间里驶过的路程,第二项为刹车距离.

②计算黄灯时间.

现在我们可以来确定黄灯究竟应亮多久,在黄灯转为红灯的这段时间里,应当能保证已经过线的车辆顺利地通过街口. 记街道的宽度为D,平均车身长度为l,这些车辆应通过的路程最长可达到$L+D+l$,因而,为保证过线的车辆全部顺利通过,黄灯持续时间至少应为

$$T=\frac{L+D+l}{v_0}.$$

综合练习1

一、判断题

1. 若y_1,y_2是二阶齐次线性方程的解,则$C_1y_1+C_2y_2$(C_1,C_2为任意常数)是其通解. ( )
2. $y'''+y''-x=0$的特征方程为$r^3+r^2-1=0$. ( )
3. 方程$y''-y'=\sin x$的特解形式可设为$A\cos x+B\sin x$(A,B为待定系数). ( )
4. $y'=y$的通解为$y=Ce^x$(C为任意常数). ( )
5. 所有的微分方程都必须利用积分才能求解. ( )

二、选择题

6. 微分方程$y''+2y'+y=0$的通解为( ).

A. $y=C_1\cos x+C_2\sin x$　　B. $y=C_1\mathrm{e}^x+C_2\mathrm{e}^{2x}$

C. $y=(C_1+C_2x)\mathrm{e}^{-x}$　　D. $y=C_1\mathrm{e}^x+C_2\mathrm{e}^{-x}$

7. 微分方程$\frac{\mathrm{d}^2y}{\mathrm{d}x^2}+2y=1$ 的通解为(　　).

A. $\frac{1}{2}+C_1\cos\sqrt{2}x+C_2\sin\sqrt{2}x$　　B. $\frac{1}{2}+C_1\mathrm{e}^{\sqrt{2}x}+C_2\mathrm{e}^{-\sqrt{2}x}$

C. $C_1\cos\sqrt{2}x+C_2\sin\sqrt{2}x$　　D. $C_1\mathrm{e}^{\sqrt{2}x}+C_2\mathrm{e}^{-\sqrt{2}x}$

8. 微分方程 $y'''=\sin x$ 的通解为(　　).

A. $y=\cos x+\frac{1}{2}C_1x^2+C_2x+C_3$　　B. $y=\sin x+\frac{1}{2}C_1x^2+C_2x+C_3$

C. $y=\cos x+C_1$　　D. $y=2\sin 2x$

9. 某二阶常微分方程下列解中为其通解的是(　　).

A. $y=C\sin x$　　B. $y=C_1\sin x+C_2\cos x$

C. $y=\sin x+\cos x$　　D. $y=(C_1+C_2)\cos x$

10. 下列常微分方程中为线性方程的是(　　).

A. $y'=\mathrm{e}^{x-y}$　　B. $y\cdot y'+y=\sin x$

C. $x^2\mathrm{d}x=(y^2+2xy)\mathrm{d}y$　　D. $xy'+y-\mathrm{e}^{2x}=0$

11. 微分方程 $y'''=x$ 的通解为(　　).

A. $y=\frac{1}{24}x^4+C_1x^2+C_2x+C_3$　　B. $y=\frac{1}{12}x^3+C_1x^2+C_2x+C_3$

C. $y=\frac{1}{12}x^4+C_1x^2+C_2x+C_3$　　D. $y=\frac{1}{18}x^3+C_1x^2+C_2x+C_3$

12. 微分方程 $y''-4y=0$ 的通解为(　　).

A. $y=C_1\mathrm{e}^{2x}+C_2\mathrm{e}^{-2x}$　　B. $y=(C_1+C_2x)\mathrm{e}^{2x}$

C. $y=C_1+C_2\mathrm{e}^{4x}$　　D. $y=C_1\cos 2x+C_2\sin 2x$

13. 对于微分方程 $y''-2y'=x^2$,利用待定系数法求特解 y^* 时,下列特解设法正确的是(　　).

A. $y^*=ax^2+bx+c$　　B. $y^*=x^2(ax^2+bx+c)$

C. $y^*=x(ax^2+bx)$　　D. $y^*=x(ax^2+bx+c)$

14. 已知函数 y 满足微分方程 $xy'=y\ln\frac{y}{x}$,且 $x=1$ 时,$y=\mathrm{e}^2$,则当 $x=-1$ 时,$y=$(　　).

A. -1　　B. -2　　C. 1　　D. e^{-1}

15. 求微分方程$(x+1)y''+y'=\ln(x+1)$的通解时,可(　　).

A. 设 $y'=p$,则有 $y''=p'$　　B. 设 $y'=p$,则有 $y''=p\frac{\mathrm{d}p}{\mathrm{d}y}$

C. 设 $y'=p$,则有 $y''=p\frac{\mathrm{d}p}{\mathrm{d}x}$　　D. 设 $y'=p$,则有 $y''=p'\frac{\mathrm{d}p}{\mathrm{d}x}$

16. 函数 $y=f(x)$的图形上点$(0,-2)$处切线为 $2x-3y=6$,则此函数可能为(　　).

A. $y=x^2-2$　　B. $y=3x^2+2$

C. $3y-3x^3-2x+6=0$　　D. $y=3x^3+\frac{2}{3}x$

17. 微分方程 $y''-4y'-5y=e^{-x}+\sin 5x$ 的特解形式可设为(　　).

A. $y^*=Ae^{-x}+B\sin 5x$　　B. $y^*=Ae^{-x}+B\sin 5x+C\cos 5x$

C. $y^*=Axe^{-x}+B\sin 5x$　　D. $y^*=Axe^{-x}+B\sin 5x+C\cos 5x$

三、填空题

18. 设$f(x)=\int_1^{2x}f(\frac{t}{2})\mathrm{d}t+\ln 2$，则$f(x)=$ ________.

19. 微分方程$\sec^2x\tan y\mathrm{d}x+\sec^2y\tan x\mathrm{d}y=0$ 的通解为________.

20. 微分方程 $y''-2y'+2y=e^x$的通解为________.

21. $y''-5y'+6y=7$ 满足 $y|_{x=0}=\frac{7}{6}$和 $y'|_{x=0}=-1$的特解为 ________.

22. 以 $y=C_1e^x+C_2xe^x$ 为通解的微分方程是________.

四、解答题

23. 求方程 $y'''+y'=0$ 的通解.

24. 求方程 $y''=2\sin x$ 的通解.

25. 求方程$(e^{x+y}+e^x)\mathrm{d}x+(e^{x+y}-e^y)=0$ 的通解 .

26. 求微分方程 $y''=x-2y'$的通解.

27. 求方程 $y''+y=\sin x$，在初始条件$y|_{x=0}=1$，$y'|_{x=0}=\frac{1}{2}$下的特解.

28. 已知连续函数$f(x)$满足条件$f(x)=\int_0^{3x}f\left(\frac{t}{3}\right)\mathrm{d}t+e^{2x}$，求$f(x)$.

29. 设$f(x)$在$x>0$时有二阶连续导数，且$f(1)=2$及$f'(x)-\frac{f(x)}{x}-\int_1^x\frac{f(t)}{t^2}\mathrm{d}t=0$，求$f(x)$.

30. 设二阶常系数线性微分方程 $y''+\alpha y'+\beta y=\gamma e^x$ 的一个特解为 $y=e^{2x}+(1+x)e^x$，试确定常数 α,β,γ，并求出该方程的通解.

31. 设 $y_1=xe^x+e^{2x}$，$y_2=xe^x+e^{-x}$，$y_3=xe^x+e^{2x}-e^{-x}$是某二阶常系数非齐次线性微分方程的3个解，求此微分方程.

32. 设$f(x)=\sin x+\int_0^x tf(t)\mathrm{d}t-x\int_0^x f(t)\mathrm{d}t$，其中$f(t)$为连续函数，求$f(x)$.

第 2 章 多元函数微积分

前面研究了一元函数的微分法，研究的对象是一个自变量，所用的工具是一元函数的极限，但在实际自然科学和工程技术中所遇到的函数的自变量常常不只一个，从而提出了多元函数微积分的问题，它是一元函数的微积分的推广与发展，多元函数的微积分与一元函数的微积分有许多相似之处. 本章讨论多元函数的微积分，主要研究二元函数的微积分问题. 三元及以上函数的微积分问题不难由二元函数的相关知识进行直接推广.

实验与对话　二次曲面的截面图形

利用 Mathematica 软件，作二次曲面截面图，改变曲面以截平面的位置，观察图形的变化，展开师生对话，并将对话中所产生的相关问题记录在下面的方框里. 图 2.1 是利用 Mathematica 作出的抛物面$x^2+y^2=4z$与截平面 $z=2.91$ 的图形.

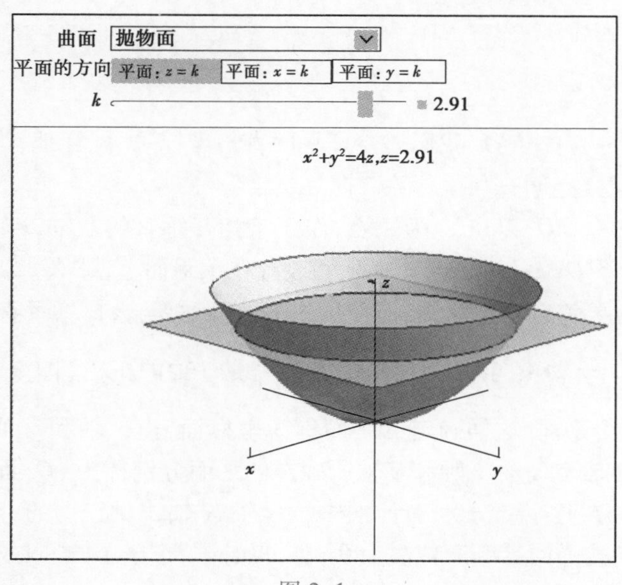

图 2.1

问题记录：

2.1 空间解析几何简介

2.1.1 空间直角坐标系

(1)空间直角坐标系

为了确定平面上一点的位置,我们建立了平面直角坐标系. 同样地,为了确定空间内任意一点的位置,就需要建立空间直角坐标系.

在空间任意取定一点 O,以点 O 为原点,作 3 条相互垂直的数轴,x 轴,y 轴,z 轴,这样就构成了空间直角坐标系 $Oxyz$. 一般地,x 轴,y 轴放置在水平面上,那么 z 轴垂直于水平面,且 x 轴,y 轴,z 轴的正方向要符合右手法则,即伸出右手,让四指与大拇指垂直,当右手4 个手指从 x 轴正向以$\frac{\pi}{2}$角度转向 y 轴正向时,大拇指的方向就是 z 轴的正向(图 2.2). 3 条坐标轴中的任意两条可以确定一个平面,这样确定的平面称为坐标面,由 x 轴和 y 轴所确定的坐标面称为 xOy 面,另两个由 y 轴和 z 轴,z 轴和 x 轴所确定的平面分别称为 yOz 面和 zOx 面. 3 个坐标面把空间分为 8 个部分,每个部分为一个卦限. 含 x 轴,y 轴,z 轴正向的卦限称为第 Ⅰ 卦限,然后逆着 z 轴正向看时,按逆时针顺序依次为Ⅱ,Ⅲ,Ⅳ卦限,位于Ⅰ,卦限的下面的4 个卦限,依次为Ⅴ,Ⅵ,Ⅶ,Ⅷ卦限(图 2.3).

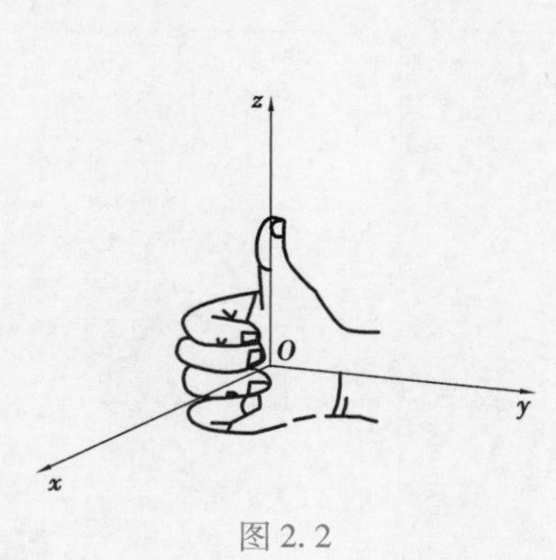

图 2.2

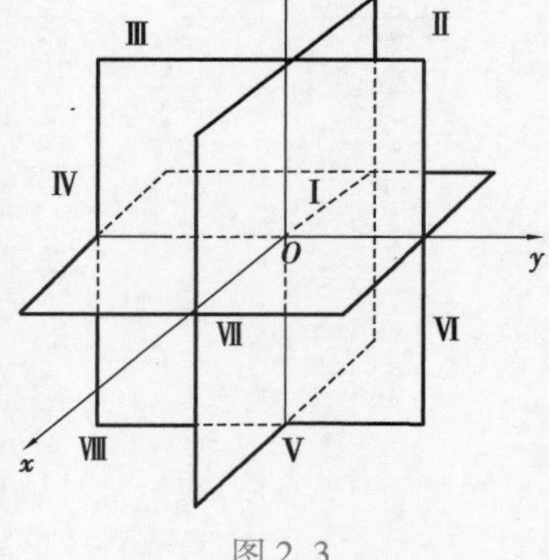

图 2.3

建立了空间直角坐标系,就可以建立空间点与有序数组之间的对应关系.

设 M 为空间任意一点,过 M 作 3 个分别垂直于 x 轴,y 轴,z 轴于点 P,Q,R 的平面,这 3 个点在其上的坐标分别为 x,y,z,于是,空间一点 M 就唯一确定了一个有序数组(x,y,z);反过来,对于某个有序数组(x,y,z),我们可以在 x 轴,y 轴,z 轴分别取点 P,Q,R,使 $OP=x$, $OQ=y,OR=z$,然后过 P,Q,R3 点分别作垂直于 x 轴,y 轴,z 轴的平面,这 3 个平面交于一点 M,则由一个有序数组(x,y,z)唯一地确定了一点 M. 于是,通过空间直角坐标系,我们就建立了空间的点 M 和有序数组(x,y,z)之间的一一对应关系,有序数组(x,y,z)称为点 M 的坐标,

记为 $M(x,y,z)$(图 2.4).

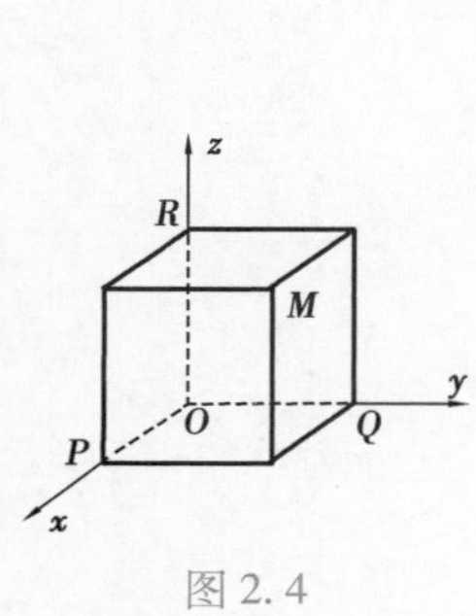

图 2.4

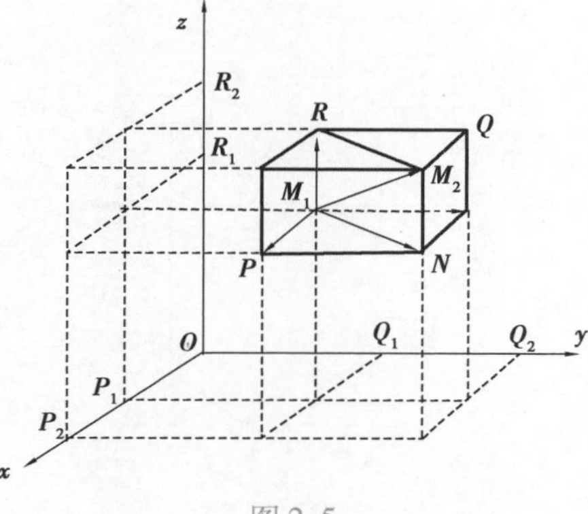

图 2.5

(2)空间两点的距离

设 $M_1(x_1,y_1,z_1)$,$M_2(x_2,y_2,z_2)$ 为空间中的两个点,过 M_1,M_2 各作 3 个分别垂直 3 条坐标轴的平面,这 6 个平面围成一个以 M_1M_2 为对角线的长方体,如图 2.5 所示由于 $\triangle M_1NM_2$ 为直角三角形,$\angle M_1NM_2$ 为直角,所以 $|M_1M_2|^2=|M_1N|^2+|NM_2|^2$,又因 $\triangle M_1PN$ 也是直角三角形,$|M_1N|^2=|M_1P|^2+|PN|^2$,由于 $|M_1P|=|P_1P_2|=|x_2-x_1|$,$|PN|=|Q_1Q_2|=|y_2-y_1|$,$|NM_2|=|R_1R_2|=|z_2-z_1|$,所以

$$|M_1M_2|^2=|M_1N|^2+|NM_2|^2=(x_2-x_1)^2+(y_2-y_1)^2+(z_2-z_1)^2,$$

即

$$|M_1M_2|=\sqrt{(x_2-x_1)^2+(y_2-y_1)^2+(z_2-z_1)^2}.$$

例 2.1 求证以 $M_1(4,3,1)$,$M_2(7,1,2)$,$M_3(5,2,3)$3 点为顶点的三角形是一个等腰三角形.

解 因为

$$|M_1M_2|^2=(7-4)^2+(1-3)^2+(2-1)^2=14,$$
$$|M_2M_3|^2=(5-7)^2+(2-1)^2+(3-2)^2=6,$$
$$|M_3M_1|^2=(4-5)^2+(3-2)^2+(1-3)^2=6,$$

所以

$$|M_2M_3|=|M_3M_1|,$$

即 $\triangle M_1M_2M_3$ 为等腰三角形.

2.1.2 空间曲面与方程

在平面解析几何中,我们把平面曲线看成是平面上按照一定规律运动的点的轨迹.类似地,在空间解析几何中,我们把曲面看成是空间中按照一定规律运动的点的轨迹.空间中的点按照一定规律运动,它的坐标(x,y,z)就满足 x,y,z 的某个关系式,这个关系式就是曲面方程,记为 $F(x,y,z)=0$.

定义 2.1 如果曲面 S 与三元方程 $F(x,y,z)=0$ 有下列关系:

①曲面 S 上任意一点的坐标都满足方程 $F(x,y,z)=0$;

②不在曲面 S 上的点的坐标都不满足方程 $F(x,y,z)=0$.

那么,方程 $F(x,y,z)=0$ 就叫作曲面 S 的方程,而曲面 S 就叫作方程 $F(x,y,z)=0$ 的图形(图 2.6).

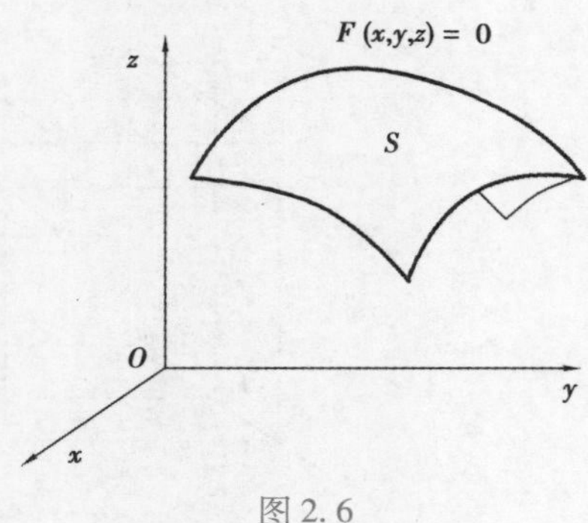

图 2.6

例 2.2 建立球心在 $M_0(x_0,y_0,z_0)$,半径为 R 的球面的方程.

解 设 $M(x,y,z)$ 是球面上的任一点,那么

$$|M_0M|=R,$$

即

$$\sqrt{(x-x_0)^2+(y-y_0)^2+(z-z_0)^2}=R,$$

或

$$(x-x_0)^2+(y-y_0)^2+(z-z_0)^2=R^2.$$

特别地,如果球心在原点,那么球面方程为

$$x^2+y^2+z^2=R^2.$$

例 2.3 设有点 $A(1,2,3)$ 和 $B(2,-1,4)$,求线段 AB 的垂直平分面的方程.

解 由题意知,所求的平面就是与 A 和 B 等距离的点的轨迹.

设所求平面上的任意一点为 $P(x,y,z)$,由于 $|AP|=|BP|$,所以

$$\sqrt{(x-1)^2+(y-2)^2+(z-3)^2}=\sqrt{(x-2)^2+(y+1)^2+(z-4)^2},$$

即 $2x-6y+2z-7=0$ 为所求平面方程.

例 2.4 直线 L 绕一条与 L 相交的直线旋转一周,所得的旋转曲面称为圆锥面,两直线的交点称为圆锥面的顶点,两直线的夹角 $\alpha\left(0<\alpha<\frac{\pi}{2}\right)$ 称为圆锥面的半顶角. 求顶点在坐标原点 O,旋转轴为 z 轴,半顶角为 α 的圆锥面的方程.

解 在 yOz 坐标面上,直线 L 的方程为 $z=y\cot\alpha$,因为旋转轴为 z 轴,所以在直线方程中将 y 改成 $\pm\sqrt{x^2+y^2}$,便得到所求圆锥面的方程 $z=\pm\sqrt{x^2+y^2}\cot\alpha$.

2.1.3 利用 Mathematica 作曲面

我们可以用 Mathematica 方便地作出该方程所表示的曲面,其命令语法格式及其意义:

①命令语法格式:ContourPlot3D[f = = g, {x,a,b}, {y,c,d}, {z,e,f}].

意义:绘制方程 $f(x,y,z)=g(x,y,z)$ 在区域 $\{(x,y)\mid a\leqslant x\leqslant b, c\leqslant y\leqslant d, e\leqslant z\leqslant f\}$ 的图形.

②命令语法格式:RevolutionPlot3D[f, {x, x_1, x_2}].

意义：xOz 平面上的曲线 $z=f(x)$ 绕 z 轴旋转一周形成的曲面.

③命令语法格式：RevolutionPlot3D[f, {x, x_1, x_2}, RevolutionAxis→{a, b, c}]

意义：xOz 平面上的曲线 $z=f(x)$ 以起点在原点的向量 $\{a,b,c\}$ 为轴旋转.

例 2.5 绘制由方程 $x^2+y^2+z^2=1$ 所确定的图形.

解 In[1]:= ContourPlot3D[x^2 + y^2 + z^2 = = 1, {x, -1, 1}, {y, -1, 1}, {z, -1, 1}]

Out[1] =

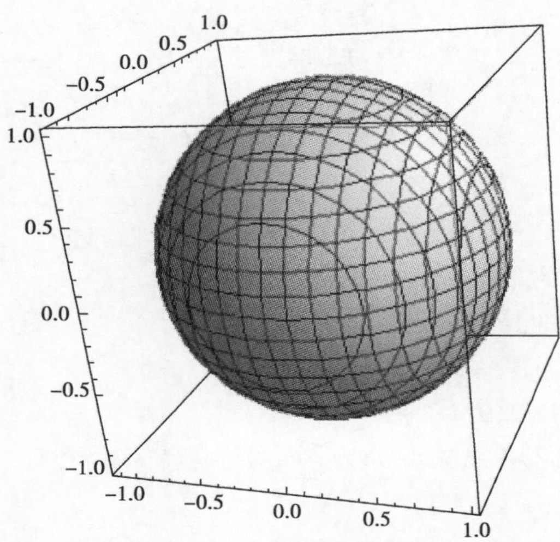

例 2.6 作正弦曲线 $z=\sin x, x\in[0,2\pi]$ 绕 z 轴旋转一周形成的曲面.

解 In[1]:= RevolutionPlot3D[sin[x], {x, 0, 2π}

Out[1] =

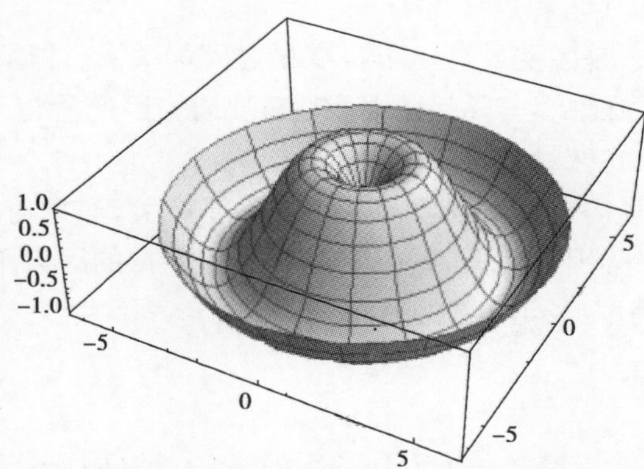

例 2.7 作曲线 $z=x^3$ 绕起点在原点的向量 $\{1,1,1\}$ 为轴旋转的曲面.

解 In[1]:= RevolutionPlot3D[x^3, {x, 0, 1}], RevolutionAxis→{1, 1, 1}]

Out[1] =

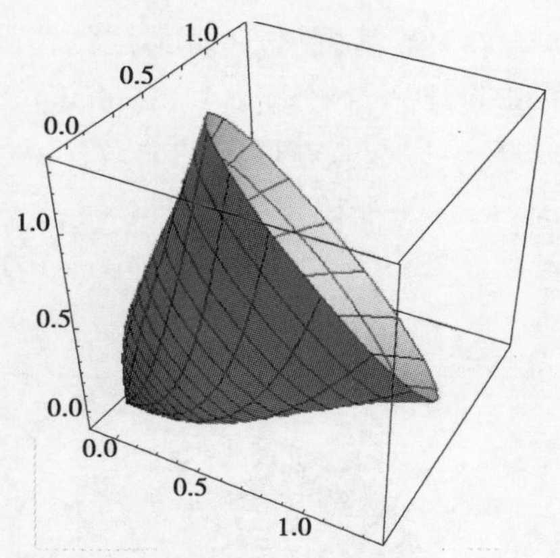

习题 2.1

1. 求与 z 轴和点 $A(1,3,-1)$ 等距离的点的轨迹方程.

2. 指出下列各点所在的卦限.

(1)$(-1,-2,3)$;(2)$(3,-2,-1)$;(3)$(-1,3,-6)$.

3. 已知点 $A(2,3,1)$,$B(2,0,-1)$:

(1)求 $|OA|$ 及 $|AB|$;(2)A 点关于 xOy 平面对称点的坐标.

2.2 多元函数微分学

人们通常所说的函数,是因变量与一个自变量之间的关系,即因变量的值只依赖于一个自变量,称为一元函数. 但在许多实际问题中往往需要研究因变量与几个自变量之间的关系,即因变量的值依赖于几个自变量.

例如,某种商品的市场需求量不仅仅与其市场价格有关,而且与消费者的收入以及这种商品的其他代用品的价格等因素有关,即决定该商品需求量的因素不止一个而是多个. 要全面研究这类问题,就需要引入多元函数的概念.

2.2.1 多元函数的概念

定义 2.2 设 D 为一个非空的 n 元有序数组的集合,f 为某一确定的对应法则. 若对于每一个有序数组 $(x_1,x_2,\cdots,x_n)\in D$,通过对应规则 f,都有唯一确定的实数 y 与之对应,则称对应规则 f 为定义在 D 上的 n 元函数,记为 $y=(x_1,x_2,\cdots,x_n)$,$(x_1,x_2,\cdots,x_n)\in D$. 变量 $x_1,x_2,\cdots,x_n$ 称为自变量;y 称为因变量. (x_i,其中 i 是下标. 下同)

当 $n=1$ 时,为一元函数,记为 $y=f(x)$,$x\in D$;

当 $n=2$ 时,为二元函数,记为 $z=f(x,y)$,$(x,y)\in D$;

二元及以上的函数统称为多元函数.

(1)引例

长方形的面积 A 依赖于长 x 和宽 y,它们之间的关系是

$$A=xy \quad (x>0,y>0),$$

其中,x 和 y 是两个独立的变量,在它们的变化范围内每取一对数值 x_0,y_0 时,依据给定的规则,长方形的面积 A 就有一个确定的值 $A_0=x_0y_0$ 与之对应,则称 A 为 x,y 的二元函数.

长方体的体积 V 与它的长 x,宽 y 及高 z 之间的关系式

$$V=xyz\ (x>0,y>0,z>0),$$

这里,变量 V 依赖于3个独立自变量 x,y,z,称为三元函数.

(2)二元函数的定义

定义2.3　设 D 是平面上的一个非空点集,f 是一个对应法则,如果对于每个点 $(x,y)\in D$,都可由对应法则 f 得到唯一的实数 z 与之对应,则称变量 z 是 x,y 的二元函数,记作 $z=f(x,y)$,其中 x,y 称为自变量,z 称为函数或因变量,集合 D 称为函数 $z=f(x,y)$ 的定义域,对应的函数值的集合 $Z=\{Z\mid Z=f(x,y),(x,y)\in D\}$ 称为该函数的值域.

二元函数依赖于两个自变量 x 与 y,有序数组 (x,y) 与平面点 P 一一对应. 因此,它们的变化范围 D 是关于平面(二维)上的点集. 二元函数的定义域通常是由平面上的一条或几条光滑曲线所围成的平面区域,围成区域的曲线称为区域的边界,包括边界在内的区域称为闭区域,否则称为开区域.

在对应法则 f 下,与点 $(x_0,y_0)\in D$ 对应的函数值 z_0,记作 $z_0=f(x_0,y_0)$ 或 $z_0=z\Big|_{\substack{x=x_0\\y=y_0}}$. 函数的定义域和对应法则是确定函数的两个要素,只要它们给定,函数就可以完全确定.

例2.8　求函数 $z=\arcsin(x+y)$ 的定义域及在点 $\left(0,\dfrac{1}{2}\right)$ 处的函数值.

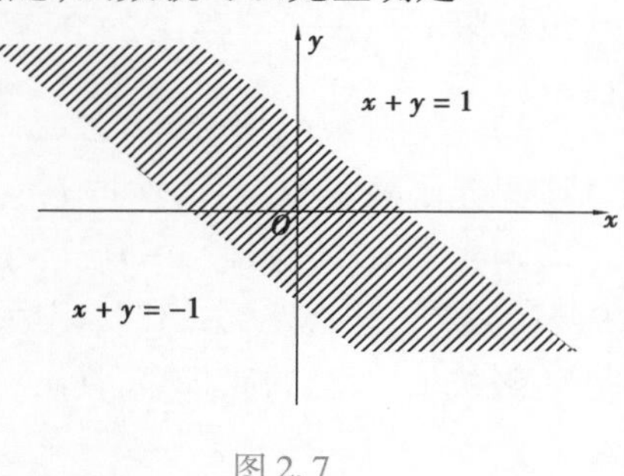

图2.7

解　根据反正弦函数的定义,x,y 必须满足不等式 $-1\leqslant x+y\leqslant 1$(图2.7),所以函数 $z=\arcsin(x+y)$ 的定义域是平面点集 $\{(x,y)\mid -1\leqslant x+y\leqslant 1\}$ 函数在点 $(0,\dfrac{1}{2})$ 处的函数值为

$$z\left(0,\frac{1}{2}\right)=\arcsin\left(0+\frac{1}{2}\right)=\frac{\pi}{6}.$$

(3)二元函数的极限与连续性

1)二元函数的极限

把一元函数 $f(x)$ 在 $x\to x_0$(有限值)时的极限概念推广到二元函数,会有本质上的变化. 在一元函数中,动点 x 是在数轴上只能从 x_0 的左、右两侧趋近于 x_0,而二元函数的自变量有两个,动点 $P(x,y)$ 是在平面点集 $D(f(x,y)$ 的定义域)中趋近于 $P_0(x_0,y_0)$,方向可以任意,路径

也可以是各种各样的. 因此,自变量的变化过程比一元函数自变量的变化过程要复杂得多. 但不管是哪种方式,总可以用点 P 与 P_0 的距离 $r=|PP_0|=\sqrt{(x-x_0)^2+(y-y_0)^2}$ 趋近于零来表示 $P(x,y)\to P_0(x_0,y_0)$ 的变化过程,给出平面上邻域的概念.

定义 2.4　平面上以点 $P_0(x_0,y_0)$ 为中心,$\delta>0$ 为半径的开圆域称为点 P_0 的 δ 邻域内的 $P(x,y)$ 满足不等式 $\sqrt{(x-x_0)^2+(y-y_0)^2}<\delta$. P_0 的邻域去掉中心点 P_0 则称为点 P_0 的去心 δ 邻域. 用不等式表示为 $0<\sqrt{(x-x_0)^2+(y-y_0)^2}<\delta$.

仿照一元函数的极限定义,下面给出二元函数极限的描述性定义.

定义 2.5　设函数 $z=f(x,y)$ 在点 $P_0(x_0,y_0)$ 的某一去心邻域内有定义,如果动点 $P(x,y)$ 在该邻域内以任意方式趋近于定点 $P_0(x_0,y_0)$ 时,其对应的函数值 $f(x,y)$ 无限接近于一个定数 A,就说数 A 是二元函数 $f(x,y)$ 当 $x\to x_0,y\to y_0$ 时的极限,记作

$$\lim_{\substack{x\to x_0\\y\to y_0}}f(x,y)=A \text{ 或 } \lim_{(x,y)\to(x_0,y_0)}f(x,y)=A.$$

为了区别于一元函数的极限,我们把二元函数的极限叫作二重极限.

例 2.9　讨论极限 $\lim\limits_{\substack{x\to 0\\y\to 0}}\dfrac{x^2y}{x^4+y^2}$.

解　当点 $P(x,y)$ 沿着直线 $y=kx(k\neq 0,$ 常数$)$ 趋近于$(0,0)$时,有

$$\lim_{\substack{x\to 0\\y=kx\to 0}}\frac{x^2y}{x^4+y^2}=\lim_{x\to 0}\frac{kx^3}{x^4+k^2x^2}=\lim_{x\to 0}\frac{kx}{x^2+k^2}=0.$$

而当点 $P(x,y)$ 沿着抛物线 $y=x^2$ 趋近于点$(0,0)$时,有

$$\lim_{\substack{x\to 0\\y=x^2\to 0}}\frac{x^2y}{x^4+y^2}=\lim_{x\to 0}\frac{x^4}{x^4+x^4}=\frac{1}{2},$$

所以极限 $\lim\limits_{\substack{x\to 0\\y\to 0}}\dfrac{x^2y}{x^4+y^2}$ 不存在.

2)二元函数的连续性

二元函数 $z=f(x,y)$ 在点 $P_0(x_0,y_0)$ 处的连续性也是通过极限来表述的.

定义 2.6　设函数 $z=f(x,y)$ 在点 $P_0(x_0,y_0)$ 的某一邻域内有定义,如果该邻域内的点 $P(x,y)$ 趋于点 $P_0(x_0,y_0)$ 时,函数 $f(x,y)$ 的极限存在,且此极限值等于该函数在点 $P_0(x_0,y_0)$ 处的函数值 $f(x_0,y_0)$,即 $\lim\limits_{\substack{x\to x_0\\y\to y_0}}f(x,y)=f(x_0,y_0)$,则称函数 $f(x,y)$ 在点 $P_0(x_0,y_0)$ 处连续,否则,称函数 $f(x,y)$ 在点 $P_0(x_0,y_0)$ 处间断.

例 2.10　讨论函数 $f(x,y)=\begin{cases}\dfrac{2xy}{x^2+y^2},(x^2+y^2\neq 0)\\0,(x^2+y^2=0)\end{cases}$ 的连续性.

解　在原点$(0,0)$处函数有定义,即 $f(0,0)=0$,但

$$\lim_{\substack{x\to 0\\y\to 0}}f(x,y)=\lim_{\substack{x\to 0\\y=kx\to 0}}\frac{2xy}{x^2+y^2}=\lim_{x\to 0}\frac{2kx^2}{x^2+k^2x^2}=\frac{2k}{1+k^2},$$

显然,随着 k 的取值不同,$\dfrac{2k}{1+k^2}$ 的值也不同,所以,$\lim\limits_{\substack{x\to 0\\y\to 0}}f(x,y)=0$ 不存在,在点$(0,0)$是间

断的. 除原点(0,0)外,函数 $f(x,y)$ 在 xOy 平面的其他点处连续.

与闭区间上一元连续函数的性质类似,在有界闭区域上的二元连续函数也有如下性质.

性质 2.1(最值定理) 在有界闭区域 D 上的二元连续函数,在 D 上一定存在最大值和最小值.

性质 2.2(介值定理) 在有界闭区域 D 上的二元连续函数,必取得介于它在 D 上最大值与最小值之间的任何值.

一元连续函数的运算法则完全可以相应地推广到二元连续函数. 简单地说,二元连续函数的和、差、积、商(除去分母为零的点)和复合仍是连续函数. 因此,由变量 x,y 的基本初等函数及常数经过有限次的四则运算与复合步骤而构成,且用一个数学式子表示的二元初等函数在其定义域内是连续的.

如函数 $z=\sin\sqrt{x^2+y^2}$,$z=\dfrac{3y-3x+5}{x^2+y^2}$等都是二元初等函数,在它们的定义区域内都是连续的.

2.2.2 偏导数

在一元函数中,我们已经知道导数就是函数的变化率. 对于二元函数我们同样要研究它的"变化率". 然而,由于自变量多了一个,情况就要复杂得多. 在 xOy 平面内,当动点由 $P(x_0,y_0)$ 沿不同方向变化时,函数 $f(x,y)$ 的变化快慢一般说来是不同的,因此就需要研究 $f(x,y)$ 在 (x_0,y_0) 点处沿不同方向的变化率. 在这里我们只学习函数 $f(x,y)$ 沿着平行于 x 轴和平行于 y 轴两个特殊方位变动时,$f(x,y)$ 的变化率.

(1)二元函数的偏导数

定义 2.7 设二元函数 $z=f(x,y)$,在点 (x_0,y_0) 的某一邻域内有定义. 把 y 固定在 y_0 而让 x 在 x_0 处有增量 Δx,相应地函数 $z=f(x,y)$ 有增量(称为对 x 的偏增量)

$$\Delta z=f(x_0+\Delta x,y_0)-f(x_0,y_0),$$

如果

$$\lim_{\Delta x\to 0}\frac{f(x_0+\Delta x,y_0)-f(x_0,y_0)}{\Delta x}$$

存在,那么称此极限为函数 $z=f(x,y)$ 在 (x_0,y_0) 处对 x 的偏导数. 记作

$$\left.\frac{\partial z}{\partial x}\right|_{\substack{x=x_0\\y=y_0}},\left.\frac{\partial f}{\partial x}\right|_{\substack{x=x_0\\y=y_0}},z_x\left|_{\substack{x=x_0\\y=y_0}}\right.,\text{或 } f_x(x_0,y_0).$$

类似地,函数 $z=f(x,y)$ 在 (x_0,y_0) 处对 y 的偏导数定义为

$$\lim_{\Delta y\to 0}\frac{f(x_0,y_0+\Delta y)-f(x_0,y_0)}{\Delta x},$$

记作

$$\left.\frac{\partial z}{\partial y}\right|_{\substack{x=x_0\\y=y_0}},\left.\frac{\partial f}{\partial y}\right|_{\substack{x=x_0\\y=y_0}},z_y\left|_{\substack{x=x_0\\y=y_0}}\right.,\text{或 } f_y(x_0,y_0).$$

二元函数偏导数的定义可以类推到三元及三元以上的函数.

如果函数 $z=f(x,y)$ 在区域 D 内每一点处对 x 的偏导数都存在,那么这个偏导数是 x,y

的函数,称为函数 $z=f(x,y)$ 对自变量 x 的偏导函数,记作

$$\frac{\partial z}{\partial x},\frac{\partial f}{\partial x},z_x,\text{或 } f_x(x,y),$$

类似地,函数 $z=f(x,y)$ 对自变量 y 的偏导函数记作 $\frac{\partial z}{\partial y},\frac{\partial f}{\partial y},z_y$,或 $f_y(x,y)$.

偏导函数也简称为偏导数.

在偏导数的定义中,实际上已将二元函数看成是只有一个变量在变动,而另一个变量视为常数的一元函数,因此偏导数的计算仍然是一元函数导数的计算问题,求 z_x 时,只要将 y 看成是常数对变量 x 求导;求 z_y 时,只要将 x 看成是常数对变量 y 求导.

例 2.11 设 $f(x,y)=x^3+2x^2y-y^3$,求 $f_x(1,3)$,$f_y(1,3)$.

解 先求 f 在点(1,3)关于 x 的偏导数,为此,令 $y=3$,得到以 x 为自变量的函数 $f(x,3)=x^3+6x^2-27$,求它在 $x=1$ 的导数,即

$$f_x(1,3)=\left.\frac{\mathrm{d}f(x,3)}{\mathrm{d}x}\right|_{x=1}=(3x^2+12x)\big|_{x=1}=15,$$

再求 f 在(1,3)关于 y 的偏导数,先令 $x=1$,得到以 y 为自变量的函数 $f(1,y)=1+2y-y^3$,求它在 $y=3$ 的导数,得

$$F_x(1,3)=\left.\frac{\mathrm{d}f(1,y)}{\mathrm{d}y}\right|_{y=3}=(2-3y^2)\big|_{y=3}=-25.$$

通常也可分别先求出 f 关于 x 和 y 的偏导函数:

$$F_x(x,y)=3x^2+4xy,$$
$$F_y(x,y)=2x^2-3y^2.$$

然后以 $(x,y)=(1,3)$ 代入,也能得到同样的结果.

例 2.12 求三元函数 $u=\sin(x+y^2-\mathrm{e}^z)$ 的偏导数.

解 把 y 和 z 看作常数,得

$$\frac{\partial u}{\partial x}=\cos(x+y^2-\mathrm{e}^z),$$

把 x,z 看作常数,得

$$\frac{\partial u}{\partial x}=2y\cos(x+y^2-\mathrm{e}^z),$$

把 x,z 看作常数,得

$$\frac{\partial u}{\partial x}=\mathrm{e}^z\cos(x+y^2-\mathrm{e}^z).$$

(2)高阶偏导数

如果二元函数 $z=f(x,y)$ 在区域 D 内的偏导数

$$\frac{\partial z}{\partial x}=f_x(x,y),\frac{\partial z}{\partial y}=f_y(x,y)$$

仍然可导,则它们的偏导数称为函数的二阶偏导数. 按对变量求导次序的不同,二元函数有下列 4 个二阶偏导数:

①对 x 的二阶偏导：$\frac{\partial^2 z}{\partial x^2} = \frac{\partial}{\partial x}\left(\frac{\partial z}{\partial x}\right) = f_{xx}(x,y)$；

②先对 x 后对 y 的二阶混合偏导：$\frac{\partial^2 z}{\partial x\partial y} = \frac{\partial}{\partial y}\left(\frac{\partial z}{\partial x}\right) = f_{xy}(x,y)$；

③先对 y 后对 x 的二阶混合偏导：$\frac{\partial^2 z}{\partial y\partial x} = \frac{\partial}{\partial x}\left(\frac{\partial z}{\partial y}\right) = f_{yx}(x,y)$；

④对 y 的二阶偏导：$\frac{\partial^2 z}{\partial y^2} = \frac{\partial}{\partial y}\left(\frac{\partial z}{\partial y}\right) = f_{yy}(x,y)$.

类似的可定义三阶、四阶乃至更高阶的偏导数. 二阶及二阶以上的偏导数统称为高阶偏导数.

例 2.13 求函数 $z = x^3y^2 - 3xy^3 - xy + 1$ 的二阶偏导数.

解 $\frac{\partial z}{\partial x} = 3x^2y^2 - 3y^3 - y$，　$\frac{\partial z}{\partial y} = 2x^3y - 9xy^2 - x$；

$\frac{\partial^2 z}{\partial x^2} = 6xy^2$，　$\frac{\partial^2 z}{\partial y^2} = 2x^3 - 18xy$；

$\frac{\partial^2 z}{\partial x\partial y} = 6x^2y - 9y^2 - 1$，　$\frac{\partial^2 z}{\partial y\partial x} = 6x^2y - 9y^2 - 1$.

例 2.14 求 $z = e^{x+2y}$ 的所有二阶偏导数.

解 由于函数的一阶偏导数是

$$\frac{\partial z}{\partial x} = e^{x+2y}, \frac{\partial z}{\partial y} = 2e^{x+2y},$$

因此有

$$\frac{\partial^2 z}{\partial x^2} = \frac{\partial}{\partial x}\left(\frac{\partial z}{\partial x}\right) = \frac{\partial}{\partial x}(e^{x+2y}) = e^{x+2y};$$

$$\frac{\partial^2 z}{\partial x\partial y} = \frac{\partial}{\partial y}\left(\frac{\partial z}{\partial x}\right) = \frac{\partial}{\partial y}(e^{x+2y}) = 2e^{x+2y};$$

$$\frac{\partial^2 z}{\partial y\partial x} = \frac{\partial}{\partial y}\left(\frac{\partial z}{\partial y}\right) = \frac{\partial}{\partial x}(2e^{x+2y}) = 2e^{x+2y};$$

$$\frac{\partial^2 z}{\partial y^2} = \frac{\partial}{\partial y}\left(\frac{\partial z}{\partial y}\right) = \frac{\partial}{\partial x}(2e^{x+2y}) = 4e^{x+2y}.$$

由例 2.13 和例 2.14 都有 $f_{xy} = f_{yx}$. 但也有反例，如

$$f(x,y) = \begin{cases} xy\frac{x^2 - y^2}{x^2 + y^2}, (x^2 + y^2 \neq 0) \\ 0, (x^2 + y^2 = 0) \end{cases},$$

容易求得 $f_{xy}(0,0) = -1$，$f_{yx}(0,0) = 1$. 当 f 满足什么条件时，$f_{xy} = f_{yx}$ 成立？

定理 2.1 如果 $f_{xy}(x,y)$ 与 $f_{yx}(x,y)$ 都在区域 D 连续，则在 D 内

$$f_{xy} = f_{yx}.$$

这个定理说明，在二阶混合偏导数连续的条件下，它们与对变量求导的次序无关，对更高阶的混合偏导数也有同样的结论. 在具体的计算中，由于初等函数的各项偏导数在其定义域内通常都是连续的，所以初等函数的混合偏导数总是与求导次序无关的.

例 2.15 设 $z=xe^x\sin y$,求 $\frac{\partial^2 z}{\partial x\partial y},\frac{\partial^2 z}{\partial y\partial x}$.

解 $\frac{\partial z}{\partial x}=e^x\sin y+xe^x\sin y=(1+x)e^x\sin y$,

$\frac{\partial z}{\partial y}=xe^x\cos y$,

$\frac{\partial^2 z}{\partial x\partial y}=[(1+x)e^x\sin y]'_y=(1+x)e^x\cos y$,

$\frac{\partial^2 z}{\partial y\partial x}=(xe^x\cos y)'_x=(1+x)e^x\cos y$,

得到的两个混合偏导数是连续函数,故两者相等.

2.2.3 全微分

一元函数 $y=f(x)$ 在点 x_0 处的微分 $dy=f'(x_0)\Delta x$ 是函数增量

$$\Delta y=f(x_0+\Delta x)-f(x_0),$$

关于 Δx 的线性主部,两者之差 $\Delta y-dy=o(\Delta x)$ 是当 $\Delta x\to 0$ 时比 Δx 高阶的无穷小,从而

$$\Delta y\approx dy=f'(x_0)\Delta x,$$

即用微分 $f'(x_0)\Delta x$ 作为计算增量 Δy 的近似值,所差的是比 Δx 高阶的无穷小. 这一结论可推广到二元函数,先看一个例子.

设长方形金属薄板的长为 x,宽为 y,则面积 $S=xy$,当薄板受热膨胀时,长自 x_0 增加 Δx,宽自 y_0 增加 Δy,则面积相应增加

$$\begin{aligned}\Delta S&=S(x_0+\Delta x,y_0+\Delta y)-S(x_0,y_0)\\&=(x_0+\Delta x)(y_0+\Delta y)-x_0y_0\\&=y_0\Delta x+x_0\Delta y+\Delta x\Delta y,\end{aligned}$$

其中,$\Delta x\Delta y$ 这项是比其余两项 $y_0\Delta x,x_0\Delta y$ 小很多,当两点 $P_0(x_0,y_0)$ 与 $P(x_0+\Delta x,y_0+\Delta y)$ 的距离 $\rho=\sqrt{\Delta x^2+\Delta y^2}\to 0$ 时,$\Delta x\Delta y$ 比 ρ 高阶无穷小,即 $\Delta x\Delta y=o(\rho)$,从而

$$\Delta S=y_0\Delta x+x_0\Delta y+o(\rho)\approx y_0\Delta x+x_0\Delta y.$$

注意 x_0,y_0 是常数,即用关于 Δx 和 Δy 的线性部分 $y_0\Delta x+x_0\Delta y$ 作为计算 ΔS 的近似值,所差的是比 ρ 的高阶无穷小.

这种近似计算 ΔS 的方法具有普遍意义,为此引入二元函数全微分定义.

定义 2.8 设二元函数 $z=f(x,y)$ 在点 (x,y) 的某邻域内有定义,如果 $z=f(x,y)$ 在点 (x,y) 处的全增量

$$\Delta z=f(x+\Delta x,y+\Delta y)-f(x,y),$$

可表示为

$$\Delta z=A\Delta x+B\Delta y+o(\rho),$$

其中 A,B 与 $\Delta x,\Delta y$ 无关而仅与 x,y 有关,$\rho=\sqrt{\Delta x^2+\Delta y^2}$,则称函数 $z=f(x,y)$ 在点 (x,y) 可微分,而 $A\Delta x+B\Delta y$ 称为函数 $z=f(x,y)$ 在点 (x,y) 的全微分,记作 dz,即

$$dz=A\Delta x+B\Delta y.$$

如果函数在区域 D 内各点处都可微分,那么称该函数在 D 内可微分.

定理2.2（必要条件1） 如果函数 $z=f(x,y)$ 在点 (x,y) 处可微，则它在点 (x,y) 处连续.

定理2.3（必要条件2） 如果函数 $z=f(x,y)$ 在点 (x,y) 处可微，则在该点 $f(x,y)$ 的两个偏导数存在，且

$$A=f_x(x,y),B=f_y(x,y).$$

定理2.4（充分条件） 如果函数 $z=f(x,y)$ 的偏导数 $f_x(x,y)$，$f_y(x,y)$ 存在且在点 (x,y) 处连续，则函数 $z=f(x,y)$ 在点 (x,y) 处可微.

例2.16 求 $z=xy$ 在点 $(2,3)$ 处，当 $\Delta x=0.1,\Delta y=0.2$ 时的全增量和全微分.

解 全增量 $\Delta z=f(2+0.1,3+0.2)-f(2,3)=2.1\times3.2-2\times3=0.72$，

而

$$\mathrm{d}z=\frac{\partial z}{\partial x}\Delta x+\frac{\partial z}{\partial y}\Delta y=y\Delta x+x\Delta y,$$

将 $x=2,y=3,\Delta x=0.1,\Delta y=0.2$ 代入上式，得全微分

$$\mathrm{d}z=3\times0.1+2\times0.2=0.7.$$

例2.17 求 $z=x^2y+\mathrm{e}^x\sin y$ 的全微分.

解 因为两个偏导数

$$\frac{\partial z}{\partial x}=2xy+\mathrm{e}^x\sin y,$$

$$\frac{\partial z}{\partial y}=x^2+\mathrm{e}^x\cos y,$$

在 xOy 平面上处处连续，所以在点 (x,y) 处的全微分为

$$\mathrm{d}z=\frac{\partial z}{\partial x}\mathrm{d}x+\frac{\partial z}{\partial y}\mathrm{d}y=(2xy+\mathrm{e}^x\sin y)\mathrm{d}x+(x^2+\mathrm{e}^x\cos y)\mathrm{d}y.$$

2.2.4 二元函数的极值

在实际问题中，常常会遇到求多元函数的最值问题，与一元函数类似，为了讨论多元函数的最值问题，先来讨论多元函数的极值问题.

定义2.9 设函数 $z=f(x,y)$ 在点 $P_0(x_0,y_0)$ 的某个邻域内有定义，如果对于此邻域内任意异于点 P_0 的点 $P(x,y)$，都有 $f(x_0,y_0)>f(x,y)$（或 $f(x_0,y_0)<f(x,y)$）成立，则称函数 $f(x,y)$ 在点 $P_0(x_0,y_0)$ 取得极大值（或极小值）$f(x_0,y_0)$，极大值与极小值统称为极值，使函数取得极值的点 (x_0,y_0) 称为极值点.

例2.18 已知函数 $f(x,y)=x^2+y^2$，因为当 $(x,y)\neq(0,0)$ 时，$f(x,y)=x^2+y^2>0$，而 $f(0,0)=0$，所以 $f(x,y)>f(0,0)$，即 $f(x,y)$ 在 $(0,0)$ 点处取得极小值，且极小值为 $f(0,0)=0$.

类似于一元函数极值的必要条件，也有二元函数极值的必要条件.

定理2.5 设二元函数 $z=f(x,y)$ 在点 (x_0,y_0) 的偏导数存在，则二元函数 $f(x,y)$ 在点 (x_0,y_0) 处取得极值的必要条件是 $\begin{cases}f'_x(x_0,y_0)=0\\f'_y(x_0,y_0)=0\end{cases}$，使得 $f'_x(x_0,y_0)=0,f'_y(x_0,y_0)=0$ 同时成立的点叫作 $f(x,y)$ 的驻点.

注 ①二元函数可能的极值点是驻点和偏导数不存在的点；

②偏导数存在的二元函数，其极值点必是驻点；

③二元函数的驻点不一定是极值点.

例 2.19 函数 $z=x^2-y^2$，有偏导数 $\frac{\partial z}{\partial x}=2x,\frac{\partial z}{\partial y}=-2y$，令 $\frac{\partial z}{\partial x}=2x=0,\frac{\partial z}{\partial y}=-2y=0$ 得 $(0,0)$ 是函数 $z=x^2-y^2$ 的驻点，因为 $z|_{(0,0)}=0$，而当 $(x,y)\neq(0,0)$ 时，$z=x^2-y^2$ 可正也可负，所以，$(0,0)$ 不是 $z=x^2-y^2$ 的极值点.

2.2.5 二元函数极值的判别法

这里只讨论二元函数的驻点是不是极值点的情形.

定理 2.6（极值的充分条件） 设函数 $z=f(x,y)$ 在点 (x_0,y_0) 的某邻域内有二阶连续偏导数，且 $\begin{cases}f'_x(x_0,y_0)=0\\f'_y(x_0,y_0)=0\end{cases}$，记 $f''_{xx}(x_0,y_0)=A,f''_{xy}(x_0,y_0)=B,f''_{yy}(x_0,y_0)=C$，则

①当 $B^2-AC<0$ 点 (x_0,y_0) 是极值点，且若 $A<0$（或 $C<0$）时，点 (x_0,y_0) 为极大值点；若 $A>0$（或 $C>0$），点 (x_0,y_0) 为极小值点.

②当 $B^2-AC>0$ 时，点 (x_0,y_0) 不是极值点.

③当 $B^2-AC=0$ 时，点 (x_0,y_0) 可能是极值点，也可能不是极值点.

例 2.20 求函数 $f(x,y)=x^3-y^3+3x^2+3y^2-9x$ 的极值.

解 方程 $\begin{cases}f'_x(x,y)=3x^2+6x-9=0\\f'_y(x,y)=-3y^2+6y=0\end{cases}$ 得驻点 $(1,0),(1,2),(-3,0),(-3,2)$，又

$$f''_{xx}(x,y)=6x+6,f''_{xy}(x,y)=0,f''_{yy}(x,y)=-6y+6,$$

在点 $(1,0)$ 处，$A=12,B=0,C=6$，所以 $B^2-AC=0-12\times6<0$，又 $A=12>0$，所以函数在点 $(1,0)$ 处有极小值 $f(1,0)=-5$；

在点 $(1,2)$ 处，$A=12,B=0,C=-6$，所以 $B^2-AC=0+12\times6>0$，所以函数在点 $(1,2)$ 处无极值；

在点 $(-3,0)$ 处，$A=-12,B=0,C=6$，所以 $B^2-AC=0+12\times6>0$，所以函数在点 $(-3,0)$ 处无极值；

在点 $(-3,2)$ 处，$A=-12,B=0,C=-6$，所以 $B^2-AC=0-12\times6<0$，又 $A=-12<0$，所以函数在点 $(-3,2)$ 处有极大值 $f(-3,2)=31$.

2.2.6 多元函数的最大值与最小值

与一元函数类似，对于有界闭区域上的连续的二元函数，在该区域上一定能取得最大值和最小值. 假设函数是可微的，且函数的最值在区域内部达到，则最值点必然是驻点，若函数的最值是在边界上取得的，那么也一定是函数在边界上的最值. 因此，求出函数在驻点的函数值及函数在边界上的最值，比较大小，最大者就是函数在区域上的最大值，最小者就是函数的最小值.

例 2.21 求函数 $z=(x^2+y^2-2x)^2$ 在圆域 $D=\left\{(x,y)\,|x^2+y^2\leqslant 2x\right\}$ 上的最值问题.

解 先求函数在圆域内部的驻点，

$$\frac{\partial z}{\partial x}=2(x^2+y^2-2x)(2x-2)=0,$$

$$\frac{\partial z}{\partial y}=4(x^2+y^2-2x)y=0,$$

解得 $x=1,y=0$,所以函数在圆域 D 内部有唯一的驻点(1,0),且 $z(1,0)=1$,而在边界 $x^2+y^2=2x$ 上,函数的值恒为 0.

所以,在圆域 D 上的最大值是 $z=1$,最小值是 $z=0$.

对于实际问题中的最值问题,往往从问题本身就能判断出它的最值是否存在,且如果函数在定义域内有唯一的驻点,则该驻点的函数值就是函数的最值.

例 2.22 用钢板制作一个容积 V 为一定的无盖长方体容器,如何选取长、宽、高,使得用料最省.

解 设容器的长为 x,宽为 y,则高为$\frac{V}{xy}$,因此容器的表面积为

$$S=xy+\frac{V}{xy}(2x+2y)=xy+2V\left(\frac{1}{x}+\frac{1}{y}\right),$$

定义域为 $D:0<x<+\infty,0<y<+\infty$,
求 S 的偏导数

$$S'_x=y-\frac{2V}{x^2},S'_y=x-\frac{2V}{y^2},$$

解方程组$\begin{cases}y-\frac{2V}{x^2}=0\\x-\frac{2V}{y^2}=0\end{cases}$,得唯一解$(\sqrt[3]{2V},\sqrt[3]{2V})$,它也是 S 在 D 内唯一的驻点,所以,S 在点$(\sqrt[3]{2V},\sqrt[3]{2V})$取得最小值,即当容器长为$\sqrt[3]{2V}$,宽为$\sqrt[3]{2V}$,高为$\frac{\sqrt[3]{2V}}{2}$时,用料最省.

习题 2.2

1. 设 $z=y^{-2x}$,求$\frac{\partial z}{\partial x},\frac{\partial z}{\partial y}$.

2. 设 $z=\sin xy$,求$\left(\frac{\partial z}{\partial x}\right)^2,\frac{\partial^2 z}{\partial x^2}$.

3. 设$f(x,y)=\mathrm{e}^{\arctan\frac{y}{x}}\ln(x^2+y^2)$,求$f_x(1,0)$.

4. 设 $z=\arctan\frac{x}{y}$,求 $\mathrm{d}z$.

5. 求$\lim\limits_{\substack{x\to0\\y\to a}}\frac{\sin xy}{x}(a\neq0)$.

6. 求$\lim\limits_{\substack{x\to0\\y\to0}}\frac{xy}{\sqrt{xy+1}-1}$.

7. 求 $r=\sqrt{x^2+y^2+z^2}$ 的偏导数.

8. 设 $z=x^y$，求 $\left.\frac{\partial^2 z}{\partial x \partial y}\right|_{\substack{x=2\\y=3}}$.

2.3 多元函数积分学

上一节我们把一元函数的微分学推广到多元函数的情形. 在这一节里，我们将阐述如何把一元函数的定积分推广到多元函数中，定积分只能计算在区间上分布的几何量或其他整体量的积累，而重积分等能计算分布在平面区域、空间区域以及空间曲线、空间曲面上的整体量的积累. 积分学的这种推广大大扩大了它的应用范围.

2.3.1 重积分的概念与性质

(1) 重积分概念的引入——物体的质量

在定积分中，要求一根线密度为 $\rho_l=\rho_l(x)$ 的非均匀分布的细棒 AB 的质量，我们采用微元法，可归结为定积分

$$m=\int_a^b \rho_l(x)\,\mathrm{d}x.$$

现在，设要求一质量非均匀分布的平面薄板 D 的质量，其各点的面密度为非负连续函数 $\rho_A=\rho_A(x,y)$. 与细棒的情形相类似，由于质量分布非均匀，不能直接用密度乘面积来计算薄板的质量，然而，质量具有可加性，将 D 任意分割成许多小块，其面积记为 $\Delta\sigma$，将 D 的分割继续进行下去，任取一面积微元 $\mathrm{d}\sigma$，其相应的质量记为 Δm，因为 $\mathrm{d}\sigma$ 很微小，由于 $\rho_A(x,y)$ 的连续性，其上各点处的密度 $\rho_A=\rho_A(x,y)$ 变化不大，可以近似看作常数，在局部以不变量代替变量得到 Δm 的近似值，即质量微元为

$$\mathrm{d}m=\rho_A(x,y)\,\mathrm{d}\sigma.$$

在平面区域 D 上作积分，为显示积分范围是平面（二维）上一块有界闭区域，把积分符号记为“$\iint$”，这样平面薄板 D 的质量表示为

$$m=\iint_D \rho_A(x,y)\,\mathrm{d}\sigma,$$

数学上称它为函数 $\rho_A(x,y)$ 在平面区域 D 上的二重积分.

若进一步推广，设有一质量非均匀分布的空间形体 Ω，其各点的体密度为非负连续函数 $\rho_V=\rho_V(x,y,z)$，求物体 Ω 的质量.

分割空间体 Ω，在其上任取一体积微元 $\mathrm{d}V$，相应部分的质量 Δm 可用 $\mathrm{d}V$ 内点 (x,y,z) 处的密度 $\rho_V(x,y,z)$ 乘体积微元 $\mathrm{d}V$ 近似代替，即质量微元为

$$\mathrm{d}m=\rho_V(x,y,z)\,\mathrm{d}V.$$

以 $\rho_V(x,y,z)\,\mathrm{d}V$ 为被积表达式，在空间区域 Ω 上作积分，得 Ω 的质量，这里积分符号采用“$\iiint$”，明确显示积分域是空间（三维）区域，即

$$m = \iiint_{\Omega} \rho_V(x,y,z)\,\mathrm{d}V,$$

数学上称为函数 $\rho_V(x,y,z)$ 在 Ω 上的三重积分.

(2)二重积分的几何意义

设有一立体,其底是 xOy 平面上的有界闭区域 D,它的侧面是以 D 的边界曲线为准线而母线平行于 Z 轴的柱面,其顶是曲面 $z=f(x,y)$,这里设 $f(x,y)\geqslant 0$ 为 D 上的连续函数(图 2.8). 这种立体叫作曲顶柱体,求其体积 V.

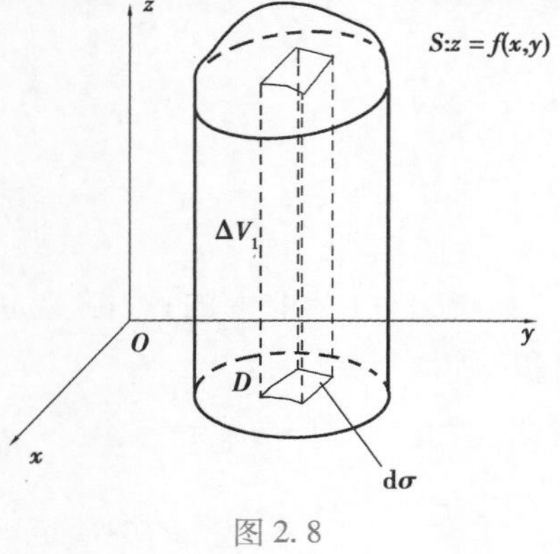

图 2.8

我们知道,平顶柱体的体积等于底面积乘高. 对于曲顶柱体,由于顶部是曲面,其高 $f(x,y)$ 是变量,因此不能直接用上述方法计算它的体积. 然而,空间体的体积具有可加性,可应用微元法. 在区域 D 上任取一面积微元 $\mathrm{d}\sigma$,以它为底所对应的小曲顶柱体的高 $z=f(x,y)$ 变化不大,可以近似看作常数. 于是,这一小曲顶柱体的体积 ΔV 近似地表示为

$$\Delta V \approx f(x,y)\,\mathrm{d}\sigma.$$

以 $f(x,y)\,\mathrm{d}\sigma$ 为被积表达式,在平面区域 D 上作积分,得

$$V = \iint_D f(x,y)\,\mathrm{d}\sigma.$$

这表明了二重积分的几何意义:当 $f(x,y)\geqslant 0$ 时,它表示以 D 为底,曲面 $z=f(x,y)$ 为顶的曲顶柱体的体积;而当 $f(x,y)$ 在 D 上有正也有负时,约定在 xOy 坐标面上方的部分曲顶柱体之体积冠以正号,在 xOy 坐标面下方的部分曲顶柱体之体积冠以负号,这时二重积分 $\iint_D f(x,y)\,\mathrm{d}\sigma$ 的值等于各个部分曲顶柱体体积的代数和.

特别地,若在区域 D 上 $f(x,y)=1$,且 D 的面积为 σ,则 $\iint_D \mathrm{d}\sigma = \sigma$.

三重积分 $\iiint_D f(x,y,z)\,\mathrm{d}V$ 没有明显的几何意义,如果 $f(x,y,z)=1$,则它表示 Ω 的体积数值,当 $f(x,y,z)$ 为空间体 Ω 的密度时,它的物理意义则是表示空间体 Ω 的质量.

(3)重积分的存在定理与性质

定理 2.7　设函数 $f(x,y)$ 在区域 D 上连续,则二重积分 $\iint_D f(x,y)\,\mathrm{d}\sigma$ 必定存在.

定积分的性质几乎都可以推广到重积分中,下面以二重积分为例,阐述几个主要性质.

设函数 $f(x,y)$,$g(x,y)$ 在区域 D 上连续.

性质 2.3(线性性质)

$$\iint_D Af(x,y) + Bg(x,y)\,\mathrm{d}\sigma,$$

$$A\iint_D f(x,y)\,\mathrm{d}\sigma + B\iint_D g(x,y)\,\mathrm{d}\sigma \quad (A,\ B\ 为常数).$$

性质 2.4(对区域的可加性)　设 $D=D_1+D_2$,且 D_1 与 D_2 除边界点外无公共部分,则

$$\iint_D f(x,y)\,\mathrm{d}\sigma = \iint_{D_1} f(x,y)\,\mathrm{d}\sigma + \iint_{D_2} f(x,y)\,\mathrm{d}\sigma .$$

性质 2.5(比较性质)　若在 D 上 $f(x,y)\leqslant g(x,y)$,则

$$\iint_{D_1} f(x,y)\,\mathrm{d}\sigma \leqslant \iint_{D_2} g(x,y)\,\mathrm{d}\sigma ,$$

推论 3.1

$$\left|\iint_D f(x,y)\,\mathrm{d}\sigma\right| \leqslant \iint_D |f(x,y)|\,\mathrm{d}\sigma .$$

性质 2.6(估值定理)　设 M,m 分别是 $f(x,y)$ 在区域 D 上的最大值与最小值,σ 为 D 的面积,则

$$m\sigma \leqslant \iint_D f(x,y)\,\mathrm{d}\sigma \leqslant M\sigma .$$

性质 2.7(二重积分的中值定理)　设 $f(x,y)$ 在闭区域 D 上连续,则在 D 上至少存在一点 (ξ,η),使得

$$\iint_D f(x,y)\,\mathrm{d}\sigma = f(\xi,\eta)\sigma$$

成立,其中,σ 为 D 的面积.

例 2.23　设 D 是圆环域 $1\leqslant x^2+y^2\leqslant 4$,试求 $\iint_D k\,\mathrm{d}\sigma$ $(k\neq 0$,常数).

解　圆环域 D 的面积

$$\sigma = \pi\cdot 2^2 - \pi\cdot 1^2 = 3\pi.$$

根据重积分的性质,得

$$\iint_D k\,\mathrm{d}\sigma = k\iint_D \mathrm{d}\sigma = k\sigma = 3k\pi .$$

2.3.2　二重积分的计算

与定积分相同,完全按照定义及性质来计算二重积分通常是很困难的. 根据二重积分的几何意义,二重积分 $z=f(x,y)$ 等于以非负连续函数 $z=f(x,y)$ 为曲顶,以 D 为底的曲顶柱体的体积,因此把二重积分的计算问题转化为如何求曲顶柱体的体积问题,从而导出二重积分的计算公式. 下面按积分区域的不同形状分情况讨论.

(1)积分区域 D 为矩形区域

设 D 为矩形区域,$a\leqslant x\leqslant b$,$c\leqslant y\leqslant d$,求曲顶柱体的体积可用定积分元素法求得(图 2.9).

①切片. 即用两平面 $X=x$,$X=x+\mathrm{d}x$ 去切曲顶柱体,切出一个薄片,其厚度为 $\mathrm{d}x$,其体积可以认为近似等于以曲边梯形 $ABCD$ 为底面,以 $\mathrm{d}x$ 为高的柱体的体积. 而曲边梯形

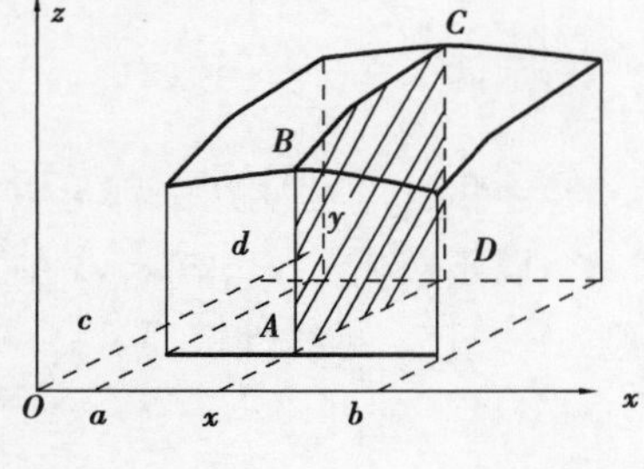

图 2.9

$ABCD$的面积 $A(x)$ 可用定积分表示. 由于 BC 的方程为 $z=f(x,y)$（其中 x 固定 $c\leqslant y\leqslant d$），故

$$A(x)=\int_c^d f(x,y)\,\mathrm{d}y,$$

于是小薄片的体积近似等于

$$A(x)\,\mathrm{d}x=\mathrm{d}x\int_c^d f(x,y)\,\mathrm{d}y=\mathrm{d}V.$$

②叠加、把从 $x=a$ 到 $x=b$ 之间的薄片的体积统统加起来——也就是把 $A(x)$ 从 a 到 b 对 x 求定积分，便得到曲顶柱体的体积，即

$$V=\int_a^b A(x)\,\mathrm{d}x=\int_a^b\left(\int_c^d f(x,y)\,\mathrm{d}y\right)\mathrm{d}x,$$

上式右端称为先对 y 后对 x 的二次积分，即两次定积分（下同），通常记作

$$\int_a^b \mathrm{d}x\int_c^d f(x,y)\,\mathrm{d}y,$$

这样就得到二重积分的计算公式

$$\iint_D f(x,y)\,\mathrm{d}x\mathrm{d}y=\int_a^b \mathrm{d}x\int_c^d f(x,y)\,\mathrm{d}y, \tag{2.1}$$

把二重积分的计算化为计算二次积分.

同理，用平面 y 是常数去“切片”，就可以导出下面的计算公式

$$\iint_D f(x,y)\,\mathrm{d}x\mathrm{d}y=\int_c^d \mathrm{d}y\int_a^b f(x,y)\,\mathrm{d}x. \tag{2.2}$$

式(2.2)表示把二重积分化为先对 x 后对 y 的二次积分.

(2)积分区域 D 为 X 型区域

所谓 X 型区域是指任何平行于 y 轴的直线与 D 的边界线相交不多于两点的区域. 这时 D 可表示为

$$a\leqslant x\leqslant b,\ y_1(x)\leqslant y\leqslant y_2(x),$$

其中，$y_1(x)$，$y_2(x)$ 为 $[a,b]$ 上的连续函数（图 2.10）. 此时，可作一包含 D 的矩形区域 D_1：$a\leqslant x\leqslant b, c\leqslant y\leqslant d$，

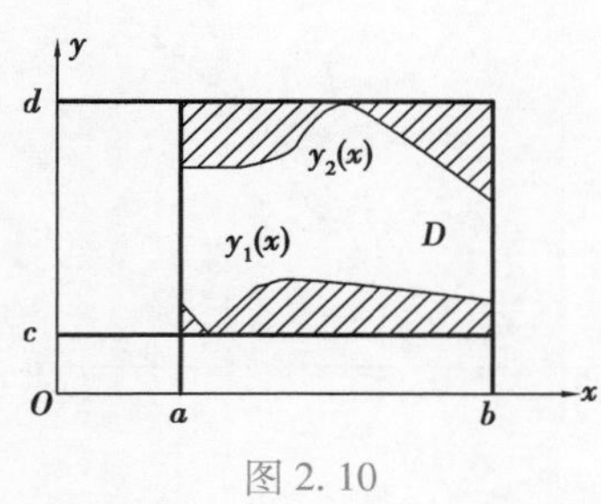

图 2.10

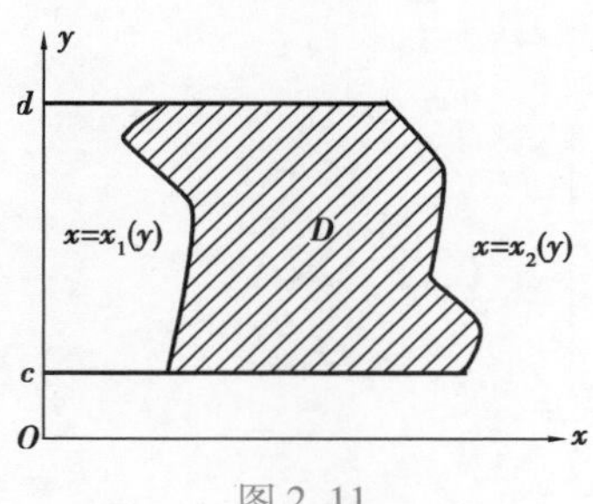

图 2.11

并作辅助函数

$$F(x,y)=\begin{cases}f(x,y),(x,y)\in D\\0,(x,y)\in D_1-D\end{cases}.$$

于是，由积分性质及式(2.1)知

$$\begin{aligned}\iint_D f(x,y)\mathrm{d}x\mathrm{d}y &= \iint_{D_1} F(x,y)\mathrm{d}x\mathrm{d}y = \int_a^b \mathrm{d}x\int_c^d F(x,y)\mathrm{d}y \\ &= \int_a^b\left(\int_c^{y_1(x)} 0\mathrm{d}y + \int_{y_1(x)}^{y_2(x)} f(x,y)\mathrm{d}y + \int_{y_1(x)}^{d} 0\mathrm{d}y\right)\mathrm{d}x \\ &= \int_a^b \mathrm{d}x\int_{y_1(x)}^{y_2(x)} f(x,y)\mathrm{d}y,\end{aligned}$$

即

$$\iint_D f(x,y)\mathrm{d}x\mathrm{d}y = \int_a^b \mathrm{d}x\int_{y_1(x)}^{y_2(x)} f(x,y)\mathrm{d}y. \tag{2.3}$$

注 二次积分的上限不小于下限.

(3)积分区域 D 为 Y 型区域

所谓 Y 型区域是指任何平行于 x 轴的直线与 D 的边界线相交不多于两点的区域. 此时 D 表示为

$$x_1(y)\leqslant x\leqslant x_2(y), c\leqslant y\leqslant d,$$

其中, $x_1(y)$, $x_2(x)$ 为 $[c,d]$ 上的连续函数(图 2.11).

完全类似于(2)的情形, 可知 $\iint_D f(x,y)\mathrm{d}\sigma$ 化成先对 x 后对 y 的二次积分

$$\iint_D f(x,y)\mathrm{d}\sigma = \int_c^d \mathrm{d}y\int_{x_1(y)}^{x_2(y)} f(x,y)\mathrm{d}x. \tag{2.4}$$

如果 D 既是 X 型又是 Y 型区域, 则二重积分的计算可由上述两种不同积分次序计算的二次积分而得到, 即

$$\iint_D f(x,y)\mathrm{d}\sigma = \int_a^b \mathrm{d}x\int_{y_1(x)}^{y_2(x)} f(x,y)\mathrm{d}y = \int_c^d \mathrm{d}y\int_{x_1(y)}^{x_2(y)} f(x,y)\mathrm{d}x.$$

(4)积分区域 D 为任意有界闭区域

对于这种情形, 我们可以把 D 分成几部分, 使得每一部分是 X 型或 Y 型区域, 如图 2.12 所示.

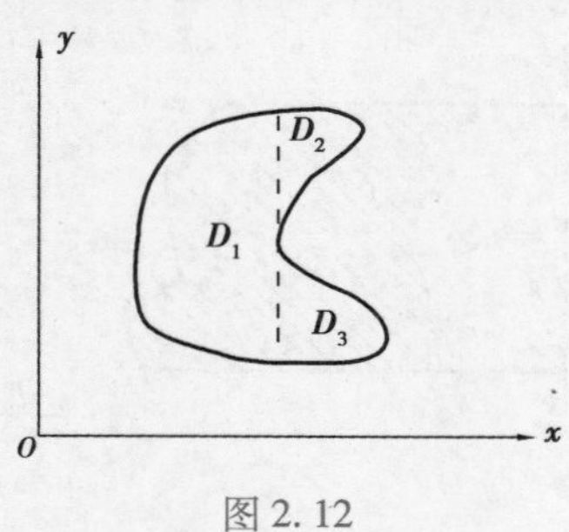

图 2.12

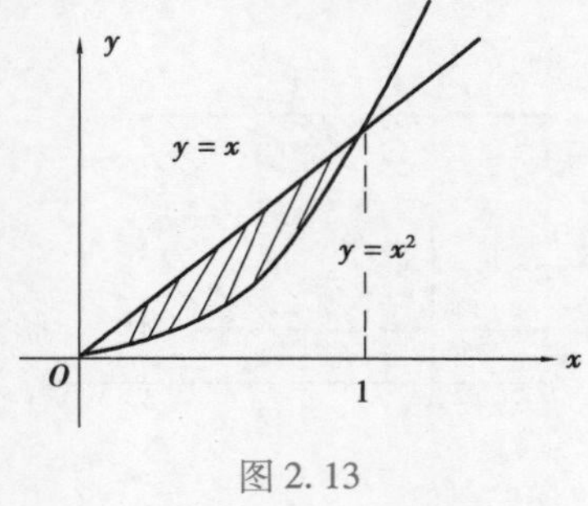

图 2.13

$D=D_1+D_2+D_3$, 由积分性质 3 知,

$$\iint_D f(x,y)\mathrm{d}\sigma = \sum_{i=1}^{3}\iint_{D_i} f(x,y)\mathrm{d}\sigma.$$

这样, 我们总可以把二重积分化成二次积分式(2.3)或式(2.4)来计算, 计算前先画出区域 D

的图形,并根据区域的形状选择二次积分的次序,再根据区域的边界确定两个定积分的上、下限.

例 2.24 用两种不同积分次序计算二重积分 $\iint\limits_D f(x,y)\mathrm{d}\sigma$, 其中 D 由 $y=x$ 与 $y=x^2$ 围成.

解 积分区域如图 2.13 所示,它既是 X 型区域,也是 Y 型区域,可以选取两种不同的积分次序,若先对 y 后对 x 积分,则区域表示为

$$D=\left\{(x,y)\ \middle|\ x^2\leqslant y\leqslant x,0\leqslant x\leqslant 1\right\}.$$

由式(2.4)得

$$\begin{aligned}\iint\limits_D xy\mathrm{d}\sigma &= \int_0^1 \mathrm{d}x\int_{x^2}^{x} xy\mathrm{d}y = \int_0^1\left(\frac{1}{2}xy^2\,\Big|_{x^2}^{x}\right)\mathrm{d}x\\ &= \frac{1}{2}\int_0^1\left(x^3-x^5\right)\mathrm{d}x = \frac{1}{24}.\end{aligned}$$

若先对 x 后对 y 积分,则

$$D=\left\{(x,y)\ \middle|\ y\leqslant x\leqslant y,0\leqslant y\leqslant 1\right\}.$$

由式(2.4)得

$$\begin{aligned}\iint\limits_D xy\mathrm{d}\sigma &= \int_0^1 \mathrm{d}y\int_{y}^{\sqrt{y}} xy\mathrm{d}x = \int_0^1\left(\frac{1}{2}xy^2\,\Big|_{y}^{\sqrt{y}}\right)\mathrm{d}y\\ &= \frac{1}{2}\int_0^1(y^2-y^3)\mathrm{d}y = \frac{1}{24}.\end{aligned}$$

例 2.25 计算 $\iint\limits_D y\mathrm{d}\sigma$, 其中 D 由抛物线 $x=y^2$ 与直线 $y=x-2$ 围成.

解 积分区域图如图 2.14 所示,它既是 X 型区域,也是 Y 型区域. 如果先对 y 积分,则由于区域 D 的下边界 $y=y_1(x)$ 没有统一的表达式,因此要把 D 分成 D_1 与 D_2 两个部分,再把两个部分分别化为二次积分,其计算要复杂一些. 下面用式(2.4)先对 x 的二次积分进行计算. 于是

$$\iint\limits_D xy\mathrm{d}\sigma = \int_{-1}^2 \mathrm{d}y\int_{y^2}^{y+2} y\mathrm{d}x = \int_{-1}^2 y(y+2-y^2)\mathrm{d}y = \frac{9}{4}.$$

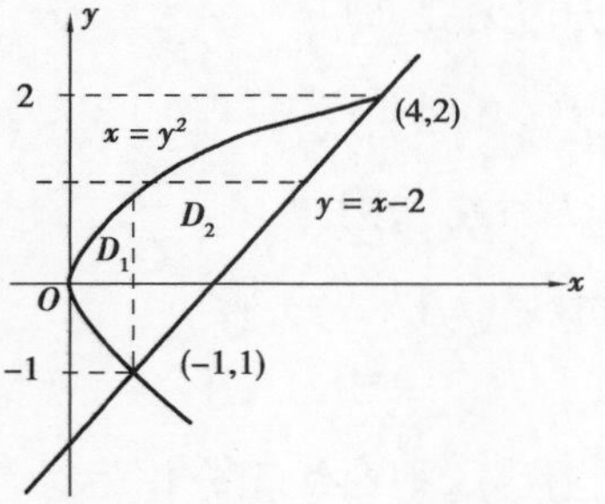

图 2.14

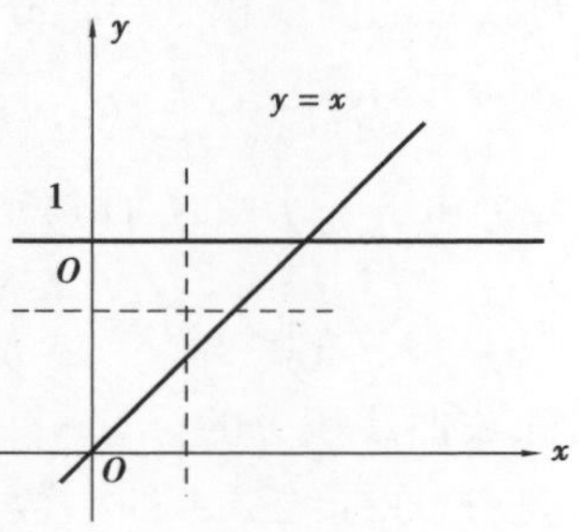

图 2.15

例 2.26 计算 $\iint\limits_D \sin y^2\mathrm{d}x\mathrm{d}y$, 其中 D 为 y 轴 $y=x$, $y=1$ 所围成的区域(图 2.15).

解 若化为先对 y 的二次积分 $\int_0^1\mathrm{d}x\int_x^1\sin y^2\mathrm{d}y$,则内层积分 $\int_x^1\sin y^2\mathrm{d}y$ 积不出来,因此,化

为先对 x 的二次积分，即

$$\begin{aligned}\iint_D \sin y^2 \mathrm{d}x\mathrm{d}y &= \int_0^1 \mathrm{d}y \int_0^y \sin y^2 \mathrm{d}x \\ &= \int_0^1 y\sin y^2 \mathrm{d}y \\ &= \frac{1}{2}(1 - \cos 1).\end{aligned}$$

从此例中可以看出，选择二次积分的次序，要把积分区域与被积函数结合起来考虑.

2.3.3* 对弧长的曲线积分

先看一个实例.

设 xOy 平面上有一个细长物质的曲线段 $L=\overset{\frown}{AB}$，它的线密度 $\rho_l(x,y)$ 为 L 上的点 (x,y) 的连续函数，求 L 的质量.

与定积分的实质相同，求非均匀分布的总质量，必须应用“微元法”.

由于质量分布非均匀，因此不能直接用密度乘弧长来计算出质量. 然而，曲线形物件的质量对线段具有可加性，我们把曲线弧 AB 任意分割成许多小弧段，每个小弧段即是一个微元，任取一个微元 $\mathrm{d}s$，相应的质量 Δm，因为 $\mathrm{d}s$ 很微小，各点处的密度 $\rho_l(x,y)$ 变化不大，得到 Δm 的近似值，即质量微元 $\mathrm{d}m = p_l(x,y)\mathrm{d}s(x,y) \in \mathrm{d}s$，在平面曲线弧 L 上作积分得总质量 m，表示为 $m = \int_L \rho_l(x,y)\,\mathrm{d}s$ 或 $m = \int_{\overset{\frown}{AB}} \rho_l(x,y)\,\mathrm{d}s$. 数学上称为函数 $\rho_l(x,y)$ 在曲线弧 L 上对弧长的曲线积分.

特别地，如果 L 是平面上一封闭曲线，那么曲线 $\rho_l(x,y)$ 在闭曲线 L 上对弧长的曲线积分，记为 $\oint_L \rho_l(x,y)\,\mathrm{d}s$，这时 L 上的任一点既是曲线的起点，也是终点.

定理 2.8 设函数 $f(x,y)$ 在分段光滑曲线 L 上连续，则对弧长的曲线积分 $\int_L f(x,y)\,\mathrm{d}s$ 一定存在.

性质 2.8 对弧长的曲线积分与积分路径的方向无关，即

$$\int_{\overset{\frown}{AB}} f(x,y)\,\mathrm{d}s = \int_{\overset{\frown}{BA}} f(x,y)\,\mathrm{d}s .$$

性质 2.9 若 L 可分为 L_1 和 L_2 两段（记作 $L = L_1 + L_2$），则

$$\int_L f(x,y)\,\mathrm{d}s = \int_{L_1} f(x,y)\,\mathrm{d}s + \int_{L_2} f(x,y)\,\mathrm{d}s .$$

下面介绍对弧长曲线积分的计算.

其计算方法是：选取曲线弧 L 的参数方程将它代入，把曲线积分化为对参数的定积分来计算. 按积分路径 L 的不同方程形式，有下列 3 个计算公式.

①当曲线 L 用参数方程

$$\begin{cases} x = x(t) \\ y = y(t) \end{cases} \quad (\alpha \leqslant t \leqslant \beta),$$

给出，其中 $x(t)$，$y(t)$ 在区间 $[\alpha,\beta]$ 上具有一阶连续导数（曲线是光滑的），又函数 $f(x,y)$ 在 L

上连续，则曲线积分 $\int_L f(x,y)\,\mathrm{d}s$ 存在.

$$\int_L f(x,y)\,\mathrm{d}s = \int_\alpha^\beta f(x(t),y(t))\sqrt{[x'(t)]^2+[y'(t)]^2}\,\mathrm{d}t \quad (\alpha<\beta) \tag{2.5}$$

特别地，平面曲线弧 L 长为

$$S = \int_L \mathrm{d}s = \int_\alpha^\beta \sqrt{[x'(t)]^2+[y'(t)]^2}\,\mathrm{d}t.$$

②若曲线 L 的方程由 $y=y(x)$ $(a\leqslant x\leqslant b)$ 给出，则可把 x 作为参数，即

$$\begin{cases} x=x \\ y=y(x) \end{cases} \quad (a\leqslant x\leqslant b),$$

由式(2.5)可得

$$\int_L f(x,y)\,\mathrm{d}s = \int_\alpha^\beta f[x,y(x)]\sqrt{1+[y'(t)]^2}\,\mathrm{d}x \quad (a<b), \tag{2.6}$$

而

$$S = \int_L \mathrm{d}s = \int_a^b \sqrt{1+[y'(t)]^2}\,\mathrm{d}x.$$

③如果曲线 L 由方程 $x=x(y)$ $(c\leqslant y\leqslant d)$ 给出，则把 y 作为参数，即类似地，有

$$\int_L f(x,y)\,\mathrm{d}s = \int_c^\mathrm{d} f[x(y),y]\sqrt{1+[x'(y)]^2}\,\mathrm{d}y \quad (c<d), \tag{2.7}$$

而

$$S = \int_L \mathrm{d}s = \int_c^d \sqrt{1+[x'(y)]^2}\,\mathrm{d}y.$$

例 2.27 设 L 为圆 $x^2+y^2=a^2$ 的一周，求 $\oint_L (x^2+y^2)\,\mathrm{d}s$.

解 因为被积函数 $f(x,y)=x^2+y^2$ 定义在 L 上，变量 x 与 y 受 L 的方程 $x^2+y^2=a^2$ 所约束，利用这一点可将被积函数化为 a^2，所以

$$\oint_L (x^2+y^2)\,\mathrm{d}s = \oint_L a^2\,\mathrm{d}s = a^2\oint_L \mathrm{d}s,$$

而 $\oint_L \mathrm{d}s$ 等于圆 L 的周长 $2\pi a$，故 $\oint_L (x^2+y^2)\,\mathrm{d}s = 2\pi a$.

2.3.4* 格林公式及其应用

为了对格林公式有更准确的描述，需对平面区域作说明.

首先简述平面单连通区域与复连通区域的区别. 若区域 D 内任一闭曲线所围成的区域全部属于 D，就称 D 是单连通区域；否则，称为复连通区域. 如图 2.16 所示为单连通域，图 2.17 所示为复连通区域，直观地说，单连通域是"无洞"的，而复连通域是"有洞"的. 规定：曲线逆时针方向为正，顺时针方向为负.

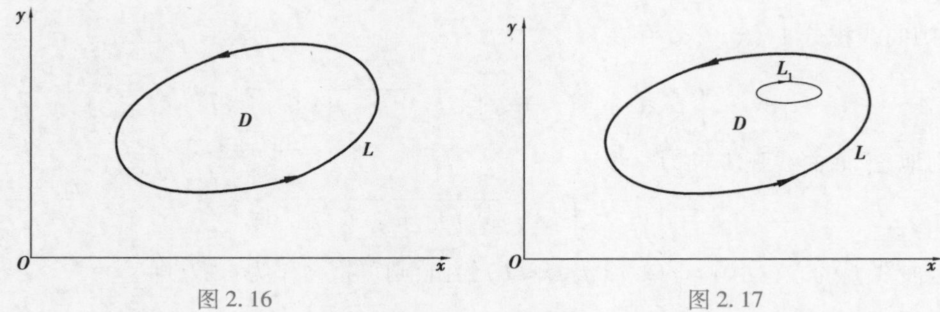

图 2.16　　　　图 2.17

定理 2.9(格林公式)　设闭区域 D 由分段光滑的曲线 L 围成,函数 $P(x,y)$ 及 $Q(x,y)$ 在 D 上具有一阶连续偏导数,则

$$\iint_D \left(\frac{\partial Q}{\partial x}-\frac{\partial P}{\partial y}\right)\mathrm{d}\sigma=\oint_L P\mathrm{d}x+Q\mathrm{d}y, \tag{2.8}$$

其中,L 是 D 的取正向的整个边界曲线.

特别地,当 $Q=0$ 时,其公式为

$$-\iint_D \frac{\partial P}{\partial y}\mathrm{d}\sigma=\oint_L P\mathrm{d}x, \tag{2.9}$$

当 $P=0$ 时,其公式为

$$\iint_D \frac{\partial Q}{\partial x}\mathrm{d}\sigma=\oint_L Q\mathrm{d}x. \tag{2.10}$$

格林公式对于复连通区域仍然成立.

例 2.28　计算 $\iint\limits_D \mathrm{e}^{-y^2}\mathrm{d}x\mathrm{d}y$,其中 D 是以 $O(0,0)$,$A(1,1)$,$B(0,1)$ 为顶点的三角形闭区域(图 2.18).

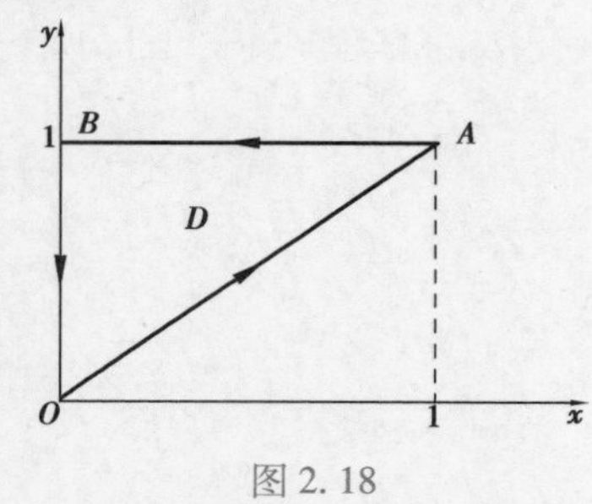

图 2.18

解　令 $p=0$,$Q=x\mathrm{e}^{-y^2}$,则 $\dfrac{\partial Q}{\partial x}-\dfrac{\partial P}{\partial y}=\mathrm{e}^{-y^2}$.

由格林公式(2.8)有

$$\begin{aligned}\iint_D \mathrm{e}^{-y^2}\mathrm{d}x\mathrm{d}y &= \int_{OA+AB+BO} x\mathrm{e}^{-y^2}\mathrm{d}y=\int_{OA} x\mathrm{e}^{-y^2}\mathrm{d}y\\ &=\int_0^1 x\mathrm{e}^{-x^2}\mathrm{d}x=\frac{1}{2}(1-\mathrm{e}^{-1}).\end{aligned}$$

定理 2.10(积分与路径无关的条件)　设函数 $P(x,y)$ 和 $Q(x,y)$ 在单连通区域 D 内具有一阶连续偏导数,则下列 4 个条件相互等价,即互为充要条件.

①$\int_{L_{AB}} P\mathrm{d}x+Q\mathrm{d}y$ 在 D 内与路径无关;

②在 D 内存在一个函数 $u(x,y)$,使 $\mathrm{d}u=P\mathrm{d}x+Q\mathrm{d}y$,其中

$$\begin{aligned}u(x,y)&=\int_{x_0}^{x} P(x,y_0)\mathrm{d}x+\int_{y_0}^{y} Q(x,y)\mathrm{d}y\\ &=\int_{x_0}^{x} P(x,y)\mathrm{d}x+\int_{y_0}^{y} Q(x_0,y)\mathrm{d}y,\end{aligned}$$

(x_0, y_0)为 D 内任一取定的点.

③$\oint_L P\mathrm{d}x + Q\mathrm{d}y = 0$，其中 L 为 D 内任一分段光滑的闭曲线.

④在 D 内等式$\dfrac{\partial P}{\partial y} = \dfrac{\partial Q}{\partial x}$恒成立.

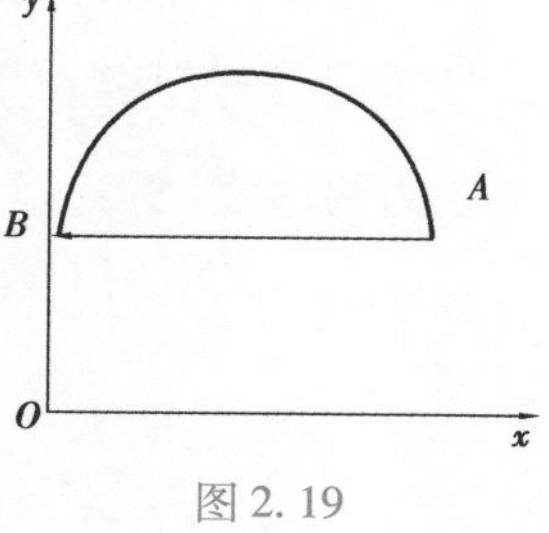

图 2.19

例 2.29 计算 $\int_L \sqrt{x^2+y^2}\mathrm{d}x + [x + y\ln(x + \sqrt{x^2+y^2})]\mathrm{d}y$，其中 L 是 $(x-1)^2 + (y-1)^2 = 1$ 的上半圆周，顺时针方向（图 2.19）. 不易直接计算，应检验$\dfrac{\partial P}{\partial y} = \dfrac{\partial Q}{\partial x} \neq 0$. 补充 AB：$y=1$，x 由 2 至 0，原式 $= \int_{L+AB} - \int_{AB}$，然后利用格林公式计算.

解 设 $P = \sqrt{x^2+y^2}$，

$$Q = x + y\ln(x + \sqrt{x^2+y^2}),\ \frac{\partial Q}{\partial x} = 1 + \frac{y}{\sqrt{x^2+y^2}},\frac{\partial P}{\partial y} = \frac{y}{\sqrt{x^2+y^2}},$$

$$\frac{\partial Q}{\partial x} - \frac{\partial P}{\partial y} = 1.$$

补充 AB：$y=1$，x 由 2 至 0，AB 与 L 所围成的区域记为 D.

原式 $= \int_{L+AB} - \int_{AB}$

$$= -\frac{\pi}{2} - \left[\frac{x}{2}\sqrt{x^2+1} + \frac{1}{2}\ln\left(x + \sqrt{x^2+1}\right)\right]_2^0 = -\frac{\pi}{2} + \sqrt{5} + \frac{1}{2}\ln(2+\sqrt{5}).$$

习题 2.3

1. 设 D 是正方形区域 $1 \leqslant x \leqslant 2, 0 \leqslant y \leqslant 1$，又 $\iint_D yf(x)\mathrm{d}\sigma = 1$，求 $\int_1^2 f(x)\mathrm{d}x$.

2. 设积分区域 D 是由$x^2 + y^2 \leqslant 4, x \leqslant 0$ 及 $y \geqslant 0$ 所确定，则 $\iint_D 4\mathrm{d}x\mathrm{d}y$.

3. 计算 $\iint_D (x + y^2)\mathrm{d}\sigma$，其中 D 是由 $y = x^2, x = 1, y = 0$ 所围成的区域.

4. 计算 $\int_0^1 \mathrm{d}x \int_{x^2}^1 \dfrac{xy}{\sqrt{1+y^3}}\mathrm{d}y$.

5. 计算二次积分 $\int_0^1 \mathrm{d}x \int_x^1 \sin y^2 \mathrm{d}y$.

6. 设$f(x)$为区间$[a,b]$上的连续函数，试证 $\int_a^b \mathrm{d}x \int_a^x f(y)\mathrm{d}y = \int_a^b (b-x)f(x)\mathrm{d}x$.

2.4 Mathematica 在多元函数微分学中的应用

Mathematica 在多元函数微分学中的应用的部分命令语法格式及其意义：

①语法格式：Plot3D[f,{x,x_{min},x_{max}},{y,y_{min},y_{max}}]；
意义：产生函数 f 在 x 和 y 上的三维图形.
②语法格式：RegionPlot[不等式(组),{x,x_{min},x_{max}},{y,y_{min},y_{max}}]；
意义：画出由不等式(组)定义的区域.
③语法格式：Limit[Limit[f,x→a],y→b]；
意义：计算 $\lim\limits_{\substack{x\to 0\\ y\to 0}} f(x,y)$.
④语法格式：D[f,x]；
意义：给出高阶偏导数 $\frac{\partial f}{\partial x}$.
⑤语法格式：D[f,x,y]；
意义：给出偏导数 $\frac{\partial^2 f}{\partial x\partial y}$.
⑥语法格式：D[f,{x,n}]；
意义：给出高阶偏导数 $\frac{\partial^n f}{\partial x^n}$.
⑦语法格式：Dt[f]；
意义：给出全微分 df.

例 2.30 作出 $y=\sin(x+y^2)$ 的图形.

解 In[1]：= Plot3D[sin[x + y^2],{x, -3,3},{y, -2,2}].

Out[1] =

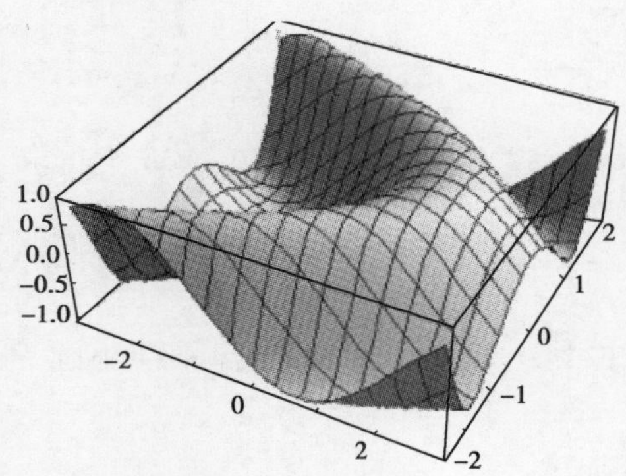

例 2.31 画出不等式组 $\begin{cases}x^2+y^2<1\\ x+y<1\end{cases}$ 所确定的区域.

解 In[1]：= RegionPlot[x^2 + y^2 < 1&&x + y < 1,{x, -1,1},{y, -1,1}].

Out[1] =

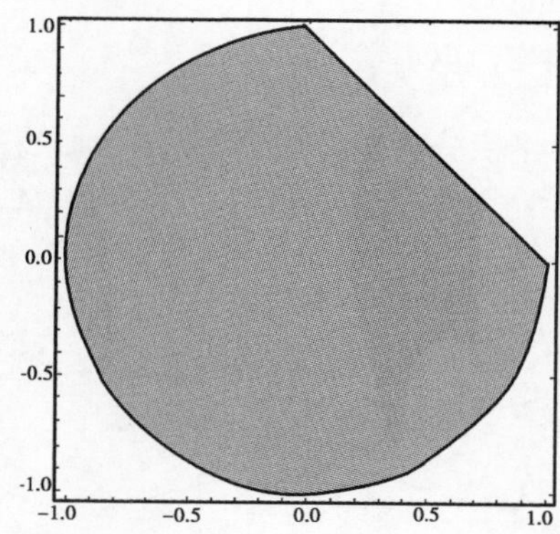

例 2.32 设 $z=\dfrac{\sin xy}{x^2+y^2}$，求$\dfrac{\partial^2 z}{\partial x\partial y}$.

解 In[1]: = D[sin[xy]/(x^2 + y^2), x, y].

$$\text{Out}[1] = -\frac{2\,x^2\cos[xy]}{(x^2+y^2)^2}-\frac{2\,y^2\cos[xy]}{(x^2+y^2)^2}+\frac{\cos[xy]}{x^2+y^2}+\frac{8xy\sin[xy]}{(x^2+y^2)^3}-\frac{xy\sin[xy]}{x^2+y^2}.$$

例 2.33 计算 $d(x^2+xy^2)$.

解 In[1]: = Dt[$x^2 + xy^2$].

Out[1] = 2xDt[x] + y^2Dt[x] + 2xyDt[y].

2.5 Mathematica 在多元函数积分学中的应用

Mathematica 在多元函数积分学中的应用的部分命令语法格式及其意义：

①Integrate[f, {x, a, b}, {y, c, d}]，计算 $\int_a^b\int_c^d f\mathrm{d}y\mathrm{d}x$.

②NIntegrate[f, {x, a, b}, {y, c, d}]，计算二重积分的数值解.

例 2.34 计算下列二重积分.

(1) $\int_0^1 \mathrm{d}x\int_x^1 \sin y^2 \mathrm{d}y$；　　(2) $\int_0^1 \mathrm{d}x\int_0^{\sqrt{x+1}}\sqrt{x+2y}\,\mathrm{d}y$.

解 (1) In[1]: = Integrate[sin[y^2], {x, 0, 1}, {y, x, 1}]

$$\text{Out}[1] = \sin\left[\frac{1}{2}\right]^2$$

(2) In[1]: = Integrate[$\sqrt{x+y}$, {x, 0, 1}, {y, 0, $\sqrt{x+1}$}]

$$\text{Out}[1] = \int_0^1 -\frac{2}{3}\sqrt{x}\left(x-(1+x)^{1/4}\left(\sqrt{x+\frac{x^2}{\sqrt{1+x}}}+\sqrt{1+\frac{1}{x}+\sqrt{1+x}}\right)\right)dx$$

In[2]: = NIntegrate[$\sqrt{x+y}$, {x, 0, 1}, {y, 0, $\sqrt{x+1}$}]

Out[2] = 1.267 73

注 在 In[1] 中由于 Mathematica 无法计算某个变量的积分值，因此只输出了其求出部分的运算结果，In[2] 是用 NIntegrate 命令求出该积分的数值解.

例 2.35 计算 $\iint\limits_{|x|+|y|=0}(x^2+2y)\mathrm{d}x\mathrm{d}y$.

解 先画出积分区域图,再将积分区域分成两部分分别求积分.

In[1]:=Plot[{-1-x,1+x,-1+x,1-x},{x,-1,1},AxesLabel→{x,y}]

Out[1]=

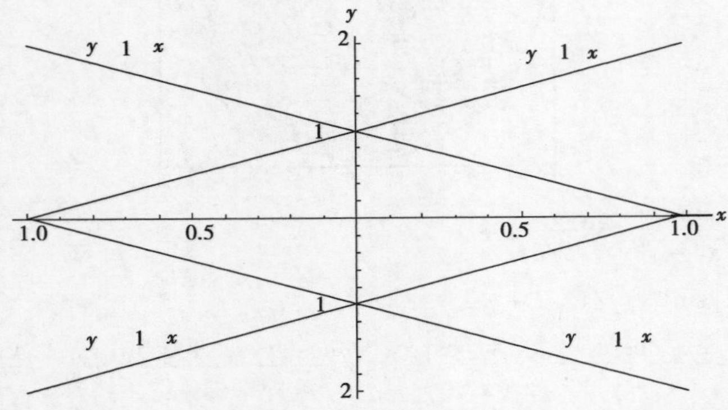

In[2]:=Integrate[x^2+2y,{x,-1,0},{y,-1-x,1+x}]+Integrate[x^2+2y,{x,0,1},{y,-1+x,1-x}]

Out[2]=$\frac{1}{3}$

2.6 数学建模:π的计算

▶问题提出

法国科学家蒲丰提出了著名的蒲丰投针试验,并以该实验方法计算 π. 这个实验操作很简单:在一张白纸上画出一组间距为 a 的平行线,并找一根粗细均匀长度为 $l(l<a)$ 的细针,然后一次又一次地将细针任意地投掷在白纸上. 这样反复投掷多次,记录下细针与这组平行线中的任意一条相交的次数,就可以得到 π 的近似值. 例如,在某次实验中,他选取了 $l=\frac{a}{2}$,然后,共计投针 2 212 次,其中针与平行线相交了 704 次,这样求得圆周率的近似值为 2 212/704 =3. 142. 下面,我们简单介绍该实验的原理.

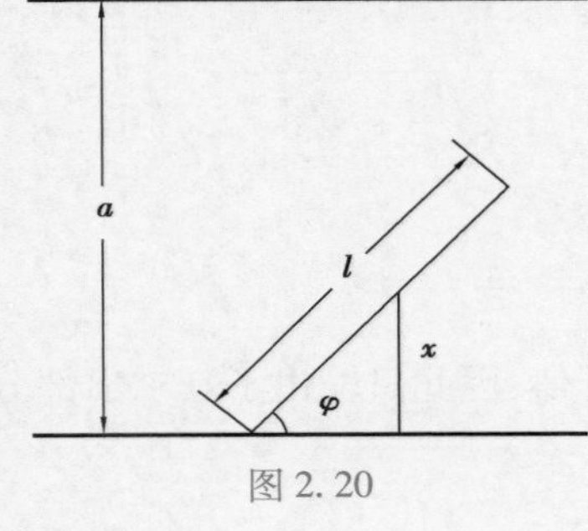

图 2.20

▶建立模型

如图 2.20 所示,用 x 表示细针的中点与最近的一条平行线间的距离,用 φ 表示细针与此直线的夹角,显然有

$$\begin{cases}0\leqslant x\leqslant\frac{a}{2},\\0\leqslant\varphi\leqslant\pi\end{cases}$$

由这两个不等式可以确定 x-φ 平面上的一个矩形区域 Ω,其面积为 $S(\Omega)=\frac{a\pi}{2}$,为使细针与平行线相交,其充要条件是

$$\begin{cases}x\leqslant\frac{l}{2}\sin\varphi\\0\leqslant\varphi\leqslant\pi\end{cases}.$$

▶模型求解

这两个不等式确定的平面区域 A 的面积为

$$S(A)=\int_0^{\pi}\frac{l}{2}\sin\varphi\,\mathrm{d}\varphi=l,$$

由细针落纸的可能性知,细针与平行线相交的概率

$$P=\frac{S(A)}{S(\Omega)}=\frac{2l}{a\pi}.$$

记 N 为投针试验中的试验次数,n 为细针与平行线相交的次数,则 $\frac{n}{N}$ 为细针与平行线相交的概率. 由概率论中的大数定理知,当试验次数足够多(N 足够大)时,可将事件发生的概率看作事件发生的概率的近似值,即 $\frac{2l}{a\pi}\approx\frac{n}{N}$,于是得到 $\pi\approx\frac{2l}{a}\cdot\frac{N}{n}$.

综合练习2

1. 设 $z=\mathrm{e}^x\sin(x+y)$,求 $\mathrm{d}z\big|(0,\pi)$.
2. 设 $f(x,y)=\ln\sqrt{x^2+y^3}$,求 $\frac{\partial^2 f}{\partial x\partial y}$.
3. 求 $z=x^2y+\mathrm{e}^x\sin y$ 的全微分.
4. 求 $(1.08)^{3.06}$ 的近似值.
5. 设 $z=\mathrm{e}^{xy}\sin(x+y)$,求 $\mathrm{d}z$.
6. 求 $u=x+\sin\frac{y}{2}+\mathrm{e}^{yz}$ 的全微分.
7. 求三元函数 $u=\cos(x+y^4+\mathrm{e}^z)$ 的偏导数.
8. 计算二重积分 $\iint\limits_D \mathrm{e}^x\mathrm{d}x\mathrm{d}y$, 其中 D 是由抛物线 $y^2=x$,直线 $x=0$,$y=1$ 所围成的闭区域.
9. 计算 $\iint\limits_D y\mathrm{d}x\mathrm{d}y$, 其中 D 是圆 $x^2+y^2\leqslant ax$ 与 $x^2+y^2\leqslant ay$ 的公共部分($a>0$).
10. 设 D 是由直线 $y=x$,$y=2x$ 及 $x=\frac{\pi}{2}$ 所围成的区域,且二重积分

$$\iint\limits_D A\sin(x+y)\,\mathrm{d}x\mathrm{d}y=1,$$

试求常数 A.

11. 计算 $\iint\limits_D (x^3y+y)\,\mathrm{d}x\mathrm{d}y$, 其中 D 为直线 $y=1$ 与抛物线 $y=x^2$,$y=4x^2$ 所围成的区域.

12. 求椭圆 $x = a\cos\theta, y = b\sin\theta$ 所围成的面积 A.

13. 求 $\oint_L (x + y^2)\mathrm{d}s$,其中 L 为圆周 $x^2 + y^2 = a^2$.

14. 设 L 是任意一条分段光滑的闭曲线. 证明 $\oint_L 2xy\mathrm{d}x + x^2\mathrm{d}y = 0$.

15. 计算 $\iint\limits_D x^{-x^2-y^2}\mathrm{d}x\mathrm{d}y$, 其中 D 是由中心在原点,半径为 a 的圆周所围成的闭区域.

第 3 章 行列式与矩阵

行列式起源于解二、三元线性方程组，然而它的应用早已超过代数的范围，成为研究数学领域各分支的基本工具. 不管是在高等数学领域里的高深理论，还是在现实生活中的实际性问题，都或多或少地与行列式有着直接和间接的联系. 其中有些问题都依赖于行列式来解决. 归根结底这些问题的研究，也就是行列式在某些方面的研究.

矩阵概念引进和发展是源于研究线性方程组系数而产生的行列式的发展，尽管行列式和矩阵不过是一种语言或速记，但从数学史上来看，优良的数学符号和生动的概念是数学思想产生的动力和钥匙.

在科学研究和实际生产中，碰到的许多问题都可以直接或近似地表示成一些变量之间的线性关系，因此，线性关系的研究就显得是非常重要了. 行列式与矩阵是研究线性关系的重要工具. 本章将介绍行列式与矩阵的一些基本概念、性质和运算.

实验与对话　行列式计算

利用 Mathematica 软件，计算三阶行列式值，并通过单击按钮“新数据”，改变行列式中元素值，观察其他数据的变化（图 5.1），展开师生对话，并将对话中所产生的相关问题记录在下面的方框里. 图 3.1 是利用 Mathematica 作出三阶行列式运算示意图.

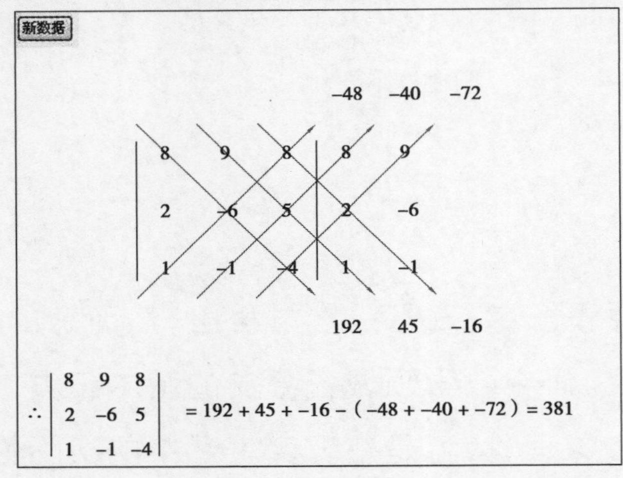

图 3.1

问题记录：

3.1 行列式的概念与计算

3.1.1 二阶、三阶行列式

用消元法解二元线性方程组

$$\begin{cases}a_{11}x_1+a_{12}x_2=b_1\\a_{21}x_1+a_{22}x_2=b_2\end{cases},\tag{3.1}$$

当 $a_{11}a_{22}-a_{12}a_{21}\neq 0$ 时,得

$$x_1=\frac{b_1a_{22}-b_2a_{12}}{a_{11}a_{22}-a_{12}a_{21}},x_2=\frac{a_{11}b_2-a_{21}b_1}{a_{11}a_{22}-a_{12}a_{21}}.$$

为了便于记忆,我们引进二阶行列式的概念.

定义 3.1 用 2^2 个数组成的记号 $\begin{vmatrix}a_{11}&a_{12}\\a_{21}&a_{22}\end{vmatrix}$,表示数值 $a_{11}a_{22}-a_{12}a_{21}$,称为二阶行列式,$a_{11},a_{12},a_{21},a_{22}$称为行列式的元素,横排称行,竖排称列.

利用二阶行列式的概念,当二元线性方程组(3.1)的系数组成的行列式 $D\neq 0$ 时,它的解可以用行列式表示为

$$x_1=\frac{\begin{vmatrix}b_1&a_{12}\\b_2&a_{22}\end{vmatrix}}{\begin{vmatrix}a_{11}&a_{12}\\a_{21}&a_{22}\end{vmatrix}}=\frac{D_1}{D},x_2=\frac{\begin{vmatrix}a_{11}&b_1\\a_{21}&b_2\end{vmatrix}}{\begin{vmatrix}a_{11}&a_{12}\\a_{21}&a_{22}\end{vmatrix}}=\frac{D_2}{D},$$

其中,D_1 和 D_2 是以 b_1,b_2 分别替换系数行列式 D 中第一列、第二列的元素所得到的两个二阶行列式.

例 3.1 用行列式解线性方程组 $\begin{cases}2x_1-x_2=3\\3x_1+5x_2=1\end{cases}$.

解 因为 $D=\begin{vmatrix}2&-1\\3&5\end{vmatrix}=13$, $D_1=\begin{vmatrix}3&-1\\1&5\end{vmatrix}=16$, $D_2=\begin{vmatrix}2&3\\3&1\end{vmatrix}=-7$.

所以 $x_1=\frac{D_1}{D}=\frac{16}{13},x_2=\frac{D_2}{D}=-\frac{7}{13}$.

类似地,用 3^2 个数组成的记号 $\begin{vmatrix}a_{11}&a_{12}&a_{13}\\a_{21}&a_{22}&a_{23}\\a_{31}&a_{32}&a_{33}\end{vmatrix}$,表示数值 $a_{11}a_{22}a_{33}+a_{12}a_{23}a_{31}+a_{13}a_{21}a_{32}-a_{13}a_{22}a_{31}-a_{12}a_{21}a_{33}-a_{11}a_{23}a_{32}$称为三阶行列式,即

$$\begin{vmatrix}a_{11}&a_{12}&a_{13}\\a_{21}&a_{22}&a_{23}\\a_{31}&a_{32}&a_{33}\end{vmatrix}=a_{11}a_{22}a_{33}+a_{12}a_{23}a_{31}+a_{13}a_{21}a_{32}-a_{13}a_{22}a_{31}-a_{12}a_{21}a_{33}-a_{11}a_{23}a_{32}.$$

它是由3行3列共9个元素构成的,是6项代数和. 这9个元素排成3行3列,从左上角到右下角的对角线称为主对角线,从右上角到左下角的对角线称为次对角线. 上式也可以用对角线法则记忆,如图3.2所示. 实线上2个元素的乘积取正号,虚线上3个元素的乘积取负号.

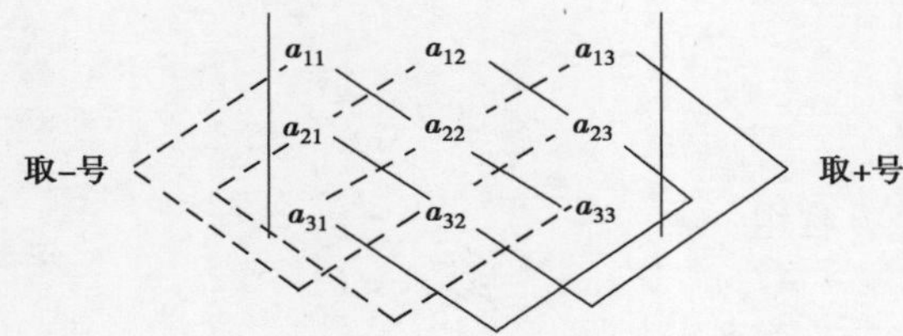

图3.2

例3.2 计算三阶行列式$\begin{vmatrix} 3 & 1 & 2 \\ 2 & 0 & -3 \\ -1 & 5 & 4 \end{vmatrix}$.

解 原式$=3\times0\times4+1\times(-3)\times(-1)+2\times5\times2-2\times0\times(-1)-1\times2\times4-(-3)\times5\times3$

$=0+3+20-0-8+45=60.$

例3.3 解不等式$\begin{vmatrix} x & 1 & 0 \\ 1 & x & 0 \\ 4 & 1 & 1 \end{vmatrix}>0$.

解 因为$\begin{vmatrix} x & 1 & 0 \\ 1 & x & 0 \\ 4 & 1 & 1 \end{vmatrix}=x^2-1$,原不等式化为$x^2-1>0$.

故不等式的解集为$\{x\mid x>1 \text{ 或 } x<-1\}$.

例3.4 求证:三角形3条高线交于一点(图3.3).

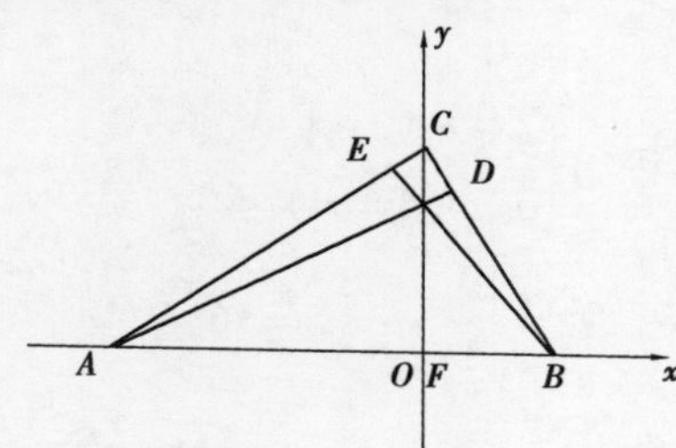

图3.3

证 建立直角坐标系如图3.3所示,设$A(a,0)$,$B(b,0)$,$\overrightarrow{BC}=(-b,c)$,$\overrightarrow{AC}=(-a,c)$.

因为直线AD的法向量为$(-b,c)$,且过点$A(a,0)$,所以直线AD为$-bx+cy+ab=0$. 同理,直线BE为$-ax+cy+ab=0$,直线CF为$x=0$.

将3个直线方程看作以$x,y,1$为未知数的齐次线性方程组,其系数行列式为

$$\begin{vmatrix} -b & c & ab \\ -a & c & ab \\ 1 & 0 & 0 \end{vmatrix}=abc-abc=0,$$

故齐次线性方程组有唯一解，即 3 条直线交于一点.

3.1.2 n 阶行列式

(1) n 阶行列式的定义

定义 3.2　由 n^2 个数组成的一个算式

$$D=\begin{vmatrix} a_{11} & a_{12} & \cdots & a_{1n} \\ a_{21} & a_{22} & \cdots & a_{2n} \\ \vdots & \vdots & & \vdots \\ a_{n1} & a_{n2} & \cdots & a_{nn} \end{vmatrix},$$

称为 n 阶行列式，其中 a_{ij} 称为 D 的第 i 行第 j 列的元素（$i,j=1,2,\cdots,n$）.

当 $n=1$ 时，规定 $D=|a_{11}|=a_{11}$. n 阶行列式简记为 $|a_{ij}|$.

定义 3.3　在 n 阶行列式 $D=|a_{ij}|$ 中去掉元素 a_{ij} 所在的第 i 行和第 j 列后，余下的 $n-1$ 阶行列式称为元素 a_{ij} 的余子式，记为 M_{ij}.

把 $(-1)^{i+j}M_{ij}$ 叫作元素 a_{ij} 的代数余子式，记为 A_{ij}，即有 $A_{ij}=(-1)^{i+j}M_{ij}$.

设 $n-1$ 阶行列式已定义，则 n 阶行列式

$$D=a_{11}A_{11}+a_{12}A_{12}+\cdots+a_{1n}A_{1n}=\sum_{j=1}^{n}a_{1j}A_{1j}. \tag{3.2}$$

例如，当 $n=3$ 时，

$$\begin{vmatrix} a_{11} & a_{12} & a_{13} \\ a_{21} & a_{22} & a_{23} \\ a_{31} & a_{32} & a_{33} \end{vmatrix}=a_{11}A_{11}+a_{12}A_{12}+a_{13}A_{13}.$$

例 3.5　写出四阶行列式

$$\begin{vmatrix} 2 & 5 & -1 & 7 \\ 14 & -9 & 6 & 3 \\ -8 & 12 & 9 & 13 \\ 1 & 2 & 4 & 11 \end{vmatrix}$$

的元素 a_{32} 的余子式和代数余子式.

解　$M_{32}=\begin{vmatrix} 2 & -1 & 7 \\ 14 & 6 & 3 \\ 1 & 4 & 11 \end{vmatrix}$,

$$A_{32}=(-1)^{3+2}M_{32}=-\begin{vmatrix} 2 & -1 & 7 \\ 14 & 6 & 3 \\ 1 & 4 & 11 \end{vmatrix}.$$

形如下列形式的行列式分别称为 n 阶对角行列式和 n 阶下三角行列式，由式(3.2)可知，它们的值都是主对角线上元素的乘积.

$$\begin{vmatrix} a_{11} & 0 & \cdots & 0 \\ 0 & a_{22} & 0 & 0 \\ \vdots & \vdots & & \vdots \\ 0 & 0 & \cdots & a_{nn} \end{vmatrix} = a_{11}a_{22}\cdots a_{nn},$$

$$\begin{vmatrix} a_{11} & 0 & \cdots & 0 \\ a_{21} & a_{22} & \cdots & 0 \\ \vdots & \vdots & & \vdots \\ a_{n1} & a_{n2} & \cdots & a_{nn} \end{vmatrix} = a_{11}a_{22}\cdots a_{nn}.$$

(2) 行列式的性质

根据 n 阶行列式的定义直接计算行列式,当行列式的阶数 n 较大时,一般较麻烦,为了简化 n 阶行列式的计算,我们有必要讨论 n 阶行列式的性质.

如果把 n 阶行列式 $D=\begin{vmatrix} a_{11} & a_{12} & \cdots & a_{1n} \\ a_{21} & a_{22} & \cdots & a_{2n} \\ \vdots & \vdots & & \vdots \\ a_{n1} & a_{n2} & \cdots & a_{nn} \end{vmatrix}$ 中的行与列按顺序互换,得到一个新的行列式

$$D^{\mathrm{T}} = \begin{vmatrix} a_{11} & a_{21} & \cdots & a_{n1} \\ a_{12} & a_{22} & \cdots & a_{n2} \\ \vdots & \vdots & & \vdots \\ a_{1n} & a_{2n} & \cdots & a_{nn} \end{vmatrix},$$

D^{T} 称为行列式 D 的转置行列式. 显然,D 也是 D^{T} 的转置行列式.

性质 3.1　行列式 D 与它的转置行列式 D^{T} 的值相等,即 $D=D^{\mathrm{T}}$.

例如,二阶行列式

$$D = \begin{vmatrix} a_{11} & a_{12} \\ a_{21} & a_{22} \end{vmatrix} = a_{11}a_{22} - a_{12}a_{21},$$

$$D^{\mathrm{T}} = \begin{vmatrix} a_{11} & a_{21} \\ a_{12} & a_{22} \end{vmatrix} = a_{11}a_{22} - a_{12}a_{21}.$$

显然,$D=D^{\mathrm{T}}$. 对于 n 阶行列式,可以用数学归纳法加以证明,这里略去.

性质 3.1 说明,行列式中“行”与“列”的地位是相同的,所以凡是对行成立的性质,对列也同样成立.

由性质 3.1 和 n 阶下三角行列式的结论,可以得到 n 阶上三角行列式的值等于它的主对角线上元素的乘积,即

$$\begin{vmatrix} a_{11} & a_{12} & \cdots & a_{1n} \\ 0 & a_{22} & \cdots & a_{2n} \\ \vdots & \vdots & & \vdots \\ 0 & 0 & \cdots & a_{nn} \end{vmatrix} = a_{11}a_{22}\cdots a_{nn}.$$

性质 3.2　n 阶行列式 $D=|a_{ij}|$ 等于它的任意一行(或列)的各元素与其对应代数余子式的乘积之和,即

$$D=a_{i1}A_{i1}+a_{i2}A_{i2}+\cdots+a_{in}A_{in}=\sum_{k=1}^{n}a_{ik}A_{ik}\ (i=1,2,\cdots,n),$$

或

$$D=a_{1j}A_{1j}+a_{2j}A_{2j}+\cdots+a_{nj}A_{nj}=\sum_{k=1}^{n}a_{kj}A_{kj}\ (j=1,2,\cdots,n).\qquad(3.3)$$

例 3.6　设三阶行列式 $D=\begin{vmatrix}3&1&3\\-5&3&2\\2&5&1\end{vmatrix}$,按第二行展开,并求其值.

解　因为 $A_{21}=(-1)^{2+1}M_{21}=-\begin{vmatrix}1&3\\5&1\end{vmatrix}=-(1-15)=14,$

$$A_{22}=(-1)^{2+2}M_{22}=\begin{vmatrix}3&3\\2&1\end{vmatrix}=-3,$$

$$A_{23}=(-1)^{2+3}M_{23}=-\begin{vmatrix}3&1\\2&5\end{vmatrix}=-13,$$

所以 $D=a_{21}A_{21}+a_{22}A_{22}+a_{23}A_{23}$

$=-5\times14+3\times(-3)+2\times(-13)=-105.$

性质 3.3　互换行列式的其中两行(或列)位置,行列式值改变符号.

例如,二阶行列式

$$D=\begin{vmatrix}a_{11}&a_{12}\\a_{21}&a_{22}\end{vmatrix}=a_{11}a_{22}-a_{12}a_{21},$$

交换两行后得到的行列式

$$\begin{vmatrix}a_{21}&a_{22}\\a_{11}&a_{12}\end{vmatrix}=a_{21}a_{12}-a_{22}a_{11}=-D.$$

推论 3.1　如果行列式其中有两行(或列)完全相同,那么行列式的值为零.

事实上,交换相同的两行,由性质 3.2 得,$D=-D$,于是 $D=0$.

性质 3.4　行列式某一行(或列)的公因子可以提到行列式记号的外面,即

$$\begin{vmatrix}a_{11}&a_{12}&\cdots&a_{1n}\\\vdots&\vdots&&\vdots\\\lambda a_{i1}&\lambda a_{i2}&\cdots&\lambda a_{in}\\\vdots&\vdots&&\vdots\\a_{n1}&a_{n2}&\cdots&a_{nn}\end{vmatrix}=\lambda\begin{vmatrix}a_{11}&a_{12}&\cdots&a_{1n}\\\vdots&\vdots&&\vdots\\a_{i1}&a_{i2}&\cdots&a_{in}\\\vdots&\vdots&&\vdots\\a_{n1}&a_{n2}&\cdots&a_{nn}\end{vmatrix}.$$

推论 3.2　如果行列式中有一行(或列)的元素全为零,那么此行列式的值为零.

推论 3.3　如果行列式其中有两行(或列)元素对应成比例,那么行列式等于零.

推论 3.4　行列式中任意一行(或列)的元素与另一行(或列)对应元素的代数余子式的乘积之和等于零.

例如，对于行列式 $D=\begin{vmatrix} a_{11} & a_{12} & a_{13} \\ a_{21} & a_{22} & a_{23} \\ a_{31} & a_{32} & a_{33} \end{vmatrix}$，

有 $a_{11}A_{21}+a_{12}A_{22}+a_{13}A_{23}=0$，

$a_{31}A_{11}+a_{32}A_{12}+a_{33}A_{13}=0$，

……

性质 3.5　如果行列式的某一行（或列）元素可以写成两数之和，那么可以把行列式表示成两个行列式的和，即

$$\begin{vmatrix} a_{11} & a_{12} & \cdots & a_{1n} \\ \vdots & \vdots & & \vdots \\ b_{i1}+c_{i1} & b_{i2}+c_{i2} & \cdots & b_{in}+c_{in} \\ \vdots & \vdots & & \vdots \\ a_{n1} & a_{n2} & \cdots & a_{nn} \end{vmatrix} = \begin{vmatrix} a_{11} & a_{12} & \cdots & a_{1n} \\ \vdots & \vdots & & \vdots \\ b_{i1} & b_{i2} & \cdots & b_{in} \\ \vdots & \vdots & & \vdots \\ a_{n1} & a_{n2} & \cdots & a_{nn} \end{vmatrix} + \begin{vmatrix} a_{11} & a_{12} & \cdots & a_{1n} \\ \vdots & \vdots & & \vdots \\ c_{i1} & c_{i2} & \cdots & c_{in} \\ \vdots & \vdots & & \vdots \\ a_{n1} & a_{n2} & \cdots & a_{nn} \end{vmatrix}.$$

例如，二阶行列式 $\begin{vmatrix} a_{11}+b_{11} & a_{12} \\ a_{21}+b_{21} & a_{22} \end{vmatrix} = \begin{vmatrix} a_{11} & a_{12} \\ a_{21} & a_{22} \end{vmatrix} + \begin{vmatrix} b_{11} & a_{12} \\ b_{21} & a_{22} \end{vmatrix}$.

性质 3.6　把行列式某一行（或列）的元素同乘以数 k，加到另一行（或列）对应的元素上去，行列式的值不变，即

$$\begin{vmatrix} a_{11} & a_{12} & \cdots & a_{1n} \\ \vdots & \vdots & & \vdots \\ a_{i1} & a_{i2} & \cdots & a_{in} \\ \vdots & \vdots & & \vdots \\ a_{j1} & a_{j2} & \cdots & a_{jn} \\ \vdots & \vdots & & \vdots \\ a_{n1} & a_{n2} & \cdots & a_{nn} \end{vmatrix} = \begin{vmatrix} a_{11} & a_{12} & \cdots & a_{1n} \\ \vdots & \vdots & & \vdots \\ a_{i1}+ka_{j1} & a_{i2}+ka_{j2} & \cdots & a_{in}+ka_{jn} \\ \vdots & \vdots & & \vdots \\ a_{j1} & a_{j2} & \cdots & a_{jn} \\ \vdots & \vdots & & \vdots \\ a_{n1} & a_{n2} & \cdots & a_{nn} \end{vmatrix}$$

证　设原行列式为 D，变形后得到的行列式为 D_1，由性质 3.5 和性质 3.4 的推论 3.4 得

$$D_1 = \begin{vmatrix} a_{11} & a_{12} & \cdots & a_{1n} \\ \vdots & \vdots & & \vdots \\ a_{i1} & a_{i2} & \cdots & a_{in} \\ \vdots & \vdots & & \vdots \\ a_{j1} & a_{j2} & \cdots & a_{jn} \\ \vdots & \vdots & & \vdots \\ a_{n1} & a_{n2} & \cdots & a_{nn} \end{vmatrix} + \begin{vmatrix} a_{11} & a_{12} & \cdots & a_{1n} \\ \vdots & \vdots & & \vdots \\ ka_{j1} & ka_{j2} & \cdots & ka_{jn} \\ \vdots & \vdots & & \vdots \\ a_{j1} & a_{j2} & \cdots & a_{jn} \\ \vdots & \vdots & & \vdots \\ a_{n1} & a_{n2} & \cdots & a_{nn} \end{vmatrix} = D+0=D.$$

为了便于书写，在行列式计算过程中约定采用下列标记法：

①用 r 代表行，c 代表列.

②第 i 行和第 j 行互换，记为 $r_i \leftrightarrow r_j$，

第 i 列和第 j 列互换，记为 $c_i \leftrightarrow c_j$.

③把第 j 行(或第 j 列)的元素同乘以数 k,加到第 i 行(或第 i 列)对应的元素上去,记为 kr_j+r_i(或 kc_j+c_i).

④行列式的第 i 行(或第 i 列)中所有元素都乘以 k,记为 kr_i(或 kc_i).

行列式的基本计算方法之一是根据行列式的特点,利用行列式的性质,把它逐步化为上(或下)三角行列式,由前面的结论可知,这时行列式的值就是主对角线上元素的乘积. 这种行列式的计算方法称为"化三角形法".

例 3.7 计算

$$D=\begin{vmatrix}2&0&1&-1\\-5&1&3&-4\\1&-5&3&-3\\3&1&-1&2\end{vmatrix}.$$

解 $D=\begin{vmatrix}2&0&1&-1\\-5&1&3&-4\\1&-5&3&-3\\3&1&-1&2\end{vmatrix}\xlongequal{c_1\leftrightarrow c_3}-\begin{vmatrix}1&0&2&-1\\3&1&-5&-4\\3&-5&1&-3\\-1&1&3&2\end{vmatrix}$

$$\xlongequal[r_1+r_4]{\substack{-3r_1+r_3\\-3r_1+r_2}}-\begin{vmatrix}1&0&2&-1\\0&1&-11&-1\\0&-5&-5&0\\0&1&5&1\end{vmatrix}\xlongequal[-r_2+r_4]{5r_2+r_3}-\begin{vmatrix}1&0&2&-1\\0&1&-11&-1\\0&0&-60&-5\\0&0&16&2\end{vmatrix}$$

$$\xlongequal[\frac{1}{2}r_4]{-\frac{1}{5}r_3}10\begin{vmatrix}1&0&2&-1\\0&1&-11&-1\\0&0&12&1\\0&0&8&1\end{vmatrix}\xlongequal{c_3\leftrightarrow c_4}-10\begin{vmatrix}1&0&-1&2\\0&1&-1&-11\\0&0&1&12\\0&0&1&8\end{vmatrix}$$

$$\xlongequal{-r_3+r_4}-10\begin{vmatrix}1&0&-1&2\\0&1&-1&-11\\0&0&1&12\\0&0&0&-4\end{vmatrix}=-10\times(-4)=40.$$

计算行列式的另一种基本方法是选择零元素最多的行(或列)展开;也可以先利用性质把某一行(或列)的元素化为仅有一个非零元素,再按这一行(或列)展开. 这种方法称为降阶法.

例 3.8 计算

$$D=\begin{vmatrix}2&-1&1&6\\4&-1&5&0\\-1&2&0&-5\\1&4&-2&-2\end{vmatrix}.$$

解 $D=\begin{vmatrix}2&-1&1&6\\4&-1&5&0\\-1&2&0&-5\\1&4&-2&-2\end{vmatrix}\xlongequal[-5c_1+c_4]{2c_1+c_2}\begin{vmatrix}2&3&1&-4\\4&7&5&-20\\-1&0&0&0\\1&6&-2&-7\end{vmatrix}$

$$=(-1)\times(-1)^{3+1}\begin{vmatrix}3&1&-4\\7&5&-20\\6&-2&-7\end{vmatrix}\xlongequal{-5r_1+r_2}-\begin{vmatrix}3&1&-4\\-8&0&0\\6&-2&-7\end{vmatrix}$$

$$=-(-8)\times(-1)^{2+1}\begin{vmatrix}1&-4\\-2&-7\end{vmatrix}=120.$$

例 3.9 证明

$$\begin{vmatrix}a^2&(a+1)^2&(a+2)^2&(a+3)^2\\b^2&(b+1)^2&(b+2)^2&(b+3)^2\\c^2&(c+1)^2&(c+2)^2&(c+3)^2\\d^2&(d+1)^2&(d+2)^2&(d+3)^2\end{vmatrix}=0.$$

证 设此行列式为 D,将 D 化简，把第一列乘以(-1)分别加到以后各列,有

$$D=\begin{vmatrix}a^2&2a+1&4a+4&6a+9\\b^2&2b+1&4b+4&6b+9\\c^2&2c+1&4c+4&6c+9\\d^2&2d+1&4d+4&6d+9\end{vmatrix}\xlongequal[-3c_2+c_4]{-2c_2+c_3}\begin{vmatrix}a^2&2a+1&2&6\\b^2&2b+1&2&6\\c^2&2c+1&2&6\\d^2&2d+1&2&6\end{vmatrix}=0.$$

例 3.10 计算 n 阶行列式

$$D=\begin{vmatrix}a&b&\cdots&b\\b&a&\cdots&b\\\vdots&\vdots&&\vdots\\b&b&\cdots&a\end{vmatrix}.$$

解 从行列式 D 的元素排列特点看,每一列 n 个元素的和都相等,把第 $2,3,\cdots,n$ 行同时加到第 1 行,提出公因子 $a+(n-1)b$,然后各行减去第一行的 b 倍,有

$$D=\begin{vmatrix}a+(n-1)b&a+(n-1)b&\cdots&a+(n-1)b\\b&a&\cdots&b\\\vdots&\vdots&&\vdots\\b&b&\cdots&a\end{vmatrix}$$

$$=[a+(n-1)b]\begin{vmatrix}1&1&\cdots&1\\b&a&\cdots&b\\\vdots&\vdots&&\vdots\\b&b&\cdots&a\end{vmatrix}$$

$$=[a+(n-1)b]\begin{vmatrix}1&1&\cdots&1\\0&a-b&\cdots&0\\\vdots&\vdots&&\vdots\\0&0&\cdots&a-b\end{vmatrix}$$

$$=[a+(n-1)b](a-b)^{n-1}.$$

例3.11 解方程

$$\begin{vmatrix} a_1 & a_2 & a_3 & \cdots & a_{n-1} & a_n \\ a_1 & a_1+a_2-x & a_3 & \cdots & a_{n-1} & a_n \\ a_1 & a_2 & a_2+a_3-x & \cdots & a_{n-1} & a_n \\ \vdots & \vdots & \vdots & & \vdots & \vdots \\ a_1 & a_2 & a_3 & \cdots & a_{n-2}+a_{n-1}-x & a_n \\ a_1 & a_2 & a_3 & \cdots & a_{n-1} & a_{n-1}+a_n-x \end{vmatrix}=0.\ (a_1\neq 0)$$

解 把方程左边的行列式,第一行乘以(-1)加到其余各行上,得

$$\begin{vmatrix} a_1 & a_2 & a_3 & \cdots & a_{n-1} & a_n \\ 0 & a_1-x & 0 & \cdots & 0 & 0 \\ 0 & 0 & a_2-x & \cdots & 0 & 0 \\ \vdots & \vdots & \vdots & & \vdots & \vdots \\ 0 & 0 & 0 & \cdots & a_{n-2}-x & 0 \\ 0 & 0 & 0 & \cdots & 0 & a_{n-1}-x \end{vmatrix}=a_1(a_1-x)(a_2-x)\cdots(a_{n-1}-x).$$

原方程化为$a_1(a_1-x)(a_2-x)\cdots(a_{n-1}-x)=0$.

故方程有$n-1$个解$x_1=a_1,x_2=a_2,\cdots,x_{n-1}=a_{n-1}$.

例3.12 求经过点$\left(1,\dfrac{4\sqrt{2}}{3}\right)$和$\left(-\dfrac{3\sqrt{7}}{4}\right)$,且焦点在$x$轴上的椭圆方程.

解 设椭圆方程为$\dfrac{x^2}{a^2}+\dfrac{y^2}{b^2}=1$,若点$(x_1,y_1)$和$(x_2,y_2)$在椭圆上,则

$$\begin{cases} x^2\cdot\dfrac{1}{a^2}+y^2\cdot\dfrac{1}{b^2}-1=0 \\ x_1^2\cdot\dfrac{1}{a^2}+y_1^2\cdot\dfrac{1}{b}-1=0 \\ x_2^2\cdot\dfrac{1}{a^2}+y_2^2\cdot\dfrac{1}{b}-1=0 \end{cases}.$$

将其看成关于$\dfrac{1}{a^2},\dfrac{1}{b^2}$和$-1$的齐次线性方程组,因为它有非零解,所以椭圆方程可写成

$\begin{vmatrix} x^2 & y^2 & 1 \\ x_1^2 & y_1^2 & 1 \\ x_2^2 & y_2^2 & 1 \end{vmatrix}=0$,代值$\begin{vmatrix} x^2 & y^2 & 1 \\ 1 & \dfrac{32}{9} & 1 \\ \dfrac{63}{16} & \dfrac{9}{4} & 1 \end{vmatrix}=0$,即

$$\begin{vmatrix} \dfrac{32}{9} & 1 \\ \dfrac{9}{4} & 1 \end{vmatrix}x^2-\begin{vmatrix} 1 & 1 \\ \dfrac{63}{16} & 1 \end{vmatrix}y^2+\begin{vmatrix} 1 & \dfrac{32}{9} \\ \dfrac{63}{16} & \dfrac{9}{4} \end{vmatrix}=0,$$

解得$\frac{x^2}{9}+\frac{y^2}{4}=1$.

例 3.13 分解因式 x^3+x^2-x+2.

解 $x^3+x^2-x+2=x^2(x+1)-(x-2)$

$$=\begin{vmatrix} x^2 & x-2 \\ 1 & x+1 \end{vmatrix}\text{（第一列乘以 1 加到第二列）}$$

$$=\begin{vmatrix} x^2 & x^2+x-2 \\ 1 & x+2 \end{vmatrix}$$

$$=\begin{vmatrix} x^2 & (x+2)(x-1) \\ 1 & x+2 \end{vmatrix}\text{（提取公因式）}$$

$$=(x+2)\begin{vmatrix} x^2 & (x-1) \\ 1 & 1 \end{vmatrix}$$

$$=(x+2)(x^2-x+1).$$

注 计算行列式有下列方法：

①二阶、三阶行列式利用定义计算；

②利用展开式(3.3)计算，选择 0 元素较多的行（或列）进行展开；

③利用行列式的性质，化为三角行列式进行计算；

④先利用行列式的性质把某行（或列）化为只有一个元素不为零，再利用展开式(3.3)；交替使用性质、定理来计算.

习题 3.1

1. 计算下列行列式.

(1) $\begin{vmatrix} 5 & 2 \\ 7 & 3 \end{vmatrix}$；　　(2) $\begin{vmatrix} a & a^2 \\ b & ab \end{vmatrix}$；

(3) $\begin{vmatrix} 0 & 0 \\ 1 & 1 \end{vmatrix}$；　　(4) $\begin{vmatrix} -1 & 3 & 2 \\ 3 & 5 & -1 \\ 2 & -1 & 6 \end{vmatrix}$；

(5) $\begin{vmatrix} 6 & 0 & 8 & 0 \\ 5 & -1 & 3 & -2 \\ 0 & 2 & 0 & 0 \\ 1 & 0 & 4 & -3 \end{vmatrix}$；　　(6) $\begin{vmatrix} 3 & 1 & 1 & 1 \\ 1 & 3 & 1 & 1 \\ 1 & 1 & 3 & 1 \\ 1 & 1 & 1 & 3 \end{vmatrix}$；

(7) $\begin{vmatrix} 3 & 1 & -1 & 2 \\ -5 & 1 & 3 & -4 \\ 2 & 0 & 1 & -1 \\ 1 & -5 & 3 & -3 \end{vmatrix}$；　　(8) $\begin{vmatrix} 1 & 1 & 1 \\ a & b & c \\ b+c & c+a & a+b \end{vmatrix}$；

(9) $\begin{vmatrix} a+b & a & a & a \\ a & a+c & a & a \\ a & a & a+d & a \\ a & a & a & a \end{vmatrix}$；　　(10) $\begin{vmatrix} x & y & 0 & 0 \\ 0 & x & y & 0 \\ 0 & 0 & x & y \\ y & 0 & 0 & x \end{vmatrix}$.

2. 写出三阶行列式 $D=\begin{vmatrix} -2 & 5 & 7 \\ 11 & -1 & 0 \\ 3 & -8 & 4 \end{vmatrix}$ 中元素 a_{22}, a_{32} 的代数余子式,并求其值.

3. 已知四阶行列式 D 中,第三列元素依次为 $-1,2,0,1$,它们的余子式依次为 $5,3,-7,4$,求 D.

4. 设行列式 $D=\begin{vmatrix} 1 & 2 & 2 & 4 \\ 1 & 0 & 0 & 2 \\ 3 & -1 & -4 & 0 \\ 1 & 2 & -1 & 5 \end{vmatrix}$,分别按 D 的第二行和第四列展开,并计算其值.

5. 解下列方程.

(1) $\begin{vmatrix} 2 & 2 & 4 & 6 \\ 1 & 2-x^2 & 2 & 3 \\ 1 & 3 & 1 & 5 \\ -1 & -3 & -1 & x^2-9 \end{vmatrix}=0$;　　(2) $\begin{vmatrix} 0 & 1 & x & 1 \\ 1 & 0 & 1 & x \\ x & 1 & 0 & 1 \\ 1 & x & 1 & 0 \end{vmatrix}=0$.

6. 计算 n 阶行列式 $D=\begin{vmatrix} x & a & \cdots & a & a \\ a & x & \cdots & a & a \\ \vdots & \vdots & & \vdots & \vdots \\ a & a & \cdots & x & a \\ a & a & \cdots & a & x \end{vmatrix}$.

3.2 矩阵及其初等变换

矩阵是一个重要的数学工具,是进行网络设计、电路分析等强有力的数学工具,也是利用计算机进行数据处理和分析的数学基础. 在日常生活中,矩阵无时无刻不出现在我们的身边,例如生产管理中的生产成本问题、人口的流动和迁徙、密码学、图论、生态统计学,以及在化工、医药、日常膳食等方面都经常涉及的配方问题、超市物品配送路径等都和矩阵息息相关. 本节主要介绍矩阵的概念、运算及应用广泛的初等变换.

3.2.1 矩阵的概念

在许多问题中,我们会遇到一些变量要用另外一些变量线性表示.

设变量 $y_1,y_2,\cdots,y_m$ 能用变量 $x_1,x_2,\cdots,x_n$ 线性表示,即

$$\begin{cases} y_1=a_{11}x_1+a_{12}x_2+\cdots+a_{1n}x_n \\ y_2=a_{21}x_1+a_{22}x_2+\cdots+a_{2n}x_n \\ \qquad\vdots \\ y_m=a_{m1}x_1+a_{m2}x_2+\cdots+a_{mn}x_n \end{cases}. \tag{3.4}$$

其中 a_{ij} 为常数($i=1,2,\cdots,m;j=1,2,\cdots,n$),这种从变量 $x_1,x_2,\cdots,x_n$ 到变量 $y_1,y_2,\cdots,y_m$ 的

变换叫作线性变换.

这种变换取决于变量 $x_1,x_2,\cdots,x_n$ 的系数,这些系数按它们在变换中原来的顺序构成一个矩形数表

$$\begin{pmatrix} a_{11} & a_{12} & \cdots & a_{1n} \\ a_{21} & a_{22} & \cdots & a_{2n} \\ \vdots & \vdots & & \vdots \\ a_{m1} & a_{m2} & \cdots & a_{mn} \end{pmatrix}.$$

又如,在物资调运中,某物资有 2 个产地上海、南京,3 个销售地广州、深圳、厦门,调运方案见表 3.1.

表 3.1

产地	销售地		
	广州	深圳	厦门
上海	17	25	20
南京	26	32	23

这个调运方案可以简写成一个 2 行 3 列的数表

$$\begin{pmatrix} 17 & 25 & 20 \\ 26 & 32 & 23 \end{pmatrix}.$$

下面给出矩阵的定义.

定义 3.4 由 $m\times n$ 个数 $a_{ij}(i=1,2,\cdots,m;j=1,2,\cdots,n)$ 排成一个 m 行 n 列的矩形数表

$$\begin{pmatrix} a_{11} & a_{12} & \cdots & a_{1n} \\ a_{21} & a_{22} & \cdots & a_{2n} \\ \vdots & \vdots & & \vdots \\ a_{m1} & a_{m2} & \cdots & a_{mn} \end{pmatrix} \text{或} \begin{bmatrix} a_{11} & a_{12} & \cdots & a_{1n} \\ a_{21} & a_{22} & \cdots & a_{2n} \\ \vdots & \vdots & & \vdots \\ a_{m1} & a_{m2} & \cdots & a_{mn} \end{bmatrix}$$

称为 m 行 n 列矩阵,简称为 $m\times n$ 矩阵. 其中 a_{ij} 叫作矩阵的第 i 行第 j 列的元素,i 称为元素 a_{ij} 的行标,j 称为元素 a_{ij} 的列标. 通常用大写字母 $\boldsymbol{A},\boldsymbol{B},\boldsymbol{C},\cdots$或$(a_{ij})\cdots$表示矩阵,例如上述矩阵可以记作 $\boldsymbol{A}$ 或$\boldsymbol{A}_{m\times n}$,有时也记作 $\boldsymbol{A}=(a_{ij})_{m\times n}$.

几种特殊的矩阵:

①方阵. 矩阵 $\boldsymbol{A}$ 的行数与列数相等,即 $m=n$ 时,矩阵 $\boldsymbol{A}$ 称为 n 阶方阵,记作$\boldsymbol{A}_n$,左上角到右下角的连线称为主对角线,主对角线上的元素 $a_{11},a_{22},\cdots,a_{nn}$称为主对角线元素.

②行矩阵. 只有一行的矩阵 $\boldsymbol{A}=(a_{11}\quad a_{12}\quad \cdots \quad a_{1n})$ 称为行矩阵.

③列矩阵. 只有一列的矩阵 $\boldsymbol{A}=\begin{pmatrix} a_{11} \\ a_{21} \\ \vdots \\ a_{m1} \end{pmatrix}$称为列矩阵.

④零矩阵. 所以元素全为零的矩阵称为零矩阵,记作$\boldsymbol{O}_{m\times n}$或 $\boldsymbol{O}$.

⑤对角矩阵. 除主对角线外,其他元素全为零的方阵称为对角矩阵. 为了方便,采用如下记号

$$\boldsymbol{A}=\begin{pmatrix} a_{11} & & & \\ & a_{22} & & \\ & & \ddots & \\ & & & a_{nn} \end{pmatrix}.$$

⑥单位矩阵. 主对角线上的元素全为 1 的对角矩阵称为单位矩阵,记作$\boldsymbol{E}_n$ 或 $\boldsymbol{E}$.

⑦三角矩阵. 主对角线以下(上)的元素全为零的方阵称为上(下)三角矩阵.

$$\boldsymbol{A}=\begin{pmatrix} a_{11} & a_{12} & \cdots & a_{1n} \\ & a_{22} & \cdots & a_{2n} \\ & & \ddots & \vdots \\ & & & a_{nn} \end{pmatrix}$$为上三角矩阵.

$$\boldsymbol{A}=\begin{pmatrix} a_{11} & & & \\ a_{21} & a_{22} & & \\ \vdots & \vdots & \ddots & \\ a_{n1} & a_{n2} & \cdots & a_{nn} \end{pmatrix}$$为下三角矩阵.

⑧对称矩阵. 满足条件 $a_{ij}=a_{ji}(i,j=1,2,\cdots,n)$的方阵$(a_{ij})_{n\times n}$称为对称矩阵.

⑨数量矩阵. 主对角线上元素都是非零常数 a,其余元素全都是零的 n 阶矩阵,称为 n 阶数量矩阵.

⑩负矩阵. 在矩阵 $\boldsymbol{A}=(a_{ij})_{m\times n}$中的各个元素的前面都添加上符号(即取相反数)得到的矩阵,称为 $\boldsymbol{A}$ 的负矩阵,记为 $-\boldsymbol{A}$,即 $-\boldsymbol{A}=(-a_{ij})_{m\times n}$.

注 矩阵与行列式是有本质区别的. 行列式是一个算式,而矩阵是一个数表,它的行数和列数可以不同. 对于 n 阶方阵 $\boldsymbol{A}$,有时也要计算它的行列式(记为 $\det \boldsymbol{A}$ 或$|\boldsymbol{A}|$),但方阵 $\boldsymbol{A}$ 和方阵行列式$|\boldsymbol{A}|$是不同的概念.

3.2.2 矩阵的运算

(1)矩阵的相等

如果两个矩阵 $\boldsymbol{A},\boldsymbol{B}$ 行数和列数分别相同,且它们对应位置上的元素也相等,即 $a_{ij}=b_{ij}$,$(i=1,2,\cdots,m;j=1,2,\cdots,n)$,则称矩阵 $\boldsymbol{A},\boldsymbol{B}$ 相等,记作 $\boldsymbol{A}=\boldsymbol{B}$.

(2)矩阵的加(减)法

设 $\boldsymbol{A}=(a_{ij})_{m\times n}$,$\boldsymbol{B}=(b_{ij})_{m\times n}$是两个 $m\times n$ 矩阵,规定:

$$\boldsymbol{A}+\boldsymbol{B}=(a_{ij}+b_{ij})_{m\times n}=\begin{pmatrix} a_{11}+b_{11} & a_{12}+b_{12} & \cdots & a_{1n}+b_{1n} \\ a_{21}+b_{21} & a_{22}+b_{22} & \cdots & a_{2n}+b_{2n} \\ \vdots & \vdots & & \vdots \\ a_{m1}+b_{m1} & a_{m2}+b_{m2} & \cdots & a_{mn}+b_{mn} \end{pmatrix}$$

称矩阵 $\boldsymbol{A}+\boldsymbol{B}$ 为 $\boldsymbol{A}$ 与 $\boldsymbol{B}$ 的和.

如果 $\boldsymbol{A}=(a_{ij})_{m\times n}$,$\boldsymbol{B}=(b_{ij})_{m\times n}$,由矩阵加法运算和负矩阵的概念,我们规定:

$$\boldsymbol{A}-\boldsymbol{B}=\boldsymbol{A}+(-\boldsymbol{B})=(a_{ij})_{m\times n}+(-b_{ij})_{m\times n}=(a_{ij}-b_{ij})_{m\times n},$$

称矩阵 $\boldsymbol{A}-\boldsymbol{B}$ 为 $\boldsymbol{A}$ 与 $\boldsymbol{B}$ 的差.

(3)矩阵的数乘

设 k 是任意一个实数,$\boldsymbol{A}$ 是一个 $m\times n$ 矩阵,k 与 $\boldsymbol{A}$ 的乘积为

$$k\boldsymbol{A}=(ka_{ij})_{m\times n}=\begin{pmatrix} ka_{11} & ka_{12} & \cdots & ka_{1n} \\ ka_{21} & ka_{22} & \cdots & ka_{2n} \\ \vdots & \vdots & & \vdots \\ ka_{m1} & ka_{m2} & \cdots & ka_{mn} \end{pmatrix}.$$

矩阵的加(减)法与矩阵的数乘叫作矩阵的线性运算.

设 $\boldsymbol{A},\boldsymbol{B},\boldsymbol{C},\boldsymbol{O}$ 都是 $m\times n$ 矩阵,不难验证,矩阵的线性运算满足下列运算规律:

①交换律　$\boldsymbol{A}+\boldsymbol{B}=\boldsymbol{B}+\boldsymbol{A}$;

②结合律　$\boldsymbol{A}+(\boldsymbol{B}+\boldsymbol{C})=(\boldsymbol{A}+\boldsymbol{B})+\boldsymbol{C}$;

③分配律　$k(\boldsymbol{A}+\boldsymbol{B})=k\boldsymbol{A}+k\boldsymbol{B}$;

$(k+l)\boldsymbol{A}=k\boldsymbol{A}+l\boldsymbol{A}\quad(k,l\in R)$;

④数乘矩阵的结合律　$k(l\boldsymbol{A})=(kl)\boldsymbol{A}$.

例 3.14　设 $\boldsymbol{A}=\begin{pmatrix} 2 & 5 \\ -1 & 3 \\ 2 & 0 \end{pmatrix}$,$\boldsymbol{B}=\begin{pmatrix} -3 & 4 \\ -2 & 0 \\ 2 & 5 \end{pmatrix}$,求 $2\boldsymbol{A}-3\boldsymbol{B}$.

解　$2\boldsymbol{A}-3\boldsymbol{B}=2\begin{pmatrix} 2 & 5 \\ -1 & 3 \\ 2 & 0 \end{pmatrix}-3\begin{pmatrix} -3 & 4 \\ -2 & 0 \\ 2 & 5 \end{pmatrix}$

$$=\begin{pmatrix} 4 & 10 \\ -2 & 6 \\ 4 & 0 \end{pmatrix}-\begin{pmatrix} -9 & 12 \\ -6 & 0 \\ 6 & 15 \end{pmatrix}$$

$$=\begin{pmatrix} 13 & -2 \\ 4 & 6 \\ -2 & -15 \end{pmatrix}.$$

例 3.15　设矩阵 $\boldsymbol{X}$,满足 $\begin{pmatrix} 1 & 2 & 4 \\ 2 & 0 & 1 \end{pmatrix}+2\boldsymbol{X}=3\begin{pmatrix} 3 & -1 & 2 \\ 1 & 2 & 5 \end{pmatrix}$,求 $\boldsymbol{X}$.

解　由题可得

$$2\boldsymbol{X}=3\begin{pmatrix}3&-1&2\\1&2&5\end{pmatrix}-\begin{pmatrix}1&2&4\\2&0&1\end{pmatrix},$$

即

$$2\boldsymbol{X}=\begin{pmatrix}8&-5&2\\1&6&14\end{pmatrix},$$

所以

$$\boldsymbol{X}=\begin{pmatrix}4&-\frac{5}{2}&1\\\frac{1}{2}&3&7\end{pmatrix}.$$

例 3.16 已知网络双端口参数矩阵 $\boldsymbol{A},\boldsymbol{B}$ 满足 $\begin{cases}2\boldsymbol{A}+2\boldsymbol{B}=\boldsymbol{C}\\2\boldsymbol{A}-2\boldsymbol{B}=\boldsymbol{D}\end{cases}$,其中 $\boldsymbol{C}=\begin{pmatrix}7&10&-2\\1&-5&-10\end{pmatrix}$,$\boldsymbol{D}=\begin{pmatrix}5&-2&-6\\-5&-15&-14\end{pmatrix}$. 求参数矩阵 $\boldsymbol{A},\boldsymbol{B}$.

解 由 $\begin{cases}2\boldsymbol{A}+2\boldsymbol{B}=\boldsymbol{C}\\2\boldsymbol{A}-2\boldsymbol{B}=\boldsymbol{D}\end{cases}$ 可得 $\boldsymbol{A}=\frac{1}{4}(\boldsymbol{C}+\boldsymbol{D}),\boldsymbol{B}=\frac{1}{4}(\boldsymbol{C}-\boldsymbol{D})$.

所以

$$\boldsymbol{A}=\frac{1}{4}(\boldsymbol{C}+\boldsymbol{D})=\frac{1}{4}\left(\begin{pmatrix}7&10&-2\\1&-5&-10\end{pmatrix}+\begin{pmatrix}5&-2&-6\\-5&-15&-14\end{pmatrix}\right)=\begin{pmatrix}3&2&-2\\-1&-5&-6\end{pmatrix}.$$

$$\boldsymbol{B}=\frac{1}{4}(\boldsymbol{C}-\boldsymbol{D})=\frac{1}{4}\left(\begin{pmatrix}7&10&-2\\1&-5&-10\end{pmatrix}-\begin{pmatrix}5&-2&-6\\-5&-15&-14\end{pmatrix}\right)=\begin{pmatrix}\frac{1}{2}&3&1\\\frac{3}{2}&\frac{5}{2}&1\end{pmatrix}.$$

(4)矩阵的乘法

例 3.17 设有两家连锁超市出售 3 种奶粉,某日销售量(单位:包)见表 3.2,每种奶粉的单价和利润见表 3.3. 求各超市出售奶粉的总收入和总利润.

表 3.2

货类 / 超市	奶粉Ⅰ	奶粉Ⅱ	奶粉Ⅲ
甲	5	8	10
乙	7	5	6

表 3.3

	单价/元	利润/元
奶粉Ⅰ	15	3
奶粉Ⅱ	12	2
奶粉Ⅲ	20	4

解 各个超市奶粉的总收入 = 奶粉Ⅰ数量 × 单价 + 奶粉Ⅱ数量 × 单价 + 奶粉Ⅲ数量 × 单价.

分析如表 3.4 所示：

表 3.4

	总收入/元	总利润/元
超市甲	5×15+8×12+10×20	5×3+8×2+10×4
超市乙	7×15+5×12+6×20	7×3+5×2+6×4

设 $\boldsymbol{A}=\begin{pmatrix}5 & 8 & 10\\7 & 5 & 6\end{pmatrix}$，$\boldsymbol{B}=\begin{pmatrix}15 & 3\\12 & 2\\20 & 4\end{pmatrix}$，$\boldsymbol{C}$ 为各超市出售奶粉的总收入和总利润，则

$$\boldsymbol{C}=\begin{pmatrix}5\times15+8\times12+10\times20 & 5\times3+8\times2+10\times4\\7\times15+5\times12+6\times20 & 7\times3+5\times2+6\times4\end{pmatrix}=\begin{pmatrix}371 & 71\\285 & 55\end{pmatrix}.$$

矩阵 $\boldsymbol{C}$ 中第 1 行第 1 列的元素等于矩阵 $\boldsymbol{A}$ 第 1 行元素与矩阵 $\boldsymbol{B}$ 的第 1 列对应元素乘积之和. 同样，矩阵 $\boldsymbol{C}$ 中第 i 行第 j 列的元素等于矩阵 $\boldsymbol{A}$ 第 i 行元素与矩阵 $\boldsymbol{B}$ 的第 j 列对应元素乘积之和.

定义 3.5 设 $\boldsymbol{A}$ 是一个 $m\times s$ 矩阵，$\boldsymbol{B}$ 是一个 $s\times n$ 矩阵，则由元素

$$c_{ij}=a_{i1}b_{1j}+a_{i2}b_{2j}+\cdots+a_{is}b_{sj}\qquad(i=1,2,\cdots,m;j=1,2,\cdots,n)$$

构成的 $m\times n$ 矩阵 $\boldsymbol{C}=(c_{ij})_{m\times n}$，称为矩阵 $\boldsymbol{A}$ 与矩阵 $\boldsymbol{B}$ 的乘积，记作 $\boldsymbol{C}=\boldsymbol{AB}$.

例 3.18 设矩阵 $\boldsymbol{A}=\begin{pmatrix}2 & -1\\-4 & 0\\3 & 5\end{pmatrix}$，$\boldsymbol{B}=\begin{pmatrix}9 & -8\\-7 & 10\end{pmatrix}$，求 $\boldsymbol{AB}$.

解
$$\begin{aligned}\boldsymbol{AB}&=\begin{pmatrix}2 & -1\\-4 & 0\\3 & 5\end{pmatrix}\begin{pmatrix}9 & -8\\-7 & 10\end{pmatrix}\\&=\begin{pmatrix}2\times9+(-1)\times(-7) & 2\times(-8)+(-1)\times10\\-4\times9+0\times(-7) & -4\times(-8)+0\times10\\3\times9+5\times(-7) & 3\times(-8)+5\times10\end{pmatrix}\\&=\begin{pmatrix}25 & -26\\-36 & 32\\-8 & 26\end{pmatrix}.\end{aligned}$$

例 3.19 设矩阵 $\boldsymbol{A}=\begin{pmatrix}6 & 3\\2 & 1\end{pmatrix}$，$\boldsymbol{B}=\begin{pmatrix}-2 & 6\\1 & -3\end{pmatrix}$，$\boldsymbol{C}=\begin{pmatrix}-1 & 5\\-1 & -1\end{pmatrix}$，求 $\boldsymbol{AB}$ 和 $\boldsymbol{AC}$.

解 $\boldsymbol{AB}=\begin{pmatrix}6 & 3\\2 & 1\end{pmatrix}\begin{pmatrix}-2 & 6\\1 & -3\end{pmatrix}=\begin{pmatrix}-9 & 27\\-3 & 9\end{pmatrix}$，

$\boldsymbol{BA}=\begin{pmatrix}-2 & 6\\1 & -3\end{pmatrix}\begin{pmatrix}6 & 3\\2 & 1\end{pmatrix}=\begin{pmatrix}0 & 0\\0 & 0\end{pmatrix}$，

$$AC=\begin{pmatrix}6&3\\2&1\end{pmatrix}\begin{pmatrix}-1&5\\-1&-1\end{pmatrix}=\begin{pmatrix}-9&27\\-3&9\end{pmatrix}.$$

注 ① 矩阵乘法一般不满足交换律，因此，矩阵相乘时必须注意顺序，$\boldsymbol{AB}$ 叫作(用)$\boldsymbol{A}$ 左乘 $\boldsymbol{B}$，$\boldsymbol{BA}$ 叫作(用)$\boldsymbol{A}$ 右乘 $\boldsymbol{B}$，一般 $\boldsymbol{AB}\neq\boldsymbol{BA}$.

② 两个非零矩阵的乘积可能是零矩阵.

③ 矩阵乘法不满足消去律. 即当乘积矩阵 $\boldsymbol{AB}=\boldsymbol{AC}$ 且 $\boldsymbol{A}\neq\boldsymbol{O}$ 时，不能消去矩阵 $\boldsymbol{A}$，得到$\boldsymbol{B}=\boldsymbol{C}$.

④ 若 $\boldsymbol{A}$ 是一个 n 阶方阵，则$\boldsymbol{A}^m=\underbrace{\boldsymbol{AA}\cdots\boldsymbol{A}}_{m个\boldsymbol{A}}$称为 $\boldsymbol{A}$ 的 m 次幂.

不难验证，矩阵乘法满足下列运算规律：

①结合律 $(\boldsymbol{AB})\boldsymbol{C}=\boldsymbol{A}(\boldsymbol{BC})$；

②分配律 $\boldsymbol{A}(\boldsymbol{B}+\boldsymbol{C})=\boldsymbol{AB}+\boldsymbol{AC}$，

$(\boldsymbol{A}+\boldsymbol{B})\boldsymbol{C}=\boldsymbol{AC}+\boldsymbol{BC}$；

③数乘矩阵的结合律 $(k\boldsymbol{A})\boldsymbol{B}=\boldsymbol{A}(k\boldsymbol{B})=k(\boldsymbol{AB})$.

例 3.20 某工厂生产 3 种产品 A、B、C. 每种产品的原料费、支付员工工资、管理费和其他费用等见表 3.5，每季度生产每种产品的数量见表 3.6。财务人员需要用表格形势直观地向部门经理展示以下数据：每一季度中每一类成本的数量、每一季度三类成本的总数量、4 个季度每类成本的总数量.

表 3.5 单位：元

成本	产品		
	A	B	C
原料费用	10	20	15
支付工资	30	40	20
管理及其他费用	10	15	10

表 3.6 单位：件

产品	季度			
	春季	夏季	秋季	冬季
A	2 000	3 000	2 500	2 000
B	2 800	4 800	3 700	3 000
C	2 500	3 500	4 000	2 000

解 我们用矩阵的方法考虑这个问题. 两张表格的数据都可以表示成一个矩阵. 如下所示：

$$\boldsymbol{M}=\begin{pmatrix}10&20&15\\30&40&20\\10&15&10\end{pmatrix}.$$

通过矩阵的乘法运算得到

$$\boldsymbol{MN}=\begin{pmatrix}113\,500 & 178\,500 & 159\,000 & 110\,000\\ 222\,000 & 352\,000 & 303\,000 & 220\,000\\ 87\,000 & 110\,000 & 120\,500 & 85\,000\end{pmatrix},$$

$$\boldsymbol{N}=\begin{pmatrix}2\,000 & 3\,000 & 2\,500 & 2\,000\\ 2\,800 & 4\,800 & 3\,700 & 3\,000\\ 2\,500 & 3\,500 & 4\,000 & 2\,000\end{pmatrix}.$$

$\boldsymbol{MN}$ 的第 1 行元素表示了 4 个季度中每个季度的原料总成本;

$\boldsymbol{MN}$ 的第 2 行元素表示了 4 个季度中每个季度的支付工资总成本;

$\boldsymbol{MN}$ 的第 3 行元素表示了 4 个季度中每个季度的管理及其他总成本.

$\boldsymbol{MN}$ 的第 1 列表示了春季生产 3 种产品的总成本;

$\boldsymbol{MN}$ 的第 2 列表示了夏季生产 3 种产品的总成本;

$\boldsymbol{MN}$ 的第 3 列表示了秋季生产 3 种产品的总成本;

$\boldsymbol{MN}$ 的第 4 列表示了冬季生产 3 种产品的总成本.

对总成本进行汇总,每一类成本的年度总成本由矩阵的每一行元素相加得到,每一季度的总成本可由每一列相加得到,如表 3.7 所示.

表 3.7

	季度				
	春季	夏季	秋季	冬季	全年
原料费	113 500	178 500	159 000	110 000	561 000
支付工资	222 000	352 000	303 000	220 000	1 097 000
管理费及其他	87 000	110 000	120 500	85 000	402 500
合计	422 500	640 500	582 500	415 000	2 060 500

这样,我们就利用矩阵的乘法把多个数据表汇总成一个数据表,从而比较直观地反映了该工厂生产的成本.

(5)n 阶方阵的行列式

为了进一步讨论矩阵的性质,我们还需要引入 n 阶方阵的行列式的概念.

定义 3.6　设 n 阶方阵

$$\boldsymbol{A}=\begin{pmatrix}a_{11} & a_{12} & \cdots & a_{1n}\\ a_{21} & a_{22} & \cdots & a_{2n}\\ \vdots & \vdots & & \vdots\\ a_{n1} & a_{n2} & \cdots & a_{nn}\end{pmatrix},$$

则称对应的行列式

$$\begin{vmatrix} a_{11} & a_{12} & \cdots & a_{1n} \\ a_{21} & a_{22} & \cdots & a_{2n} \\ \vdots & \vdots & & \vdots \\ a_{n1} & a_{n2} & \cdots & a_{nn} \end{vmatrix}$$

为方阵 $\boldsymbol{A}$ 的行列式,记为 $\det\boldsymbol{A}$.

关于方阵的行列式有下面重要的定理.

定理 3.1　设 $\boldsymbol{A},\boldsymbol{B}$ 是任意两个 n 阶方阵,则 $\det(\boldsymbol{AB}) = \det\boldsymbol{A}\det\boldsymbol{B}$.

证明略. 此定理又称方阵行列式定理. 由此定理可知:

①方阵和行列式有如下关系:两个同阶方阵相乘的行列式等于这两个方阵的行列式相乘.

②两个同阶行列式相乘也可以先求相应的乘积矩阵,然后求这个乘积矩阵的行列式.

例 3.21　设

$$\boldsymbol{A} = \begin{pmatrix} 1 & 2 \\ -1 & 3 \end{pmatrix}, \boldsymbol{B} = \begin{pmatrix} 3 & 1 \\ 2 & 4 \end{pmatrix},$$

验证 $\det(\boldsymbol{AB}) = \det\boldsymbol{A}\det\boldsymbol{B}$.

解　因为

$$\boldsymbol{AB} = \begin{pmatrix} 1 & 2 \\ -1 & 3 \end{pmatrix}\begin{pmatrix} 3 & 1 \\ 2 & 4 \end{pmatrix} = \begin{pmatrix} 7 & 9 \\ 3 & 11 \end{pmatrix},$$

所以

$$\det(\boldsymbol{AB}) = \begin{vmatrix} 7 & 9 \\ 3 & 11 \end{vmatrix} = 50,$$

又因为

$$\det\boldsymbol{A} = \begin{vmatrix} 1 & 2 \\ -1 & 3 \end{vmatrix} = 5, \det\boldsymbol{B} = \begin{vmatrix} 3 & 1 \\ 2 & 4 \end{vmatrix} = 10,$$

所以

$$\det\boldsymbol{A}\det\boldsymbol{B} = 5 \times 10 = 50 = \det(\boldsymbol{AB}).$$

例 3.22　设

$$\boldsymbol{A} = \begin{pmatrix} 2 & 3 & 4 \\ 0 & 1 & 2 \\ 0 & 0 & -3 \end{pmatrix}, \boldsymbol{B} = \begin{pmatrix} 1 & 10 & -5 \\ 0 & 2 & 3 \\ 0 & 0 & 4 \end{pmatrix}$$

求 $\det(\boldsymbol{AB}), \det(\boldsymbol{A}+\boldsymbol{B}), \det\boldsymbol{A} + \det\boldsymbol{B}, \det(3\boldsymbol{A})$.

解　$\det(\boldsymbol{AB}) = \det\boldsymbol{A}\det\boldsymbol{B} = 2 \times 1 \times (-3) \times 1 \times 2 \times 4 = -48.$

$$\det(\boldsymbol{A}+\boldsymbol{B}) = \begin{vmatrix} 3 & 13 & -1 \\ 0 & 3 & 5 \\ 0 & 0 & 1 \end{vmatrix} = 3 \times 3 \times 1 = 9.$$

$\det\boldsymbol{A} + \det\boldsymbol{B} = -6 + 8 = 2.$

$$\det(3\boldsymbol{A})=\begin{vmatrix}6&9&12\\0&3&6\\0&0&-9\end{vmatrix}=6\times3\times(-9)=-162.$$

由例子 3.21 和例 3.22 可知,一般地

①$\det(\boldsymbol{A}+\boldsymbol{B})\neq\det\boldsymbol{A}+\det\boldsymbol{B}$;

②$\det(k\boldsymbol{A})\neq k\det\boldsymbol{A}$,而有 $\det(k\boldsymbol{A})=k^n\det\boldsymbol{A}$($\boldsymbol{A}$ 为 n 阶方阵)(留给读者自行证明).

(6)矩阵的转置

定义 3.7 将 $m\times n$ 型矩阵 $\boldsymbol{A}=(a_{ij})_{m\times n}$ 的行与列互换得到的 $n\times m$ 型矩阵,称为矩阵 $\boldsymbol{A}$ 的转置矩阵,记为$\boldsymbol{A}^{\mathrm{T}}$. 即如果

$$\boldsymbol{A}=\begin{pmatrix}a_{11}&a_{12}&\cdots&a_{1n}\\a_{21}&a_{22}&\cdots&a_{2n}\\\vdots&\vdots&&\vdots\\a_{m1}&a_{m2}&\cdots&a_{mn}\end{pmatrix},$$

则

$$\boldsymbol{A}^{\mathrm{T}}=\begin{pmatrix}a_{11}&a_{21}&\cdots&a_{m1}\\a_{12}&a_{22}&\cdots&a_{m2}\\\vdots&\vdots&&\vdots\\a_{1n}&a_{2n}&\cdots&a_{mn}\end{pmatrix}.$$

容易验证,转置矩阵具有下列性质:

①$(\boldsymbol{A}^{\mathrm{T}})^{\mathrm{T}}=\boldsymbol{A}$;

②$(k\boldsymbol{A})^{\mathrm{T}}=k\,\boldsymbol{A}^{\mathrm{T}}$;

③$(\boldsymbol{A}+\boldsymbol{B})^{\mathrm{T}}=\boldsymbol{A}^{\mathrm{T}}+\boldsymbol{B}^{\mathrm{T}}$;

④$(\boldsymbol{A}\boldsymbol{B})^{\mathrm{T}}=\boldsymbol{B}^{\mathrm{T}}\boldsymbol{A}^{\mathrm{T}}$.

例 3.23 若

$$\boldsymbol{A}=\begin{pmatrix}1&-1&3\\2&0&1\end{pmatrix},\boldsymbol{C}=\begin{pmatrix}-1&3\\2&1\\0&2\end{pmatrix},$$

求$\boldsymbol{AC}$,$\boldsymbol{CA}$ 以及$\boldsymbol{A}^{\mathrm{T}}$,$\boldsymbol{C}^{\mathrm{T}}$.

解 利用矩阵乘法,有

$$\begin{aligned}\boldsymbol{AC}&=\begin{pmatrix}1&-1&3\\2&0&1\end{pmatrix}\begin{pmatrix}-1&3\\2&1\\0&2\end{pmatrix}\\&=\begin{pmatrix}1\times(-1)+(-1)\times2+3\times0&1\times3+(-1)\times1+3\times2\\2\times(-1)+0\times2+1\times0&2\times3+0\times1+1\times2\end{pmatrix}\\&=\begin{pmatrix}-3&8\\-2&8\end{pmatrix}.\end{aligned}$$

$$\boldsymbol{CA}=\begin{pmatrix}-1&3\\2&1\\0&2\end{pmatrix}\begin{pmatrix}1&-1&3\\2&0&1\end{pmatrix}$$

$$=\begin{pmatrix}(-1)\times1+3\times2&(-1)\times(-1)+3\times0&(-1)\times3+3\times1\\2\times1+1\times2&2\times(-1)+1\times0&2\times3+1\times1\\0\times1+2\times2&0\times(-1)+2\times0&0\times3+2\times1\end{pmatrix}$$

$$=\begin{pmatrix}5&1&0\\4&-2&7\\4&0&2\end{pmatrix}.$$

由转置矩阵的定义,有

$$\boldsymbol{A}^{\mathrm{T}}=\begin{pmatrix}1&2\\-1&0\\3&1\end{pmatrix},\qquad \boldsymbol{C}^{\mathrm{T}}=\begin{pmatrix}-1&2&0\\3&1&2\end{pmatrix}.$$

例 3.24 设 $\boldsymbol{A}$ 是 n 阶方阵,且满足 $\boldsymbol{AA}^{\mathrm{T}}=\boldsymbol{E}$,$\det\boldsymbol{A}=-1$,证明 $\det(\boldsymbol{E}+\boldsymbol{A})=0$.

证 利用已知条件,因为

$$(\boldsymbol{E}+\boldsymbol{A})\boldsymbol{A}^{\mathrm{T}}=\boldsymbol{A}^{\mathrm{T}}+\boldsymbol{AA}^{\mathrm{T}}=\boldsymbol{A}^{\mathrm{T}}+\boldsymbol{E}=\boldsymbol{E}+\boldsymbol{A}^{\mathrm{T}}=(\boldsymbol{E}+\boldsymbol{A})^{\mathrm{T}},$$

所以

$$\det(\boldsymbol{E}+\boldsymbol{A})=\det(\boldsymbol{E}+\boldsymbol{A})^{\mathrm{T}}=\det((\boldsymbol{E}+\boldsymbol{A})\boldsymbol{A}^{\mathrm{T}})=\det(\boldsymbol{E}+\boldsymbol{A})\det\boldsymbol{A}^{\mathrm{T}}=-\det(\boldsymbol{E}+\boldsymbol{A}),$$

因此

$$\det(\boldsymbol{E}+\boldsymbol{A})=0.$$

3.2.3 矩阵的初等变换

在解线性方程组时,经常对方程实施下列 3 种变换:

①交换方程组中某两个方程的位置;

②用一个非零常数 k 乘以某一个方程;

③将某一个方程的 k 倍($k\neq0$)加到另一个方程上去.

显然,这 3 类变换并不会改变方程组的解,我们称这 3 种方程的运算为方程组的初等变换. 把这 3 类初等变换转移到矩阵上,就是矩阵的初等变换.

定义 3.8 对矩阵进行下列 3 种变换,称为矩阵的初等行变换:

①对换矩阵两行的位置;

②用一个非零的数 k 遍乘矩阵的某一行元素;

③将矩阵某一行的 k 倍数加到另一行上.

并称①为对换变换,称②为倍乘变换,称③为倍加变换.

在定义中,若把对矩阵施行的 3 种“行”变换,改为“列”变换,我们就能得到对矩阵的 3 种列变换,并将其称为矩阵的初等列变换. 矩阵的初等行变换和初等列变换统称为初等变换.

为了方便,引入记号:

行初等变换表示为:①$r_i\leftrightarrow r_j$;②$kr_i(k\neq0)$;③kr_i+r_j.

列初等变换表示为:①$c_i\leftrightarrow c_j$;②$kc_i(k\neq0)$;③kc_i+c_j.

定义 3.9 如果矩阵 $\boldsymbol{A}$ 经过若干次初等变换后变为 $\boldsymbol{B}$，则称 $\boldsymbol{A}$ 与 $\boldsymbol{B}$ 是等价的，记作 $\boldsymbol{A}\cong\boldsymbol{B}$. 显然，等价是同型矩阵间的一种关系，具有反身性、对称性、传递性.

定理 3.2 任意矩阵 $\boldsymbol{A}=(a_{ij})_{m\times n}$ 都可通过初等变换化为等价标准形，即

$$\boldsymbol{A}\cong\boldsymbol{D}=\begin{pmatrix}\boldsymbol{E}_r & \boldsymbol{K}\\ \boldsymbol{O} & \boldsymbol{O}\end{pmatrix}.$$

例 3.25 将矩阵 $\boldsymbol{A}=\begin{pmatrix}1 & 2 & 3 & 5\\ -1 & 0 & 1 & 1\\ 2 & 1 & 0 & 1\end{pmatrix}$ 化为等价标准形.

解
$$\boldsymbol{A}=\begin{pmatrix}1 & 2 & 3 & 5\\ -1 & 0 & 1 & 1\\ 2 & 1 & 0 & 1\end{pmatrix}\xrightarrow[-2r_1+r_3]{r_1+r_2}\begin{pmatrix}1 & 2 & 3 & 5\\ 0 & 2 & 4 & 6\\ 0 & -3 & -6 & -9\end{pmatrix}$$

$$\xrightarrow[\frac{1}{3}r_3]{\frac{1}{2}r_2}\begin{pmatrix}1 & 2 & 3 & 5\\ 0 & 1 & 2 & 3\\ 0 & -1 & -2 & -3\end{pmatrix}\xrightarrow[-2r_2+r_1]{r_2+r_3}\begin{pmatrix}1 & 0 & -1 & -1\\ 0 & 1 & 2 & 3\\ 0 & 0 & 0 & 0\end{pmatrix}.$$

定义 3.10 对单位矩阵 $\boldsymbol{E}$ 进行一次初等变换得到的矩阵，称为初等矩阵.

初等矩阵有 3 种：

①对矩阵 $\boldsymbol{E}$ 交换两行（或列）所得的初等矩阵；

$$\boldsymbol{E}(ij)=\begin{pmatrix}1 & & & & \\ & \ddots & & & \\ & & 0 & \cdots & 1 & & \\ & & \vdots & & \vdots & & \\ & & 1 & \cdots & 0 & & \\ & & & & & \ddots & \\ & & & & & & 1\end{pmatrix}\begin{matrix}\\ \\ i\\ \\ j\\ \\ \\ \end{matrix}$$

②对矩阵 $\boldsymbol{E}$ 的第 i 行（或列）乘以常数 k，得到的初等矩阵；

$$\boldsymbol{E}(i(k))=\begin{pmatrix}1 & & & \\ & \ddots & & \\ & & k & & \\ & & & \ddots & \\ & & & & 1\end{pmatrix}\begin{matrix}\\ \\ i\\ \\ \\ \end{matrix}$$

③对矩阵 $\boldsymbol{E}$ 的第 j 行（或列）乘以常数 k 加到第 i 行（或列）上，得到的初等矩阵；

$$\boldsymbol{E}(ij(l))=\begin{pmatrix}1 & & & & \\ & \ddots & & & \\ & & 1 & \cdots & k & & \\ & & \vdots & & \vdots & & \\ & & 0 & \cdots & 1 & & \\ & & & & & \ddots & \\ & & & & & & 1\end{pmatrix}\begin{matrix}\\ \\ i\\ \\ j\\ \\ \\ \end{matrix}$$

容易验证:对于矩阵 $\boldsymbol{E}$,左乘或右乘初等矩阵相当于对矩阵 $\boldsymbol{E}$ 作一次初等变换.

定理3.3 对 $m\times n$ 矩阵 $\boldsymbol{A}$ 的行(或列)作一次初等变换所得到的矩阵 $\boldsymbol{B}$,等于用一个相应的 m 阶(或 n 阶)初等矩阵左(或右)乘 $\boldsymbol{A}$.

例3.26 以矩阵 $\boldsymbol{A}=\begin{pmatrix}3 & 0 & 1\\1 & -1 & 2\\0 & 1 & 1\end{pmatrix}$为例验证定理3.3.

解 ①交换矩阵 $\boldsymbol{A}$ 的第2、3行,得到的矩阵$\boldsymbol{A}_1=\begin{pmatrix}3 & 0 & 1\\0 & 1 & 1\\1 & -1 & 2\end{pmatrix}$.

初等矩阵 $\boldsymbol{E}(23)=\begin{pmatrix}1 & 0 & 0\\0 & 0 & 1\\0 & 1 & 0\end{pmatrix}$左乘矩阵 $\boldsymbol{A}$,得到的矩阵为

$$\boldsymbol{A}_2=\begin{pmatrix}1 & 0 & 0\\0 & 0 & 1\\0 & 1 & 0\end{pmatrix}\begin{pmatrix}3 & 0 & 1\\1 & -1 & 2\\0 & 1 & 1\end{pmatrix}=\begin{pmatrix}3 & 0 & 1\\0 & 1 & 1\\1 & -1 & 2\end{pmatrix}.$$

显然,有$\boldsymbol{A}_1=\boldsymbol{E}(23)\boldsymbol{A}=\boldsymbol{A}_2$.

②将矩阵 $\boldsymbol{A}$ 的第2行乘以常数3加到第1行上,得到的矩阵为

$$\boldsymbol{B}=\begin{pmatrix}6 & -3 & 7\\1 & -1 & 2\\0 & 1 & 1\end{pmatrix};$$

初等矩阵 $\boldsymbol{E}(12(3))=\begin{pmatrix}1 & 3 & 0\\0 & 1 & 0\\0 & 0 & 1\end{pmatrix}$左乘矩阵 $\boldsymbol{A}$,得到的矩阵为

$$\boldsymbol{C}=\begin{pmatrix}1 & 3 & 0\\0 & 1 & 0\\0 & 0 & 1\end{pmatrix}\begin{pmatrix}3 & 0 & 1\\1 & -1 & 2\\0 & 1 & 1\end{pmatrix}=\begin{pmatrix}6 & -3 & 7\\1 & -1 & 2\\0 & 1 & 1\end{pmatrix}.$$

显然有 $\boldsymbol{B}=\boldsymbol{E}(12(3))\boldsymbol{A}=\boldsymbol{C}$.

③由读者验证,将矩阵 $\boldsymbol{A}$ 的第2行乘以常数3 等于初等矩阵左乘 $\boldsymbol{E}(2(3))$矩阵 $\boldsymbol{A}$.

习题3.2

1. 一空调商店销售1P、1.5P、2P 3种功率的空调. 商店有2个分店,6月份第一分店售出以上型号的空调数量分别为48台、56台和20台;6月份第二分店售出了以上型号的空调数量分别为32台、38台和14台.

(1)用一个矩阵 $\boldsymbol{A}$ 表示这一信息;

(2)若在5月份,第一分店售出了以上型号的空调数量分别为42台、46台和15台;第二分店出售了以上型号的空调数量分别为34台、40台和12台. 用与 $\boldsymbol{A}$ 相同类型的矩阵 $\boldsymbol{M}$ 表示这一信息.

(3)求 $\boldsymbol{A}+\boldsymbol{M}$,并说明其实际意义.

2. 计算下列各题.

(1) $\begin{pmatrix}-1\\2\\3\\4\end{pmatrix}(-1\quad 2\quad 3\quad 4)$; (2) $(-1\quad 2\quad 3\quad 4)\begin{pmatrix}-1\\2\\3\\4\end{pmatrix}$;

(3) $\begin{pmatrix}\sin\theta & \cos\theta\\ \cos\theta & \sin\theta\end{pmatrix}^2$; (4) $\begin{pmatrix}0 & 1\\ 1 & 1\end{pmatrix}\begin{pmatrix}5 & -2\\ 3 & 7\end{pmatrix}\begin{pmatrix}0 & 1\\ 1 & 1\end{pmatrix}$;

(5) $\begin{pmatrix}-2 & 1 & -3\\ 0 & -1 & 4\end{pmatrix}\begin{pmatrix}5 & -3 & 0\\ -3 & 2 & 4\\ -1 & 1 & 3\end{pmatrix}$; (6) $\begin{pmatrix}-2 & 1 & 0\\ 4 & 0 & -3\\ 0 & 3 & -5\end{pmatrix}\begin{pmatrix}3 & 0 & -6\\ -4 & 2 & 0\\ 5 & 0 & -1\end{pmatrix}$.

3. 设

$$\boldsymbol{A}=\begin{pmatrix}-1 & 3 & 2\\ 0 & 2 & 4\\ 0 & 0 & 5\end{pmatrix},\quad \boldsymbol{B}=\begin{pmatrix}2 & 5 & 3\\ 0 & 4 & 1\\ 0 & 0 & 1\end{pmatrix},$$

求 $\det(\boldsymbol{A}\boldsymbol{B}^{\mathrm{T}})$, $\det(\boldsymbol{A})+\det(\boldsymbol{B})$, $\det(3\boldsymbol{A})$.

4. 设 $\boldsymbol{A}$ 为 n 阶方阵, k 为实数,试证: $\det(k\boldsymbol{A})=k^n\det\boldsymbol{A}$.

5. 设 $\boldsymbol{A}=\begin{pmatrix}1 & 2 & -1\\ 0 & -1 & 2\end{pmatrix}$, $\boldsymbol{B}=\begin{pmatrix}1 & 0 & 3\\ 2 & 1 & -1\end{pmatrix}$, $\boldsymbol{C}=\begin{pmatrix}1 & -1 & 4\\ 0 & 0 & 2\end{pmatrix}$,求 $(2\boldsymbol{A}+\boldsymbol{B})\boldsymbol{C}^{\mathrm{T}}$.

6. 设 $\boldsymbol{A}=\begin{pmatrix}1 & 1\\ 0 & 3\end{pmatrix}$, $\boldsymbol{B}=\begin{pmatrix}1 & 0\\ 2 & 1\end{pmatrix}$,验证: $(\boldsymbol{A}\boldsymbol{B})^{\mathrm{T}}=\boldsymbol{B}^{\mathrm{T}}\boldsymbol{A}^{\mathrm{T}}$.

7. 如果两个矩阵 $\boldsymbol{A}$ 与 $\boldsymbol{B}$,满足 $\boldsymbol{A}\boldsymbol{B}=\boldsymbol{B}\boldsymbol{A}$,则称矩阵 $\boldsymbol{A}$ 与 $\boldsymbol{B}$ 可交换. 设 $\boldsymbol{A}=\begin{pmatrix}1 & 1\\ 0 & 1\end{pmatrix}$,求所有与矩阵 $\boldsymbol{A}$ 可交换的矩阵.

8. 如果方阵 $\boldsymbol{A}$,满足 $\boldsymbol{A}^{\mathrm{T}}=\boldsymbol{A}$,则称矩阵 $\boldsymbol{A}$ 是对称矩阵. 求证: $\boldsymbol{A}\boldsymbol{A}^{\mathrm{T}}$ 及 $\boldsymbol{A}^{\mathrm{T}}\boldsymbol{A}$ 都是对称矩阵.

9. 将下列矩阵化成其等价标准形.

(1) $\begin{pmatrix}1 & -1 & 2\\ 3 & -3 & 1\\ -2 & 2 & -4\end{pmatrix}$; (2) $\begin{pmatrix}0 & 0 & 3\\ 2 & 1 & -1\\ 4 & 2 & 3\\ -2 & -1 & 4\end{pmatrix}$.

3.3 矩阵的秩与逆矩阵

3.3.1 矩阵的秩

矩阵的秩是线性代数中非常有用的一个概念,它不仅与讨论可逆矩阵的问题有密切关系,而且在讨论线性方程组解的情况中也有重要应用.

(1) 矩阵的 k 阶子式

定义 3.11　设 $\boldsymbol{A}$ 是 $m\times n$ 矩阵，在 $\boldsymbol{A}$ 中位于任意选定的 k 行 k 列交点上的 k^2 个元素，按原来次序组成的 k 阶行列式，称为矩阵 $\boldsymbol{A}$ 的一个 k 阶子式，其中 $k\leqslant\min\{m,n\}$.

例如，矩阵

$$\boldsymbol{A}=\begin{pmatrix}1&2&3\\2&4&1\\0&0&1\end{pmatrix},$$

取 $\boldsymbol{A}$ 的第 1、2 行，第 1、3 列的相交元素，排成行列式

$$\begin{vmatrix}1&3\\2&1\end{vmatrix}$$

为 $\boldsymbol{A}$ 的一个二阶子式.

由子式的定义知：子式的行、列是以原行列式的行、列中任取的，所以可以组成 $C_3^2C_3^2=9$ 个二阶子式. 对一般情况，共有 $C_m^kC_n^k$ 个 k 阶子式.

注　k 阶子式是行列式. 非零子式就是行列式的值不等于零的子式.

(2) 矩阵的秩

定义 3.12　如果矩阵 $\boldsymbol{A}$ 中存在一个 r 阶非零子式，而任一 $r+1$ 阶子式（如果存在的话）的值全为零，即矩阵 $\boldsymbol{A}$ 的非零子式的最高阶数是 r，则称 r 为 $\boldsymbol{A}$ 的秩，记作 $r(\boldsymbol{A})=r$.

例 3.27　求矩阵 $\boldsymbol{A}=\begin{pmatrix}1&2&2&11\\1&-3&-3&-14\\3&1&1&8\end{pmatrix}$ 的秩.

解　因为 $\boldsymbol{A}$ 的一个二阶子式

$$\begin{vmatrix}1&2\\1&-3\end{vmatrix}=-5\neq0,$$

所以，$\boldsymbol{A}$ 的非零子式的最高阶数至少是 2，即 $r(\boldsymbol{A})\geqslant2$. $\boldsymbol{A}$ 的所有三阶子式 $C_3^3C_4^3=4$ 个，

$$\begin{vmatrix}1&2&2\\1&-3&-3\\3&1&1\end{vmatrix}=0,\begin{vmatrix}1&2&11\\1&-3&-14\\3&1&8\end{vmatrix}=0,\begin{vmatrix}1&2&11\\1&-3&-14\\3&1&8\end{vmatrix}=,0\begin{vmatrix}2&2&11\\-3&-3&-14\\1&1&8\end{vmatrix}=0.$$

即所有的三阶子式均为零，故 $r(\boldsymbol{A})=2$.

不难得到，矩阵的秩具有下列性质：

①$r(\boldsymbol{A})=r(\boldsymbol{A}^{\mathrm{T}})$；

②$0\leqslant r(\boldsymbol{A})\leqslant\min\{m,n\}$.

若 $r(\boldsymbol{A})=\min\{m,n\}$，则称矩阵 $\boldsymbol{A}$ 为满秩矩阵，并规定零矩阵 $\boldsymbol{O}$ 的秩为零，即 $r(\boldsymbol{O})=0$. 若矩阵 $\boldsymbol{A}$ 为 n 阶方阵，当 $|\boldsymbol{A}|\neq0$ 时，有 $r(\boldsymbol{A})=n$，称 $\boldsymbol{A}$ 为满秩矩阵.

用定义求矩阵的秩，必须从一阶子式开始计算，直到某阶子式都为零时才能确定，显然非常麻烦，为此我们来研究阶梯形矩阵.

(3) 阶梯形矩阵

定义 3.13　满足下列条件的矩阵称为阶梯形矩阵.

①矩阵若有零行(元素全部为零的行),零行全部在下方;

②各非零行的第一个不为零的元素(称为首非零元)的列标随着行标的递增而严格增大.

由定义可知,如果阶梯形矩阵 $\boldsymbol{A}$ 有 r 个非零行,且第 1 行的第 1 个不为零的元素是 a_{1j_1},第 2 行的第 1 个不为零的元素是 a_{2j_2},…,第 r 行的一个不为零的元素是 a_{rj_r},则有 $1\leqslant j_1\leqslant\cdots\leqslant j_r\leqslant n$,其中 n 是阶梯形矩阵 $\boldsymbol{A}$ 的列数.

其一般形式为

$$\boldsymbol{A}_{m\times n}=\begin{pmatrix} a_{1j_1} & a_{12} & \cdots & a_{1r} & \cdots & a_{1n} \\ 0 & a_{2j_2} & \cdots & a_{2r} & \cdots & a_{2n} \\ \vdots & \vdots & & \vdots & & \vdots \\ 0 & 0 & \cdots & a_{rj_r} & \cdots & a_{rn} \\ 0 & 0 & 0 & 0 & 0 & 0 \\ \vdots & \vdots & \vdots & \vdots & \vdots & \vdots \\ 0 & 0 & 0 & 0 & 0 & 0 \end{pmatrix},$$

其中,$a_{ij_r}\neq 0,(i=1,2,\cdots,r)$, 而下方 $m-r$ 行的元素全为 0.

注 ①阶梯形矩阵的秩就是非零行的行数 r.

②任意矩阵通过初等变换都能化为阶梯形矩阵.

③如果阶梯形矩阵的非零行的首非零元素都是 1,且所有首非零元素所在的列的其余元素都是零,则称此矩阵为行简化阶梯形矩阵.

由秩的定义可以证明以下重要结论(证明略).

定理 3.4 初等变换不改变矩阵的秩.

由此得到求矩阵秩的有效方法:通过初等变换把矩阵化为阶梯形矩阵,其非零行的行数就是矩阵的秩.

例 3.28 求矩阵 $\boldsymbol{A}=\begin{pmatrix} -2 & 1 & 1 \\ 1 & -2 & 1 \\ 1 & 1 & -2 \end{pmatrix}$的秩.

解 $\boldsymbol{A}=\begin{pmatrix} -2 & 1 & 1 \\ 1 & -2 & 1 \\ 1 & 1 & -2 \end{pmatrix}\xrightarrow{r_1\leftrightarrow r_2}\begin{pmatrix} 1 & -2 & 1 \\ -2 & 1 & 1 \\ 1 & 1 & -2 \end{pmatrix}\xrightarrow[2r_1+r_2]{-r_1+r_3}\begin{pmatrix} 1 & -2 & 1 \\ 0 & -3 & 3 \\ 0 & 3 & -3 \end{pmatrix}$

$\xrightarrow{r_2+r_3}\begin{pmatrix} 1 & -2 & 1 \\ 0 & -3 & 3 \\ 0 & 0 & 0 \end{pmatrix}$.

所以,矩阵 $\boldsymbol{A}$ 的秩为 2,即 $r(\boldsymbol{A})=2$.

3.3.2 逆矩阵

(1) 逆矩阵的概念

代数方程 $ax=b$,当 $a\neq 0$ 时,有解 $x=b\div a=a^{-1}b$(其中 $a^{-1}a=aa^{-1}=1$).类似地,对于矩阵方程 $\boldsymbol{AX}=\boldsymbol{B}$,它的解 $\boldsymbol{X}$ 是否也能表示为$\boldsymbol{A}^{-1}\boldsymbol{B}$? 若能,这里的$\boldsymbol{A}^{-1}$是矩阵吗? 如何来求得$\boldsymbol{A}^{-1}$?

定义 3.14 设 $\boldsymbol{A}$ 是 n 阶方阵,如果存在一个 n 阶方阵 $\boldsymbol{B}$,使

$$\boldsymbol{AB}=\boldsymbol{BA}=\boldsymbol{E}, \tag{3.5}$$

则称矩阵 $\boldsymbol{A}$ 是可逆矩阵,简称 $\boldsymbol{A}$ 可逆,并把方阵 $\boldsymbol{B}$ 称为 $\boldsymbol{A}$ 的逆矩阵,记为$\boldsymbol{A}^{-1}$,即 $\boldsymbol{B}=\boldsymbol{A}^{-1}$.

例如,

$$\boldsymbol{A}=\begin{pmatrix}2&2&3\\1&-1&0\\-1&2&1\end{pmatrix},\boldsymbol{B}=\begin{pmatrix}1&-4&-3\\1&-5&-3\\-1&6&4\end{pmatrix},$$

因为

$$\boldsymbol{AB}=\begin{pmatrix}2&2&3\\1&-1&0\\-1&2&1\end{pmatrix}\begin{pmatrix}1&-4&-3\\1&-5&-3\\-1&6&4\end{pmatrix}=\begin{pmatrix}1&0&0\\0&1&0\\0&0&1\end{pmatrix},$$

$$\boldsymbol{BA}=\begin{pmatrix}1&-4&-3\\1&-5&-3\\-1&6&4\end{pmatrix}\begin{pmatrix}2&2&3\\1&-1&0\\-1&2&1\end{pmatrix}=\begin{pmatrix}1&0&0\\0&1&0\\0&0&1\end{pmatrix},$$

即 $\boldsymbol{A},\boldsymbol{B}$ 满足 $\boldsymbol{AB}=\boldsymbol{BA}=\boldsymbol{E}$,所以矩阵 $\boldsymbol{A}$ 可逆,其逆矩阵$\boldsymbol{A}^{-1}=\boldsymbol{B}$.

在式(3.5)中,$\boldsymbol{A}$ 与 $\boldsymbol{B}$ 的地位是平等的,因此也可以称 $\boldsymbol{B}$ 为可逆矩阵,称 $\boldsymbol{A}$ 为 $\boldsymbol{B}$ 的逆矩阵,即$\boldsymbol{B}^{-1}=\boldsymbol{A}$.

注 ①单位矩阵 $\boldsymbol{E}$ 的逆矩阵就是它本身,因为 $\boldsymbol{EE}=\boldsymbol{E}$.

②任何 n 阶零矩阵都不可逆.因为对任何与 n 阶零矩阵同阶的方阵 $\boldsymbol{B}$,都有$\boldsymbol{BO}=\boldsymbol{OB}=\boldsymbol{O}$.

③如果方阵 $\boldsymbol{A}$ 是可逆的,那么 $\boldsymbol{A}$ 的逆矩阵是唯一的.

(2)逆矩阵的求法

对矩阵 $\boldsymbol{A}$,何时可逆? 若 $\boldsymbol{A}$ 可逆,又如何求$\boldsymbol{A}^{-1}$呢?

1)利用伴随矩阵求逆矩阵

定义 3.15 设 n 阶方阵 $\boldsymbol{A}=\begin{pmatrix}a_{11}&a_{12}&\cdots&a_{1n}\\a_{21}&a_{22}&\cdots&a_{2n}\\\vdots&\vdots&&\vdots\\a_{n1}&a_{n2}&\cdots&a_{nn}\end{pmatrix}$,将行列式$|\boldsymbol{A}|$的 n^2 个代数余子式$\boldsymbol{A}_{ij}$排成下列 n 阶矩阵,并记为$\boldsymbol{A}^*$,

$$\boldsymbol{A}^*=\begin{pmatrix}\boldsymbol{A}_{11} & \boldsymbol{A}_{21} & \cdots & \boldsymbol{A}_{n1}\\ \boldsymbol{A}_{12} & \boldsymbol{A}_{22} & \cdots & \boldsymbol{A}_{n2}\\ \vdots & \vdots & & \vdots\\ \boldsymbol{A}_{1n} & \boldsymbol{A}_{2n} & \cdots & \boldsymbol{A}_{nn}\end{pmatrix},$$

则矩阵$\boldsymbol{A}^*$叫作矩阵$\boldsymbol{A}$的伴随矩阵.

定理 3.5（求$\boldsymbol{A}^{-1}$的一种方法——伴随矩阵法） n阶方阵$\boldsymbol{A}$为可逆矩阵的充分必要条件是$|\boldsymbol{A}|\neq 0$，且当$\boldsymbol{A}$可逆时，$\boldsymbol{A}^{-1}=\frac{1}{|\boldsymbol{A}|}\boldsymbol{A}^*$.

证 必要性.

因为$\boldsymbol{A}$可逆，即有$\boldsymbol{A}^{-1}$，使$\boldsymbol{A}\boldsymbol{A}^{-1}=\boldsymbol{E}$，故$|\boldsymbol{A}\boldsymbol{A}^{-1}|=|\boldsymbol{A}||\boldsymbol{A}^{-1}|=|\boldsymbol{E}|=1$，所以$|\boldsymbol{A}|\neq 0$.

充分性.

设$\boldsymbol{A}=\begin{pmatrix}\boldsymbol{a}_{11} & \boldsymbol{a}_{12} & \cdots & \boldsymbol{a}_{1n}\\ \boldsymbol{a}_{21} & \boldsymbol{a}_{22} & \cdots & \boldsymbol{a}_{2n}\\ \vdots & \vdots & & \vdots\\ \boldsymbol{a}_{n1} & \boldsymbol{a}_{n2} & \cdots & \boldsymbol{a}_{nn}\end{pmatrix}$，且$|\boldsymbol{A}|\neq 0$.

由矩阵乘法和行列式的性质，有

$$\boldsymbol{A}\boldsymbol{A}^*=\begin{pmatrix}\boldsymbol{a}_{11} & \boldsymbol{a}_{12} & \cdots & \boldsymbol{a}_{1n}\\ \boldsymbol{a}_{21} & \boldsymbol{a}_{22} & \cdots & \boldsymbol{a}_{2n}\\ \vdots & \vdots & & \vdots\\ \boldsymbol{a}_{n1} & \boldsymbol{a}_{n2} & \cdots & \boldsymbol{a}_{nn}\end{pmatrix}\begin{pmatrix}\boldsymbol{A}_{11} & \boldsymbol{A}_{21} & \cdots & \boldsymbol{A}_{n1}\\ \boldsymbol{A}_{12} & \boldsymbol{A}_{22} & \cdots & \boldsymbol{A}_{n2}\\ \vdots & \vdots & & \vdots\\ \boldsymbol{A}_{1n} & \boldsymbol{A}_{2n} & \cdots & \boldsymbol{A}_{nn}\end{pmatrix}=\begin{pmatrix}|\boldsymbol{A}| & 0 & \cdots & 0\\ 0 & |\boldsymbol{A}| & \cdots & 0\\ \vdots & \vdots & & \vdots\\ 0 & 0 & \cdots & |\boldsymbol{A}|\end{pmatrix}=|\boldsymbol{A}|\boldsymbol{E}.$$

因为$|\boldsymbol{A}|\neq 0$，所以 $\frac{1}{|\boldsymbol{A}|}(\boldsymbol{A}\boldsymbol{A}^*)=\boldsymbol{E}$.

于是，得

$$\boldsymbol{A}\left(\frac{1}{|\boldsymbol{A}|}\boldsymbol{A}^*\right)=\boldsymbol{E}.$$

同理可证

$$\left(\frac{1}{|\boldsymbol{A}|}\boldsymbol{A}^*\right)\boldsymbol{A}=\boldsymbol{E}.$$

所以有

$$\boldsymbol{A}^{-1}=\frac{1}{|\boldsymbol{A}|}\boldsymbol{A}^*.$$

定理得证.

例 3.29 求方阵$\boldsymbol{A}=\begin{pmatrix}0 & 1 & 2\\ 1 & 1 & 4\\ 2 & -1 & 0\end{pmatrix}$的逆矩阵.

解 因为$|\boldsymbol{A}|=2\neq 0$，所以矩阵$\boldsymbol{A}$可逆.

$\boldsymbol{A}_{11}=(-1)^{1+1}\begin{vmatrix}1 & 4\\ -1 & 0\end{vmatrix}=4$；$\boldsymbol{A}_{21}=(-1)^{2+1}\begin{vmatrix}1 & 2\\ -1 & 0\end{vmatrix}=-2$；$\boldsymbol{A}_{31}=(-1)^{3+1}\begin{vmatrix}1 & 2\\ 1 & 4\end{vmatrix}=2$；

$A_{12}=(-1)^{1+2}\begin{vmatrix}1&4\\2&0\end{vmatrix}=8$；$A_{22}=(-1)^{2+2}\begin{vmatrix}0&2\\2&0\end{vmatrix}=-4$；$A_{32}=(-1)^{3+2}\begin{vmatrix}0&2\\1&4\end{vmatrix}=2$；

$A_{13}=(-1)^{1+3}\begin{vmatrix}1&1\\2&-1\end{vmatrix}=-3$；$A_{23}=(-1)^{2+3}\begin{vmatrix}0&1\\2&-1\end{vmatrix}=2$；

$A_{33}=(-1)^{3+3}\begin{vmatrix}0&1\\1&1\end{vmatrix}=-1.$

$$\text{所以}A^{-1}=\frac{1}{|A|}A^*=\frac{1}{2}\begin{pmatrix}4&-2&2\\8&-4&2\\-3&2&-1\end{pmatrix}=\begin{pmatrix}2&-1&1\\4&-2&1\\-\frac{3}{2}&1&-\frac{1}{2}\end{pmatrix}.$$

2）利用初等行变换求逆矩阵

可以证明：由方阵 A 作矩阵 $(A\vdots E)$，用矩阵的初等行变换将 $(A\vdots E)$ 化为 $(E\vdots B)$，B 即为 A 的逆阵 A^{-1}.

例3.30 求方阵 $A=\begin{pmatrix}1&1&2\\2&1&-1\\1&-2&1\end{pmatrix}$ 的逆矩阵.

解

$$(A\vdots E)\to\left(\begin{array}{ccc:ccc}1&1&2&1&0&0\\2&1&-1&0&1&0\\1&-2&1&0&0&1\end{array}\right)\xrightarrow[-r_1+r_3]{-2r_1+r_2}\left(\begin{array}{ccc:ccc}1&1&2&1&0&0\\0&-1&-5&-2&1&0\\0&-3&-1&-1&0&1\end{array}\right)$$

$$\xrightarrow{-r_2}\left(\begin{array}{ccc:ccc}1&1&2&1&0&0\\0&1&5&2&-1&0\\0&-3&-1&-1&0&1\end{array}\right)\xrightarrow[-r_2+r_1]{3r_2+r_3}\left(\begin{array}{ccc:ccc}1&0&-3&-1&1&0\\0&1&5&2&-1&0\\0&0&14&5&-3&1\end{array}\right)$$

$$\xrightarrow{\frac{1}{14}r_3}\left(\begin{array}{ccc:ccc}1&0&-3&-1&1&0\\0&1&5&2&-1&0\\0&0&1&\frac{5}{14}&-\frac{3}{14}&\frac{1}{14}\end{array}\right)\xrightarrow[3r_3+r_1]{-5r_3+r_2}\left(\begin{array}{ccc:ccc}1&0&0&\frac{1}{14}&\frac{5}{14}&\frac{3}{14}\\0&1&0&\frac{3}{14}&\frac{1}{14}&-\frac{5}{14}\\0&0&1&\frac{5}{14}&-\frac{3}{14}&\frac{1}{14}\end{array}\right)$$

$$\text{所以}\quad A^{-1}=\begin{pmatrix}\frac{1}{14}&\frac{5}{14}&\frac{3}{14}\\\frac{3}{14}&\frac{1}{14}&-\frac{5}{14}\\\frac{5}{14}&-\frac{3}{14}&\frac{1}{14}\end{pmatrix}.$$

(3)逆矩阵的运算性质

①若 $AB=E$（或 $BA=E$），则 $B=A^{-1}$，$A=B^{-1}$.

事实上，由 $AB=E$，得 $|AB|=|A||B|=|E|=1$，故 $|A|\neq0$，于是 A 可逆，在等式 $AB=E$

两边同时左乘$\boldsymbol{A}^{-1}$,即得 $\boldsymbol{B}=\boldsymbol{A}^{-1}$,同理易得 $\boldsymbol{A}=\boldsymbol{B}^{-1}$.

这一结论说明,如果要验证$\boldsymbol{B}$是$\boldsymbol{A}$的逆矩阵,只要验证一个等式$\boldsymbol{AB}=\boldsymbol{E}$或$\boldsymbol{BA}=\boldsymbol{E}$即可,不必再按定义验证两个等式.

②$(\boldsymbol{A}^{-1})^{-1}=\boldsymbol{A}$.

③若$\boldsymbol{A}$可逆,则$\boldsymbol{A}^{\mathrm{T}}$也可逆,且$(\boldsymbol{A}^{\mathrm{T}})^{-1}=(\boldsymbol{A}^{-1})^{\mathrm{T}}$.

事实上,由于$\boldsymbol{A}$可逆,则$\boldsymbol{A}\boldsymbol{A}^{-1}=\boldsymbol{E}$,所以$(\boldsymbol{A}\boldsymbol{A}^{-1})^{\mathrm{T}}=\boldsymbol{E}^{\mathrm{T}}=\boldsymbol{E}$,即

$(\boldsymbol{A}^{-1})^{\mathrm{T}}\boldsymbol{A}^{\mathrm{T}}=\boldsymbol{E}$,由逆矩阵的运算性质①,得$(\boldsymbol{A}^{\mathrm{T}})^{-1}=(\boldsymbol{A}^{-1})^{\mathrm{T}}$.

④若$\boldsymbol{A},\boldsymbol{B}$均可逆,则$\boldsymbol{AB}$也可逆,且$(\boldsymbol{AB})^{-1}=\boldsymbol{B}^{-1}\boldsymbol{A}^{-1}$.

例 3.31 设$\boldsymbol{A}=\begin{pmatrix}0&1&2\\1&1&4\\2&-1&0\end{pmatrix}$,$\boldsymbol{B}=\begin{pmatrix}2&1\\5&3\end{pmatrix}$,$\boldsymbol{C}=\begin{pmatrix}1&3\\2&0\\3&1\end{pmatrix}$,求满足$\boldsymbol{AXB}=\boldsymbol{C}$的矩阵$\boldsymbol{X}$.

解 若$\boldsymbol{A}^{-1}$,$\boldsymbol{B}^{-1}$存在,则在$\boldsymbol{AXB}=\boldsymbol{C}$的两边同时左称乘$\boldsymbol{A}^{-1}$,右乘$\boldsymbol{B}^{-1}$,得$\boldsymbol{A}^{-1}\boldsymbol{AXBB}^{-1}=\boldsymbol{A}^{-1}\boldsymbol{CB}^{-1}$,即

$$\boldsymbol{X}=\boldsymbol{A}^{-1}\boldsymbol{CB}^{-1}.$$

由例 3.29 知$\boldsymbol{A}^{-1}=\begin{pmatrix}2&-1&1\\4&-2&1\\-\frac{3}{2}&1&-\frac{1}{2}\end{pmatrix}$,又求得$\boldsymbol{B}^{-1}=\begin{pmatrix}3&-1\\-5&2\end{pmatrix}$.

$$\text{从而 }\boldsymbol{X}=\boldsymbol{A}^{-1}\boldsymbol{CB}^{-1}=\begin{pmatrix}2&-1&1\\4&-2&1\\-\frac{3}{2}&1&-\frac{1}{2}\end{pmatrix}\begin{pmatrix}1&3\\2&0\\3&1\end{pmatrix}\begin{pmatrix}3&-1\\-5&2\end{pmatrix}$$

$$=\begin{pmatrix}3&7\\3&13\\-1&-5\end{pmatrix}\begin{pmatrix}3&-1\\-5&2\end{pmatrix}=\begin{pmatrix}-26&11\\-56&23\\22&-9\end{pmatrix}.$$

密码学在经济和军事方面都起着极其重要的作用.在密码学中将信息代码称为密码,没有转换成密码的文字信息称为明文,把密码表示的信息称为密文.从明文转换为密文的过程叫加密,反之则为解密。现在密码学涉及很多高深的数学知识.

1929 年,希尔通过矩阵理论对传输信息进行加密处理,提出了在密码学史上有重要地位的希尔加密算法.下面我们介绍一下这种算法的基本思想.

假设我们要发出"attack"这个消息.首先把每个字母 a,b,c,d,…,x,y,z 映射到数 1,2,3,4,…,24,25,26.例如 1 表示 a,3 表示 c,20 表示 t,11 表示 k,另外用 0 表示空格,用 27 表示句号等.于是可以用以下数集来表示消息"attack":

$$\{1,20,20,1,3,11\}.$$

把这个消息按列写成矩阵的形式:$\boldsymbol{M}=\begin{pmatrix}1&1\\20&3\\20&11\end{pmatrix}$.

第一步:"加密"工作.现在任选一个三阶的可逆矩阵,例如:

$$A=\begin{pmatrix}1&2&3\\1&1&2\\0&1&2\end{pmatrix}.$$

于是可以把将要发出的消息或者矩阵经过乘以 $\boldsymbol{A}$ 变成“密码”$\boldsymbol{B}$ 后发出.

$$AM=\begin{pmatrix}1&2&3\\1&1&2\\0&1&2\end{pmatrix}\begin{pmatrix}1&1\\20&3\\20&11\end{pmatrix}=\begin{pmatrix}101&40\\61&26\\60&25\end{pmatrix}=B.$$

第二步:“解密”. 解密是加密的逆过程,这里要用到矩阵 $\boldsymbol{A}$ 的逆矩阵 $\boldsymbol{A}^{-1}$ 这个可逆矩阵称为解密的钥匙,或称为“密钥” . 当然矩阵 $\boldsymbol{A}$ 是通信双方都知道的,即用

$$A^{-1}=\begin{pmatrix}0&1&-1\\2&-2&-1\\-1&1&1\end{pmatrix},$$

从密码中解出明码

$$A^{-1}B=\begin{pmatrix}0&1&-1\\2&-2&-1\\-1&1&1\end{pmatrix}\begin{pmatrix}101&40\\61&26\\60&25\end{pmatrix}=\begin{pmatrix}1&1\\20&3\\20&11\end{pmatrix}=M.$$

通过反查字母与数字的映射,即可得到消息“attack”.

在实际应用中,可以选择不同的可逆矩阵,不同的映射关系,也可以把字母对应的数字进行不同的排列得到不同的矩阵,这样就有多种加密和解密的方式,从而保证了传递信息的秘密性. 上述例子是矩阵乘法与逆矩阵的应用,将高等代数与密码学紧密结合起来. 运用数学知识破译密码,进而运用到军事等方面. 可见矩阵的作用是何其强大.

例 3.32 已知 x_1,x_2,x_3 到 y_1,y_2,y_3 的线性变换为

$$\begin{cases}y_1=x_2+2x_3\\y_2=x_1+x_2+4x_3,\\y_3=2x_1-x_2\end{cases}$$

试求以 y_1,y_2,y_3 到 x_1,x_2,x_3 的线性变换.

解 设 $A=\begin{pmatrix}0&1&2\\1&1&4\\2&-1&0\end{pmatrix},X=\begin{pmatrix}x_1\\x_2\\x_3\end{pmatrix},Y=\begin{pmatrix}y_1\\y_2\\y_3\end{pmatrix}$,

则所给线性变换的矩阵形式为 $\boldsymbol{Y}=\boldsymbol{AX}$. 若$\boldsymbol{A}^{-1}$存在,则两边左乘$\boldsymbol{A}^{-1}$,得到 $\boldsymbol{X}=\boldsymbol{A}^{-1}\boldsymbol{Y}$,

由例 3.29 可知$\boldsymbol{A}^{-1}$存在,于是

$$X=A^{-1}Y=\begin{pmatrix}2&1&1\\4&2&1\\\frac{3}{2}&1&\frac{1}{2}\end{pmatrix}\begin{pmatrix}y_1\\y_2\\y_3\end{pmatrix}=\begin{pmatrix}2y_1-y_2+y_3\\4y_1-2y_2+y_3\\-\frac{3}{2}y_1+y_2-\frac{1}{2}y_3\end{pmatrix},$$

从而,得到从 y_1,y_2,y_3 到 x_1,x_2,x_3 的线性变换为

$$\begin{cases}x_1=2y_1-y_2+y_3\\x_2=4y_1-2y_2+y_3\\x_3=-\dfrac{3}{2}y_1+y_2-\dfrac{1}{2}y_3\end{cases}.$$

在计算机中点的坐标用齐次向量坐标来表示,即用 $n+1$ 维向量来表示 n 维向量。如点 $A(x,y,z)$ 用齐次向量坐标表示为 $A(x,y,z,1)$.

例 3.33 在二维直角坐标系中有三角形 ABC,坐标分别为(2,3),(3,1),(1,1),现将其向 x 轴正方向平移 2 个单位,向 y 轴正方向平移 2 个单位,求平移后各点对应的齐次坐标及相应的变换矩阵.

解 先写出 ABC 三点所对应的齐次坐标,$A(2,3,1)$,$B(3,1,1)$,$C(1,1,1)$.

平移的矩阵变换式为

$$(x\quad y\quad 1)=(x\quad y\quad 1)\begin{pmatrix}1&0&0\\0&1&0\\T_x&T_y&1\end{pmatrix}=(x+T_x\quad y+T_y\quad 1),$$

此处 $T_x=2,T_y=2$,则变换矩阵为 $\begin{pmatrix}1&0&0\\0&1&0\\2&2&1\end{pmatrix}$.

经上述变换后,A 点齐次坐标为(4,5,1),B 点齐次坐标为(5,3,1),C 点齐次坐标为(3,3,1).

可以看出,图形的一种变换对应着一个矩阵运算,也就是说二维图形变换可以表示为图形点集的齐次坐标矩阵与某一变换矩阵相乘的形式. 我们可以定义以下二维变换矩阵:

$$\boldsymbol{T}_{2D}=\begin{pmatrix}a&b&p\\c&d&q\\l&m&s\end{pmatrix}.$$

这样,二维空间中的某点的二维变换可以表示成点的规范化齐次坐标矩阵与三维齐次坐标变换矩阵 $\boldsymbol{T}_{2D}$ 相乘的形式,即

$$(x'\quad y'\quad z'\quad 1)=(x\quad y\quad z\quad 1)\boldsymbol{T}_{2D}=(x\quad y\quad z\quad 1)\begin{pmatrix}a&b&p\\c&d&q\\l&m&s\end{pmatrix}.$$

根据 $\boldsymbol{T}_{2D}$ 在变换中的具体作用,进一步可以将 $\boldsymbol{T}_{2D}$ 分成 4 个子矩阵.

矩阵 $\boldsymbol{T}_1=\begin{pmatrix}a&b\\c&d\end{pmatrix}$ 的作用是对点进行比例、对称、旋转和错切变换.

矩阵 $\boldsymbol{T}_2=(l\quad m)$ 的作用是对点进行平移变换.

矩阵 $\boldsymbol{T}_3=\begin{pmatrix}p\\q\end{pmatrix}$ 的作用是进行透视投影变换.

矩阵 $\boldsymbol{T}_4=(s)$ 的作用是产生整体比例变换.

习题 3.3

1. 根据矩阵秩的定义求下列矩阵的秩.

(1) $\begin{pmatrix}1&2&3\\2&2&3\\3&4&3\end{pmatrix}$;　　(2) $\begin{pmatrix}1&2&-1\\3&4&-2\\5&-3&1\end{pmatrix}$.

2. 求下列矩阵的秩.

(1) $\begin{pmatrix}1&-1&1&2\\2&3&3&2\\1&1&2&1\end{pmatrix}$;　　(2) $\begin{pmatrix}1&-2&0&-1\\0&2&2&1\\1&-2&-3&-2\\0&1&2&1\end{pmatrix}$;

(3) $\begin{pmatrix}0&1&1&-1&2\\0&2&2&-2&0\\0&-1&-1&1&1\\1&1&0&1&-1\end{pmatrix}$;　　(4) $\begin{pmatrix}\lambda-6&2&-2\\2&\lambda-3&-4\\-2&-4&\lambda-3\end{pmatrix}$.

3. 求下列方阵的逆矩阵.

(1) $\begin{pmatrix}1&2&-3\\0&1&2\\0&1&1\end{pmatrix}$;　　(2) $\begin{pmatrix}1&-3&2\\-3&0&1\\1&1&-1\end{pmatrix}$.

4. 设矩阵 $\boldsymbol{A}=\begin{pmatrix}1&1\\0&-2\\2&0\end{pmatrix}$, $\boldsymbol{B}=\begin{pmatrix}1&2&-3\\0&-1&2\end{pmatrix}$, 计算 $(\boldsymbol{BA})^{-1}$.

5. 解下列矩阵方程.

(1) $\begin{pmatrix}0&-1\\1&0\end{pmatrix}\boldsymbol{X}=\begin{pmatrix}2&2\\1&1\end{pmatrix}$;　　(2) $\begin{pmatrix}3&1\\2&1\end{pmatrix}\boldsymbol{X}=\begin{pmatrix}2&1&0\\3&0&-1\end{pmatrix}$.

6. 已知 $\boldsymbol{A}=\begin{pmatrix}2&1&1\\3&-1&2\\1&-1&0\end{pmatrix}$, 设 $f(\lambda)=\lambda^2-2\lambda-1$, 求 $f(\boldsymbol{A})$.

7. 试证：设 $\boldsymbol{A}$ 是 n 阶矩阵，若 $\boldsymbol{A}^3=2\boldsymbol{E}$，则 $(\boldsymbol{A}-\boldsymbol{E})^{-1}=\boldsymbol{E}+\boldsymbol{A}+\boldsymbol{A}^2$.

3.4　用 Mathematica 计算行列式

用 Mathematica 计算行列式，命令语法格式及其意义：

Det[A]　　　　给出方阵 $\boldsymbol{A}$ 的行列式.

例 3.34　计算下列行列式.

(1) $\begin{vmatrix}2&-1\\3&5\end{vmatrix}$;　　(2) $\begin{vmatrix}3&1&2\\2&0&-3\\-1&5&4\end{vmatrix}$;　　(3) $\begin{vmatrix}2&5&-1&7\\14&-9&6&3\\-8&12&9&13\\1&2&4&11\end{vmatrix}$;

(4) $\begin{vmatrix} a^2 & (a+1)^2 & (a+2)^2 & (a+3)^2 \\ b^2 & (b+1)^2 & (b+2)^2 & (b+3)^2 \\ c^2 & (c+1)^2 & (c+2)^2 & (c+3)^2 \\ d^2 & (d+1)^2 & (d+2)^2 & (d+3)^2 \end{vmatrix}$.

解 (1) In[1]: = Det[$\begin{pmatrix} 2 & -1 \\ 3 & 5 \end{pmatrix}$]

Out[1] = 13

(2) In[2]: = Det[$\begin{pmatrix} 3 & 1 & 2 \\ 2 & 0 & -3 \\ -1 & 5 & 4 \end{pmatrix}$]

Out[2] = 60

(3) In[3]: = Det[$\begin{pmatrix} 2 & 5 & -1 & 7 \\ 14 & -9 & 6 & 3 \\ -8 & 12 & 9 & 13 \\ 1 & 2 & 4 & 11 \end{pmatrix}$]

Out[3] = −7 315

(4) In[4]: = Det[$\begin{pmatrix} \mathrm{a}^2 & (\mathrm{a}+1)^2 & (\mathrm{a}+2)^2 & (\mathrm{a}+3)^2 \\ \mathrm{b}^2 & (\mathrm{b}+1)^2 & (\mathrm{b}+2)^2 & (\mathrm{b}+3)^2 \\ \mathrm{c}^2 & (\mathrm{c}+1)^2 & (\mathrm{c}+2)^2 & (\mathrm{c}+3)^2 \\ \mathrm{d}^2 & (\mathrm{d}+1)^2 & (\mathrm{d}+2)^2 & (\mathrm{d}+3)^2 \end{pmatrix}$]

Out[4] = 0

3.5 Mathematica 在矩阵运算中的运用

矩阵的基本运算有矩阵的加法、减法、数乘、乘法、幂、转置、行列式、逆矩阵、秩等，在 Mathematica 中只需要一个运算符或调用一个命令就可以完成矩阵的运算.

用 Mathematica 作矩阵运算，命令语法格式及其意义：

A + B 或 Plus[A,B]	**A** 与 **B** 的和.
A − B 或 Subtract[A,B]	**A** 与 **B** 的差.
−A 或 Minus[A]	负矩阵.
k * A 或 Times[k,A]	数 k 乘 **A**.
A · B 或 Dot[A,B]	**A** 与 **B** 的乘积.
MatrixPower[A,n]	**A** 的 n 次幂.
Transpose[A]	**A** 的转置矩阵.
Det[A]	**A** 的行列式.
Inverse[A]	**A** 的逆矩阵.

MatrixRank[A]　　　　　　　　　　　　　$\boldsymbol{A}$ 的秩.

RowReduce[A]　　　　　　　　　　　　　$\boldsymbol{A}$ 的行简化阶梯形矩阵.

例 3.35　设 $\boldsymbol{A}=\begin{pmatrix}0&1&2\\1&1&4\\2&-1&0\end{pmatrix}$,$\boldsymbol{B}=\begin{pmatrix}2&-2&0\\1&7&-3\\6&9&5\end{pmatrix}$,$\boldsymbol{C}=\begin{pmatrix}1&3\\2&0\\3&1\end{pmatrix}$.

求:(1)$\boldsymbol{A}+\boldsymbol{B}$;(2)$\boldsymbol{A}-\boldsymbol{B}$;(3)$\boldsymbol{A}\cdot\boldsymbol{C}$;(4)$\boldsymbol{A}^4$.

解　In[1]: = A = $\begin{pmatrix}0&1&2\\1&1&4\\2&-1&0\end{pmatrix}$//MatrixForm

B = $\begin{pmatrix}2&-2&0\\1&7&-3\\6&9&5\end{pmatrix}$//MatrixForm

C = $\begin{pmatrix}1&3\\2&0\\3&1\end{pmatrix}$//MatrixForm

(1) In[1]: = A + B//MatrixForm

Out[1] = $\begin{pmatrix}2&-1&2\\2&8&1\\8&8&5\end{pmatrix}$

(2) In[2]: = A - B//MatrixForm

Out[2] = $\begin{pmatrix}-2&2&0\\-1&-7&3\\-6&-9&-5\end{pmatrix}$

(3) In[3]: = A. C//MatrixForm

Out[3] = $\begin{pmatrix}8&2\\15&7\\0&6\end{pmatrix}$

(4) In[4]: = MatrixPower[A,4]//MatrixForm

Out[4] = $\begin{pmatrix}12&1&14\\21&1&24\\4&-1&2\end{pmatrix}$

说明:"//MatrixForm"表示用矩阵的形式显示运算的结果.

例 3.36　设矩阵 $\boldsymbol{A}=\begin{pmatrix}-2&1&1\\1&-2&1\\1&1&-2\end{pmatrix}$,

求:(1)把矩阵 $\boldsymbol{A}$ 化为阶梯形矩阵;

(2)求矩阵 $\boldsymbol{A}$ 的秩.

解　(1) In[1]: = RowReduce[A]// MatrixForm

$$\text{Out}[1]=\begin{pmatrix}1 & 0 & -1\\ 0 & 1 & -1\\ 0 & 0 & 0\end{pmatrix}$$

(2) In[2]:= MatrixRank[A]

Out[2] =2

3.6 数学建模:计算机的选购——层次分析法

▶问题提出

层次分析法是对一些较为复杂、较为模糊的问题作出决策的简易方法,适用于那些难以做定量分析、只有定性关系的问题. 例如选购计算机,一般会考虑功能、使用寿命、价格、外形、售后服务 5 个准则,如何根据 5 个准则对已知的甲、乙、丙 3 台计算机做出选择呢?

▶问题分析

在大型的问题中,当因素比较多的时候,就所有因素对上一层的重要性给出一次性的比较,几乎是不可能的,实际上成对比较更符合人们惯常的思维方式. 应用 AHP 分析决策问题时,首先要把问题条理化、层次化,构造出一个有层次的结构模型,可以建立如图 3.4 所示的层次结构模型.

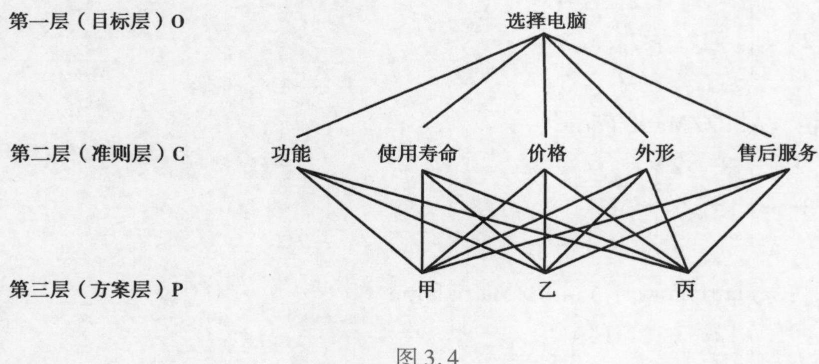

图 3.4

▶建立模型

成对比较阵构造——定性向定量的转换.

Saaty 等人提出通过使用尺度 1 ~9 对定性关系进行量化,具体表示见表 3.8.

表 3.8

相等	较强	强	很强	绝对强
1	3	5	7	9

注:介于上述二者之间,则取 2,4,6,8.

量化后的全部结果可用成对比较矩阵表示. 例如,计算机选择问题中功能等 5 个准则可记为 C_1,C_2,C_3,C_4,C_5,用 a_{ij} 表示 C_i 和 C_j 对目标层 O 的重要性之比,即 $a_{ij}=\dfrac{C_i}{C_j}$,显然 $a_{ij}=\dfrac{1}{a_{ji}}$ 且 $a_{ij}>0$,即成对比较矩阵一定是正互反矩阵. 例如,设某次调查,用成对比较法对功能等准则进行定性的两两比较,并使用 1 ~9 尺度进行转化后,可得到成对比较阵.

$$A=\begin{pmatrix}1 & \frac{1}{2} & 4 & 3 & 3\\ 2 & 1 & 7 & 5 & 5\\ \frac{1}{4} & \frac{1}{7} & 1 & \frac{1}{2} & \frac{1}{3}\\ \frac{1}{3} & \frac{1}{5} & 2 & 1 & 1\\ \frac{1}{3} & \frac{1}{5} & 3 & 1 & 1\end{pmatrix}$$

A 中 $a_{12}=\dfrac{1}{2}$ 表示功能 C_1 与使用寿命 C_2 对选择计算机这个目标 O 的重要性之比为 1∶2; $a_{14}=3$ 表示功能 C_1 与外形 C_4 对选择计算机这个目标 O 的重要性之比为 3∶1; $a_{32}=\dfrac{1}{7}$ 表示价格 C_3 与寿命 C_2 对选择计算机这个目标 O 的重要性之比为 1∶7.

同理,相对于功能等 5 个准则,甲、乙、丙的重要性也可以进行比较,从而得到成对比较阵

$$B_1=\begin{pmatrix}1 & 2 & 5\\ \frac{1}{2} & 1 & 2\\ \frac{1}{5} & \frac{1}{2} & 1\end{pmatrix},\quad B_2=\begin{pmatrix}1 & \frac{1}{3} & \frac{1}{8}\\ 3 & 1 & \frac{1}{3}\\ 8 & 3 & 1\end{pmatrix},\quad B_3=\begin{pmatrix}1 & 1 & 3\\ 1 & 1 & 3\\ \frac{1}{3} & \frac{1}{3} & 1\end{pmatrix},$$

$$B_4=\begin{pmatrix}1 & 3 & 4\\ \frac{1}{3} & 1 & 1\\ \frac{1}{4} & 1 & 1\end{pmatrix},\quad B_5=\begin{pmatrix}1 & 1 & \frac{1}{4}\\ 1 & 1 & \frac{1}{4}\\ 4 & 4 & 1\end{pmatrix}.$$

例如,B_1 中 $b_{12}=2$ 表示甲与乙对功能这个准则的重要性之比为 2.

▶模型求解

(1)计算权向量

若一个正互反阵 X 满足 $x_{ik}\cdot x_{kj}=x_{ij}(i,j,k=1,2,\cdots,n)$,则 X 称为一致性矩阵,简称一致阵. 可以证明,n 阶一致阵 X 有系列性质:①X 的秩是 1,X 的唯一的非零特征根是 n;②对应于特征根 n 的特征向量的标准化向量,记为权向量.

实际建立的成对比较阵一般是非一致阵. 例如,矩阵 A 中,C_1∶C_2 =1∶2. 但当非一致性较小时,我们仍可以借用一致阵的性质,即一个接近于 n 的正特征根(可以证明该特征根一定是

最大特征根)所对应的特征向量标准化后,即可作为权向量.

例如,利用 Mathematica 软件可计算成对比较阵 $\boldsymbol{A}$ 的最大特征根 $\lambda=5.073$,归一化的特征向量 $\omega^{(2)}=(0.263,0.475,0.055,0.099,0.110)^{\mathrm{T}}$ 就是第 2 层(准则层)对第 1 层(目标层)的权向量。同理可以就成对比较阵 $\boldsymbol{B}_1,\boldsymbol{B}_2,\boldsymbol{B}_3,\boldsymbol{B}_4,\boldsymbol{B}_5$ 进行类似的计算,从而得到所有的权重,我们将成对比较阵 $\boldsymbol{B}_k$ 的最大特征根 λ_k 所对应的权向量 $\omega_k^{(3)}$ (第 3 层对第 2 层的权向量)的计算结果见表 3.9.

表 3.9

k	1	2	3	4	5
λ_k	3.005	3.002	3	3.009	3
$\omega_k^{(3)}$	0.595	0.082	0.429	0.633	0.166
	0.277	0.236	0.492	0.193	0.166
	0.129	0.682	0.142	0.175	0.668

(2)组合权向量

例如:对于甲组合权重可用第 3 层对第 2 层权向量 $\omega_k^{(3)}$ 的第 1 个分量与第 2 层对第 1 层的权向量 $\omega^{(2)}$ 组合而成,即

$$0.595\times0.263+0.082\times0.475+0.429\times0.055+0.633\times0.099+0.166\times0.110=0.300.$$

同理,可以计算乙的组合权重为 0.246,丙的组合权重为 0.456. 计算结果表示,丙应作为第一选择.

综合练习 3

一、填空题

1. 一阶行列式 $|-2|$ 的值等于________.

2. 行列式 $\begin{vmatrix}2&-1&1\\3&0&1\\4&-4&3\end{vmatrix}$ 中元素 (-4) 的代数余子式的值为__________.

3. 设矩阵 $\boldsymbol{A}=\begin{pmatrix}1&0&4&-5\\3&-2&3&2\\2&1&6&-1\end{pmatrix}$,则 $\boldsymbol{A}$ 中元素 $a_{23}=$_____.

4. 设矩阵 $\boldsymbol{A}=\begin{pmatrix}1&0&1\\2&1&1\end{pmatrix}$,$\boldsymbol{B}=\begin{pmatrix}1&2\\1&-3\\-1&4\end{pmatrix}$,则 $[\boldsymbol{A}+\boldsymbol{B}^{\mathrm{T}}]^{\mathrm{T}}=$____,$(\boldsymbol{AB})^{\mathrm{T}}=$______.

5. 设 $\boldsymbol{A},\boldsymbol{B}$ 为 n 阶矩阵,则等式 $(\boldsymbol{A}-\boldsymbol{B})^2=\boldsymbol{A}^2-2\boldsymbol{AB}+\boldsymbol{B}^2$ 成立的充分必要条件是____.

6. 已知矩阵 $\boldsymbol{A}=\begin{pmatrix}1&0&0\\0&2&0\\0&0&-3\end{pmatrix}$,则 $\boldsymbol{A}^{-1}=$____.

7. 设矩阵 $\boldsymbol{A}=(1\quad -2)$，$\boldsymbol{B}=\begin{pmatrix}2&1\\-1&0\\0&1\end{pmatrix}$，则 $\boldsymbol{AB}=$ ________.

8. 设矩阵 $\boldsymbol{A}=\begin{pmatrix}3&6&0\\0&1&-2\\3&-1&9\end{pmatrix}$，$\boldsymbol{B}=\begin{pmatrix}2&-6\\9&1\\0&8\end{pmatrix}$，则矩阵 $\boldsymbol{A}$ 与 $\boldsymbol{B}$ 的乘积 $\boldsymbol{AB}$ 的第3行第1列的元素的值是________.

9. 设 $\boldsymbol{A}$ 为 $m\times n$ 矩阵，$\boldsymbol{B}$ 为 $s\times t$ 矩阵，若 $\boldsymbol{AB}$ 与 $\boldsymbol{BA}$ 都可进行运算，则 m,n,s,t 有关系式________.

10. 设 $\boldsymbol{A}=\begin{pmatrix}1&3\\-1&-2\end{pmatrix}$，则 $\boldsymbol{E}-2\boldsymbol{A}=$ ________.

11. 当 a ______ 时，矩阵 $\boldsymbol{A}=\begin{pmatrix}1&3\\-1&a\end{pmatrix}$ 可逆.

12. 设 $\boldsymbol{A}=\begin{pmatrix}1&0&2\\a&0&b\\2&3&-1\end{pmatrix}$，当 $a=$ ____，$b=$ ____ 时，$\boldsymbol{A}$ 是对称矩阵.

13. 当 $\lambda=$ ______ 时，矩阵 $\begin{pmatrix}1&2&3&4\\-1&-1&-5&-4\\0&2&-4&\lambda\end{pmatrix}$ 的秩最小.

二、单项选择题

14. 四阶行列式 $\begin{vmatrix}a_1&0&0&b_1\\0&a_2&b_2&0\\0&b_3&a_3&0\\b_4&0&0&a_4\end{vmatrix}=(\quad)$.

A. $a_1a_2a_3a_4-b_1b_2b_3b_a$　　B. $a_1a_2a_3a_4+b_1b_2b_3b_a$

C. $(a_1a_2-b_1b_2)(a_3a_4-b_3b_4)$　　D. $(a_2a_3-b_2b_3)(a_1a_4-b_1b_4)$

15. 设 $\boldsymbol{A}$ 为 3×4 矩阵，$\boldsymbol{B}$ 为 5×2 矩阵，若矩阵 $\boldsymbol{ACB}^{\mathrm{T}}$ 有意义，则矩阵 $\boldsymbol{C}$ 为(　　)型.

A. 4×5　　B. 4×2　　C. 3×5　　D. 3×2

16. 设 $\boldsymbol{A},\boldsymbol{B},\boldsymbol{C}$ 均为 n 阶矩阵，且 $\boldsymbol{A}$ 为对称矩阵，则下列结论或等式成立的是(　　).

A. $(\boldsymbol{A}+\boldsymbol{B})^2=\boldsymbol{A}^2+2\boldsymbol{AB}+\boldsymbol{B}^2$　　B. 若 $\boldsymbol{AB}=\boldsymbol{AC}$ 且 $\boldsymbol{A}\neq\boldsymbol{O}$，则 $\boldsymbol{B}=\boldsymbol{C}$

C. $[\boldsymbol{A}(\boldsymbol{A}-\boldsymbol{B})]^{\mathrm{T}}=\boldsymbol{A}^2-\boldsymbol{B}^{\mathrm{T}}\boldsymbol{A}$　　D. 若 $\boldsymbol{A}\neq\boldsymbol{O}$，$\boldsymbol{B}\neq\boldsymbol{O}$，则 $\boldsymbol{AB}\neq\boldsymbol{O}$

17. 设 $\boldsymbol{A},\boldsymbol{B}$ 均为同阶可逆矩阵，则下列等式成立的是(　　).

A. $(\boldsymbol{AB})^{\mathrm{T}}=\boldsymbol{A}^{\mathrm{T}}\boldsymbol{B}^{\mathrm{T}}$　　B. $(\boldsymbol{AB})^{\mathrm{T}}=\boldsymbol{B}^{\mathrm{T}}\boldsymbol{A}^{\mathrm{T}}$

C. $(\boldsymbol{BA}^{\mathrm{T}})^{-1}=\boldsymbol{A}^{-1}(\boldsymbol{B}^{\mathrm{T}})^{-1}$　　D. $(\boldsymbol{AB}^{\mathrm{T}})^{-1}=\boldsymbol{A}^{-1}(\boldsymbol{B}^{-1})^{\mathrm{T}}$

18. 矩阵 $\boldsymbol{A}=\begin{pmatrix}1&0&0\\0&1&0\\0&4&0\end{pmatrix}$ 的秩为(　　).

A. 0　　B. 1　　C. 2　　D. 3

19. 下列说法正确的是(　　).

A. $\boldsymbol{O}$ 矩阵一定是方阵　　B. 可转置的矩阵一定是方阵

C. 数量矩阵一定是方阵　　D. 若 $\boldsymbol{A}$ 与$\boldsymbol{A}^{\mathrm{T}}$ 可进行乘法运算,则 $\boldsymbol{A}$ 一定是方阵

20. 设 $\boldsymbol{A}$ 是可逆矩阵,且 $\boldsymbol{A}+\boldsymbol{AB}=\boldsymbol{E}$,则$\boldsymbol{A}^{-1}=$(　　).

A. $\boldsymbol{E}+\boldsymbol{B}$　　B. $\boldsymbol{E}+\boldsymbol{A}$　　C. $\boldsymbol{B}$　　D. $(\boldsymbol{E}-\boldsymbol{AB})^{-1}$

21. 设 $\boldsymbol{A}$ 是 n 阶可逆矩阵,k 是不为 0 的常数,则$(k\boldsymbol{A})^{-1}=$(　　).

A. $k\boldsymbol{A}^{-1}$　　B. $\dfrac{1}{k^n}\boldsymbol{A}^{-1}$　　C. $-k\boldsymbol{A}^{-1}$　　D. $\dfrac{1}{k}\boldsymbol{A}^{-1}$

22. 设 $\boldsymbol{A}$ 是 4 阶方阵,若秩$(\boldsymbol{A})=3$,则(　　).

A. $\boldsymbol{A}$ 可逆　　B. $\boldsymbol{A}$ 的阶梯矩阵有一个 0 行

C. $\boldsymbol{A}$ 有一个 0 行　　D. $\boldsymbol{A}$ 至少有一个 0 行

23. 设 $\boldsymbol{A},\boldsymbol{B}$ 为同阶方阵,则下列说法正确的是(　　).

A. 若 $\boldsymbol{AB}=\boldsymbol{O}$,则必有 $\boldsymbol{A}=\boldsymbol{O}$ 或 $\boldsymbol{B}=\boldsymbol{O}$　　B. 若 $\boldsymbol{AB}\neq\boldsymbol{O}$,则必有 $\boldsymbol{A}\neq\boldsymbol{O},\boldsymbol{B}\neq\boldsymbol{O}$

C. 若秩$(\boldsymbol{A})\neq\boldsymbol{O}$,秩$(\boldsymbol{B})\neq\boldsymbol{O}$,则秩$(\boldsymbol{AB})\neq\boldsymbol{O}$　　D. 秩$(\boldsymbol{A}+\boldsymbol{B})=$秩$(\boldsymbol{A})+$秩$(\boldsymbol{B})$

24. 设 $\boldsymbol{A}$ 为 3×2 矩阵,$\boldsymbol{B}$ 为 2×3 矩阵,则下列运算中(　　)可以进行.

A. $\boldsymbol{AB}$　　B. $\boldsymbol{AB}^{\mathrm{T}}$　　C. $\boldsymbol{A}+\boldsymbol{B}$　　D. $\boldsymbol{BA}^{\mathrm{T}}$

三、解答题

25. 计算下列行列式.

(1) $\begin{vmatrix} 1 & 2 & 0 & 1 \\ 2 & 4 & -1 & 1 \\ -1 & 3 & 4 & 2 \\ 1 & 3 & 6 & 5 \end{vmatrix}$;　　(2) $\begin{vmatrix} 4 & 2 & 3 & 4 \\ 1 & 5 & 3 & 4 \\ 1 & 2 & 6 & 4 \\ 1 & 2 & 3 & 7 \end{vmatrix}$;

(3) $\begin{vmatrix} 1 & 9 & 103 & -3 \\ 2 & -8 & 198 & 2 \\ 3 & 7 & 299 & 1 \\ 4 & -5 & 405 & -5 \end{vmatrix}$;　　(4) $\begin{vmatrix} c & a & d & b \\ a & c & d & b \\ a & c & b & d \\ c & a & b & d \end{vmatrix}$.

26. 证明:$\begin{vmatrix} ax+by & ay+bz & az+bx \\ ay+bz & az+bx & ax+by \\ az+bx & ax+by & ay+bz \end{vmatrix}=(a^3+b^3)\begin{vmatrix} x & y & z \\ y & z & x \\ z & x & y \end{vmatrix}$.

27. 设 $\boldsymbol{A}=\begin{pmatrix} 1 & -2 \\ 3 & 0 \\ -4 & 2 \\ 5 & 6 \end{pmatrix}$,$\boldsymbol{B}=\begin{pmatrix} 0 & -1 & 3 & 4 \\ 2 & 5 & -6 & -2 \end{pmatrix}$,计算 $\boldsymbol{A}^{\mathrm{T}}+\boldsymbol{B}$,$2\boldsymbol{A}-\boldsymbol{B}^{\mathrm{T}}$,$\boldsymbol{BA}$,$\boldsymbol{AB}$,$\boldsymbol{A}^{\mathrm{T}}\boldsymbol{B}^{\mathrm{T}}$.

28. 计算下列各题.

(1) $\begin{pmatrix} -2 & 1 \\ 5 & 3 \end{pmatrix}\begin{pmatrix} 0 & 1 \\ 1 & 0 \end{pmatrix}$;　　(2) $\begin{pmatrix} 0 & 2 \\ 0 & -3 \end{pmatrix}\begin{pmatrix} 1 & 1 \\ 0 & 0 \end{pmatrix}$;

(3) $(-1)\begin{pmatrix}3\\0\\-1\\2\end{pmatrix}$;　　(4) $\begin{pmatrix}1&2&3\\-1&2&2\\1&-3&2\end{pmatrix}\begin{pmatrix}-1&2&4\\1&4&3\\2&3&-1\end{pmatrix}-\begin{pmatrix}2&4&5\\6&1&0\\3&-2&7\end{pmatrix}$.

29. 求矩阵$\begin{pmatrix}3&-2&0&1&-7\\-1&-3&2&0&4\\2&0&-4&5&1\\4&1&-2&1&-11\end{pmatrix}$的秩.

30. 设$\boldsymbol{A}=\begin{pmatrix}1&2&4\\2&\lambda&1\\1&1&0\end{pmatrix}$,求 λ 使秩$(\boldsymbol{A})$有最小值.

31. 验证下列矩阵$\boldsymbol{A}$,$\boldsymbol{B}$ 是否互为逆矩阵.

(1) $\boldsymbol{A}=\begin{pmatrix}8&-4\\-5&3\end{pmatrix}$,　$\boldsymbol{B}=\begin{pmatrix}\frac{3}{4}&1\\\frac{5}{4}&2\end{pmatrix}$;

(2) $\boldsymbol{A}=\begin{pmatrix}1&-2&5\\-3&0&4\\2&1&6\end{pmatrix}$,　$\boldsymbol{B}=\begin{pmatrix}-4&17&-8\\26&-4&-19\\-3&-5&-6\end{pmatrix}$.

第 4 章
线性方程组

对线性方程组的研究，中国比欧洲至少早 1 500 年，在《九章算术》方程章中已作了比较完整的论述. 其中所述方法实质上相当于现代的对方程组的增广矩阵施行初等行变换从而消除未知量的方法，即高斯消元法. 在西方，线性方程组的研究是在 17 世纪后期由莱布尼茨开创的. 他曾研究含两个未知量的三个线性方程组成的方程组.

生产活动和科学技术中的许多问题经常可以归结为解一个线性方程组. 虽然在中学我们已经学过用加减消元法或代入消元法解二元或三元一次方程组，又知道二元一次方程组的解的情况只可能有三种：有唯一解、有无穷多解、无解. 但是在许多实际问题中，我们遇到的方程组中未知数个数常常超过三个，而且方程组中未知数个数与方程的个数也不一定相同.

如

$$\begin{cases}2x_1+2x_2-3x_3-4x_4-7x_5=0\\ x_1+x_2-x_3+2x_4+3x_5=-1\\ -x_1-x_2+2x_3-x_4+3x_5=2\end{cases}$$

这样的线性方程组是否有解呢？如果有解，解是否唯一？如果解不唯一，解的结构如何呢？在有解的情况下，如何求解？这就是本章要讨论的主要问题.

4.1 线性方程组的概念与克莱姆法则

4.1.1 线性方程组的概念

与二元、三元线性方程组类似，含 n 个未知量，由 m 个线性方程构成的线性方程组的一般形式为

$$\begin{cases} a_{11}x_1 + a_{12}x_2 + \cdots + a_{1n}x_n = b_1 \\ a_{21}x_1 + a_{22}x_2 + \cdots + a_{2n}x_n = b_2 \\ \qquad\qquad\vdots \\ a_{m1}x_1 + a_{m2}x_2 + \cdots + a_{mn}x_n = b_m \end{cases} \tag{4.1}$$

方程组(4.1)可以用矩阵表示为 $\boldsymbol{AX}=\boldsymbol{B}$.

其中 $\boldsymbol{A}=\begin{pmatrix} a_{11} & a_{12} & \cdots & a_{1n} \\ a_{21} & a_{22} & \cdots & a_{2n} \\ \vdots & \vdots & & \vdots \\ a_{m1} & a_{m2} & \cdots & a_{mn} \end{pmatrix}$称为方程组(4.1)的系数矩阵，$\boldsymbol{B}=\begin{pmatrix} b_1 \\ b_2 \\ \vdots \\ b_m \end{pmatrix}$称为方程组(4.1)的常数项矩阵，$\boldsymbol{X}=\begin{pmatrix} x_1 \\ x_2 \\ \vdots \\ x_n \end{pmatrix}$称为方程组(4.1)的未知量矩阵.

如果未知量的个数 n 与方程的个数 m 相等，那么未知量的系数就可以构成一个行列式. 此时就能利用行列式来研究方程组的有关解的问题——克莱姆法则.

4.1.2 克莱姆法则

定理 4.1 （克莱姆法则）设含有 n 个未知量 $x_1,x_2,\cdots,x_n$，由 n 个方程所组成的线性方程组

$$\begin{cases} a_{11}x_1 + a_{12}x_2 + \cdots + a_{1n}x_n = b_1 \\ a_{21}x_1 + a_{22}x_2 + \cdots + a_{2n}x_n = b_2 \\ \qquad\qquad\vdots \\ a_{n1}x_1 + a_{n2}x_2 + \cdots + a_{nn}x_n = b_n \end{cases} \tag{4.2}$$

如果方程组(4.2)的系数行列式不等于零，即

$$D=\begin{vmatrix} a_{11} & a_{12} & \cdots & a_{1n} \\ a_{21} & a_{22} & \cdots & a_{2n} \\ \vdots & \vdots & & \vdots \\ a_{n1} & a_{n2} & \cdots & a_{nn} \end{vmatrix} \neq 0,$$

那么,方程组(4.2)有唯一解 $x_j=\dfrac{D_j}{D}(j=1,2,\cdots,n)$.

其中行列式 $D_j(j=1,2,\cdots,n)$ 是把 D 的第 j 列元素用方程组右端的常数项代替后得到的 n 阶行列式,即

$$D_j=\begin{vmatrix} a_{11} & \cdots & a_{1,j-1} & b_1 & a_{1,j+1} & \cdots & a_{1n} \\ a_{21} & \cdots & a_{2,j-1} & b_2 & a_{2,j+1} & \cdots & a_{2n} \\ \vdots & & \vdots & \vdots & \vdots & & \vdots \\ a_{n1} & \cdots & a_{n,j-1} & b_n & a_{n,j+1} & \cdots & a_{nn} \end{vmatrix}.$$

证 先证 $x_1=\dfrac{D_1}{D},x_2=\dfrac{D_2}{D},\cdots,x_n=\dfrac{D_n}{D}$ 是方程组(4.2)的一组解,即

$a_{i1}\dfrac{D_1}{D}+a_{i2}\dfrac{D_2}{D}+\cdots+a_{in}\dfrac{D_n}{D}=b_i\ (i=1,2,\cdots,n)$ 成立.

为此,构造 $n+1$ 阶行列式

$$\begin{vmatrix} b_i & a_{i1} & \cdots & a_{in} \\ b_1 & a_{11} & \cdots & a_{1n} \\ \vdots & \vdots & & \vdots \\ b_n & a_{n1} & \cdots & a_{nn} \end{vmatrix}(i=1,2,\cdots,n).$$

该行列式有两行元素相同,其值为0. 按第1行展开,由于第1行中元素 a_{ij} 的代数余子式为

$$(-1)^{1+j+1}\begin{vmatrix} b_1 & a_{11} & \cdots & a_{1,j-1} & a_{1,j+1} & \cdots & a_{1n} \\ \vdots & \vdots & & \vdots & \vdots & & \vdots \\ b_n & a_{n1} & \cdots & a_{n,j-1} & a_{n,j+1} & \cdots & a_{nn} \end{vmatrix}$$

$$=(-1)^{j+2}\cdot(-1)^{j-1}\begin{vmatrix} a_{11} & \cdots & a_{1,j-1} & b_1 & a_{1,j+1} & \cdots & a_{1n} \\ \vdots & & \vdots & \vdots & \vdots & & \vdots \\ a_{n1} & \cdots & a_{n,j-1} & b_n & a_{n,j+1} & \cdots & a_{nn} \end{vmatrix}=(-1)^{2j+1}D_j=-D_j.$$

所以有

$$b_iD-a_{i1}D_1-\cdots-a_{in}D_n=0,$$

即

$$a_{i1}\frac{D_1}{D}+a_{i2}\frac{D_2}{D}+\cdots+a_{in}\frac{D_n}{D}=b_i\ (i=1,2,\cdots,n).$$

故 $x_1=\dfrac{D_1}{D},x_2=\dfrac{D_2}{D},\cdots,x_n=\dfrac{D_n}{D}$ 是方程组(4.2)的一组解.

再证方程组(4.2)只有这一组解.

设方程组(4.2)另有一组解 $x_1=c_1,x_2=c_2,\cdots,x_n=c_n$,则有

$$\begin{cases} a_{11}c_1 + a_{12}c_2 + \cdots + a_{1j}c_j + \cdots + a_{1n}c_n = b_1 \\ a_{21}c_1 + a_{22}c_2 + \cdots + a_{2j}c_j + \cdots + a_{2n}c_n = b_2 \\ \qquad\qquad\qquad \vdots \\ a_{n1}c_1 + a_{n2}c_2 + \cdots + a_{nj}c_j + \cdots + a_{nn}c_n = b_n \end{cases}.$$

依次用 D 中第 j 列元素的代数余子式 $A_{1j},A_{2j},\cdots,A_{nj}$ 乘上面各恒等式，再把它们两端分别相加，得

$$c_1\sum_{i=1}^{n}a_{i1}A_{ij} + c_2\sum_{i=1}^{n}a_{i2}A_{ij} + \cdots + c_j\sum_{i=1}^{n}a_{ij}A_{ij} + \cdots + c_n\sum_{i=1}^{n}a_{in}A_{ij} = \sum_{i=1}^{n}b_iA_{ij},$$

而

$$\sum_{i=1}^{n}a_{ik}A_{ij} = \begin{cases} 0 & k \neq j \\ D & k = j \end{cases}.$$

上等式化为

$$Dc_j = D_j, j = 1,2,\cdots,n.$$

因 $D\neq 0$，所以

$$c_1 = \frac{D_1}{D}, c_2 = \frac{D_2}{D}, \cdots, c_n = \frac{D_n}{D}.$$

故方程组(4.2)只有唯一组解 $x_1 = \frac{D_1}{D}, x_2 = \frac{D_2}{D}, \cdots, x_n = \frac{D_n}{D}$. 克莱姆法则得证.

例 4.1 解线性方程组

$$\begin{cases} x_1 + x_2 + x_3 + 0x_4 = 5 \\ 2x_1 + x_2 - x_3 + x_4 = 1 \\ x_1 + 2x_2 - x_3 + x_4 = 2 \\ 0x_1 + x_2 + 2x_3 + 3x_4 = 3 \end{cases}.$$

解 方程组的系数行列式

$$D = \begin{vmatrix} 1 & 1 & 1 & 0 \\ 2 & 1 & -1 & 1 \\ 1 & 2 & -1 & 1 \\ 0 & 1 & 2 & 3 \end{vmatrix} = 18 \neq 0,$$

因此，由克莱姆法则知，此方程组有唯一解. 经计算

$$D_1 = \begin{vmatrix} 5 & 1 & 1 & 0 \\ 1 & 1 & -1 & 1 \\ 2 & 2 & -1 & 1 \\ 3 & 1 & 2 & 3 \end{vmatrix} = 18, D_2 = \begin{vmatrix} 1 & 5 & 1 & 0 \\ 2 & 1 & -1 & 1 \\ 1 & 2 & -1 & 1 \\ 0 & 3 & 2 & 3 \end{vmatrix} = 36,$$

$$D_3 = \begin{vmatrix} 1 & 1 & 5 & 0 \\ 2 & 1 & 1 & 1 \\ 1 & 2 & 2 & 1 \\ 0 & 1 & 3 & 3 \end{vmatrix} = 36, D_4 = \begin{vmatrix} 1 & 1 & 1 & 5 \\ 2 & 1 & -1 & 1 \\ 1 & 2 & -1 & 2 \\ 0 & 1 & 2 & 3 \end{vmatrix} = -18.$$

由公式得

$$x_1=\frac{18}{18}=1,x_2=\frac{36}{18}=2,$$

$$x_3=\frac{36}{18}=2,x_4=\frac{-18}{18}=-1.$$

克莱姆法则给出的结论很完美，讨论了方程组(4.2)解的存在性、唯一性和求解公式，在理论上有重大价值. 不考虑克莱姆法则中的求解公式，可以得到下面重要的定理.

定理 4.2　如果线性方程组(4.2)的系数行列式 $D\neq 0$，那么方程组(4.2)一定有解，且解是唯一的.

在线性方程组(4.2)中，右端的常数 $b_1,b_2,\cdots,b_n$ 不全为 0 时，式(4.2)称为非齐次线性方程组. 当 $b_1,b_2,\cdots,b_n$ 全为 0 时，式(4.2)称为齐次线性方程组

$$\begin{cases}a_{11}x_1+a_{12}x_2+\cdots+a_{1n}x_n=0\\a_{21}x_1+a_{22}x_2+\cdots+a_{2n}x_n=0\\\qquad\qquad\vdots\\a_{n1}x_1+a_{n2}x_2+\cdots+a_{nn}x_n=0\end{cases}\tag{4.3}$$

显然 $x_1=x_2=\cdots=x_n=0$ 一定是它的一组解，这个解叫作齐次线性方程组(4.3)的零解. 如果有一组不全为零的数是(4.3)的解，则它叫作齐次线性方程组(4.3)的非零解.

齐次线性方程组(4.3)一定有零解，但不一定有非零解.

对于齐次线性方程组(4.3)应用定理 4.2，则可以得到以下定理：

定理 4.3　如果齐次线性方程组(4.3)的系数行列式 $D\neq 0$，则方程组(4.3)只有零解.

根据定理 4.3，如果齐次线性方程组(4.3)有非零解，则它的系数行列式必为零，即 $D=0$ 是齐次线性方程组(4.3)有非零解的必要条件，可以证明这一条件也是充分条件.

定理 4.4　齐次线性方程组(4.3)有非零解的充分必要条件为系数行列式 $D=0$.

例 4.2　问 λ 取何值时，齐次线性方程组

$$\begin{cases}(\lambda+3)x_1+x_2+2x_3=0\\\lambda x_1+x_3=0\\2\lambda x_2+(\lambda+3)x_3=0\end{cases}$$

有非零解？

解　若方程组存在非零解，则由定理 4.4 知，它的系数行列式

$$D=\begin{vmatrix}\lambda+3&1&2\\\lambda&0&1\\0&2\lambda&\lambda+3\end{vmatrix}=0,$$

即 $\lambda(\lambda-9)=0$.

解得 $\lambda=0$ 或 $\lambda=9$.

故 $\lambda=0$ 或 $\lambda=9$ 时方程组有非零解.

例 4.3　判断下列齐次线性方程组解的情况.

(1) $\begin{cases}x_1+x_2+x_3-x_4=0\\x_1+x_2-x_3+x_4=0\\x_1-x_2+x_3+x_4=0\\-x_1+x_2+x_3+x_4=0\end{cases}$； (2) $\begin{cases}2x_1+x_2-x_3+x_4=0\\-x_1+3x_2+x_3-x_4=0\\0x_1+x_2+2x_3-2x_4=0\\3x_1+0x_2-2x_3+2x_4=0\end{cases}$.

解 (1)系数行列式

$$D=\begin{vmatrix}1&1&1&-1\\1&1&-1&1\\1&-1&1&1\\-1&1&1&1\end{vmatrix}=\begin{vmatrix}0&2&2&0\\0&2&0&2\\0&0&2&2\\-1&1&1&1\end{vmatrix}=\begin{vmatrix}2&2&0\\2&0&2\\0&2&2\end{vmatrix}=-16\neq0.$$

所以方程组仅有零解 $x_1=x_2=x_3=x_4=0$.

(2)系数行列式

$$D=\begin{vmatrix}2&1&-1&1\\-1&3&1&-1\\0&1&2&-2\\3&0&-2&2\end{vmatrix}$$

最后两列元素对应成比例，所以 $D=0$.

故方程组除零解 $x_1=x_2=x_3=x_4=0$ 外，还有非零解.

可以验证 $x_1=x_2=0, x_3=1, x_4=-1$ 是方程组的解（非零解）且 $x_1=x_2=0, x_3=c, x_4=-c$，c 为任何实数都是方程组的解. 这说明方程组有无穷多组非零解.

克莱姆法则的优点是解的形式简明，理论上有重要价值. 但当 n 较大时，计算量很大. 应用克莱姆法则求解方程组时，要注意克莱姆法则只适用于系数行列式不等于零的 n 个方程的 n 元线性方程组，它不适用于系数行列式等于零或方程个数与未知量个数不等的线性方程组.

习题 4.1

1. 用克莱姆法则解线性方程组.

(1) $\begin{cases}x_2+2x_3=1\\x_1+x_2+4x_3=1\\2x_1-x_2=2\end{cases}$； (2) $\begin{cases}x_1-x_2+x_3-2x_4=2\\2x_1-x_3+4x_4=4\\3x_1+2x_2+x_3=-1\\4x_1+2x_3-2x_4=3\end{cases}$.

2. λ 取何值时，齐次线性方程组 $\begin{cases}\lambda x+y+z=0\\x+\lambda y-z=0\\2x-y+z=0\end{cases}$，只有零解.

3. 当 k 取何值时，下列齐次线性方程组有非零解.

(1) $\begin{cases}x_1+x_2+kx_3=0\\-x_1+kx_2+x_3=0\\x_1-x_2+2x_3=0\end{cases}$； (2) $\begin{cases}3x_1+2x_2-3x_3=0\\x_1+kx_2-x_3=0\\2x_1-x_2+x_3=0\end{cases}$.

4.2 线性方程组的消元解法

在4.1节我们研究了方程的个数与未知量的个数相等,且系数行列式不等于零的线性方程组可以利用克莱姆法则来求解,但方程的个数与未知量的个数不相等或系数行列式的值为零时,克莱姆法则失效,这就需要来研究方程组的消元解法.

▶情景实录

图4.1

引例 鸡兔同笼

教师:观察图4.1,你知道笼子里的鸡和兔各有多少只?

今有鸡兔同笼,

上有三十五头,

下有九十四足,

问鸡兔各几何?

上文翻译为有一群鸡和兔关在同一个笼子里,从上面数鸡头和兔头共35个,从下面看鸡脚和兔脚共94只,问鸡和兔各是多少?

根据实际问题列方程的关键是找相等关系,你能找到相等关系吗?

解 解法一:根据题意,设鸡有 x 只,兔有 y 只,可得到

$$\begin{cases} x+y=35 & (1) \\ 2x+4y=94 & (2) \end{cases}$$

像这样,含有两个未知数的两个一次方程组成的方程组叫作二元一次方程组.

由(1)得

$$y=35-x \qquad (3),$$

把(3)代入(2),得

$$2x+4(35-x)=94,$$

解这个方程,得

$$\begin{cases} x=23 \\ y=12 \end{cases},$$

所以有鸡23只,兔12只.

这种解二元一次方程组的方法,我们称之为代入消元法.

代入消元法解二元一次方程组的几个关键步骤:

①变形:将其中一个方程的某个未知数用含有另一个未知数的式子表示.

②代入:将变形后的方程代入另一个方程中,消去一个未知数,化二元一次方程组为一元一次方程.

③求解:求出一元一次方程的解.

④回代:将其代入到变形后的方程中,求出另一个未知数的解.

⑤结论:写出方程组的解.

解法二:根据题意,设鸡有 x 只,兔有 y 只,可得到

$$\begin{cases} x+y=35 & (1) \\ 2x+4y=94 & (2) \end{cases}$$

由(1)×2得

$$2x+2y=70 \qquad (3)$$

把(2)-(3)得

$$2y=24$$
$$y=12,$$

代入(1)得

$$\begin{cases} x=23 \\ y=12 \end{cases},$$

所以有鸡23只,兔12只.

这种解二元一次方程组的方法,我们称为加减消元法.

代入消元法解二元一次方程组的几个关键步骤:

①变形:使两个方程中某个相同未知量的系数相等或互为相反数.

②加减:将两个方程相加减,消去一个未知数,化二元一次方程组为一元一次方程.

③求解:求出一元一次方程的解.

④回代:将其代入到变形后的方程中,求出另一个未知数的解.

⑤结论:写出方程组的解.

4.2.1 线性方程组的增广矩阵

若 m 个方程,n 个未知量的线性方程组

$$\begin{cases} a_{11}x_1+a_{12}x_2+\cdots+a_{1n}x_n=b_1 \\ a_{21}x_1+a_{22}x_2+\cdots+a_{2n}x_n=b_2 \\ \qquad\vdots \\ a_{m1}x_1+a_{m2}x_2+\cdots+a_{mn}x_n=b_m \end{cases}. \qquad (4.4)$$

当 $b_1,b_2,\cdots,b_m$ 不全为零时,称为非齐次线性方程组,否则称为齐次线性方程组.

$$\boldsymbol{A}=\begin{pmatrix} a_{11} & a_{12} & \cdots & a_{1n} \\ a_{21} & a_{22} & \cdots & a_{2n} \\ \vdots & \vdots & & \vdots \\ a_{m1} & a_{m2} & \cdots & a_{mn} \end{pmatrix},\widetilde{\boldsymbol{A}}=\begin{pmatrix} a_{11} & a_{12} & \cdots & a_{1n} & b_1 \\ a_{21} & a_{22} & \cdots & a_{2n} & b_2 \\ \vdots & \vdots & & \vdots & \vdots \\ a_{m1} & a_{m2} & \cdots & a_{mn} & b_m \end{pmatrix},\boldsymbol{A}=\begin{pmatrix} b_1 \\ b_2 \\ \vdots \\ b_m \end{pmatrix}.$$

矩阵 $\boldsymbol{A}$ 和矩阵 $\widetilde{\boldsymbol{A}}$ 分别称为方程组的系数矩阵和增广矩阵. 增广矩阵也可以表示为 $(\boldsymbol{A} \vdots \boldsymbol{B})$,很显然用增广矩阵可以清楚地表示线性方程组 $\boldsymbol{AX}=\boldsymbol{B}$. 因此对方程组的变换就是对增广矩阵的变换.

4.2.2 解线性方程组的消元法

(1)消元法的实质

消元法的实质是对线性方程组进行如下变换：

①用一个非零的数乘某个方程的两端；

②用一个非零的数乘某个方程后加到另一个方程上去；

③互换两个方程的位置.

显然，这3种变换不改变方程组的解，即线性方程组经过上述任意一种变换，所得的方程组与原线性方程组同解.

(2)用消元法解线性方程组

解线性方程组的消元法的基本思想是：利用对方程组的同解变换，逐步消元，最后得到只含一个未知数的方程，求出这个未知数后，再逐步回代，求出其他未知数. 由于线性方程组由其增广矩阵唯一确定，所以对线性方程组进行上述变换，相当于对其增广矩阵施行相应的初等行变换，这种解法叫作高斯消元法.

由第3章的定理可知，任意矩阵 $\boldsymbol{A}=(a_{ij})_{m\times n}$ 都可通过初等变换化为等价标准形，即

$$\boldsymbol{A}\cong\boldsymbol{D}=\begin{pmatrix}\boldsymbol{E}_r & \boldsymbol{K}\\ \boldsymbol{O} & \boldsymbol{O}\end{pmatrix}.$$

不过，其中可能需要对矩阵进行交换两列变换. 如果只限于进行初等行变换，$\boldsymbol{E}_r$ 中的元素1可能会分布在其他列中，但这并不影响我们对方程组简化的目的. 我们暂不考虑这种例外的情况.

也就是说，增广矩阵 $\widetilde{\boldsymbol{A}}$ 可以通过初等行变换转化为如下的阶梯形矩阵

$$\boldsymbol{P}=\begin{pmatrix}1 & 0 & \cdots & 0 & p_{1,\ r+1} & \cdots & p_{1n} & d_1\\ 0 & 1 & \cdots & 0 & p_{2,\ r+1} & \cdots & p_{2n} & d_2\\ \vdots & \vdots & & \vdots & \vdots & & \vdots & \vdots\\ 0 & 0 & \cdots & 1 & p_{r,\ r+1} & \cdots & p_{rn} & d_r\\ 0 & 0 & \cdots & 0 & 0 & \cdots & 0 & d_{r+1}\\ \vdots & \vdots & & \vdots & \vdots & & \vdots & \vdots\\ 0 & 0 & \cdots & 0 & 0 & \cdots & 0 & 0\end{pmatrix}\quad(r\leqslant n).$$

初等行变换将方程组转化为同解方程组，即原方程组与以阶梯形矩阵 $\boldsymbol{P}$ 为增广矩阵的方程组是同解方程组.

例4.4 求解线性方程组 $\begin{cases}2x_2-x_3=1\\ 2x_1+2x_2+3x_3=5.\\ x_1+2x_2+2x_3=4\end{cases}$

解 对增广矩阵实施初等行变换，将其化为行简化阶梯形矩阵.

$$\widetilde{\boldsymbol{A}}=\begin{pmatrix}0&2&-1&1\\2&2&3&5\\1&2&2&4\end{pmatrix}\xrightarrow{r_1\leftrightarrow r_3}\begin{pmatrix}1&2&2&4\\2&2&3&5\\0&2&-1&1\end{pmatrix}$$

$$\xrightarrow{-2r_1+r_2}\begin{pmatrix}1&2&2&4\\0&-2&-1&-3\\0&2&-1&1\end{pmatrix}\xrightarrow[r_2+r_3]{r_2+r_1}\begin{pmatrix}1&0&1&1\\0&-2&-1&-3\\0&0&-2&-2\end{pmatrix}$$

$$\xrightarrow{-\frac{1}{2}r_3}\begin{pmatrix}1&0&1&1\\0&-2&-1&-3\\0&0&1&1\end{pmatrix}\xrightarrow[r_3+r_2]{-r_3+r_1}\begin{pmatrix}1&0&0&0\\0&-2&0&-2\\0&0&1&1\end{pmatrix}\xrightarrow{-\frac{1}{2}r_2}\begin{pmatrix}1&0&0&0\\0&1&0&1\\0&0&1&1\end{pmatrix}.$$

故原方程组的同解方程组为$\begin{cases}x_1=0\\x_2=1\\x_3=1\end{cases}$,即为线性方程组的解.

例4.5 求解线性方程组$\begin{cases}-3x_1-3x_2+14x_3+29x_4=-16\\x_1+x_2+4x_3-x_4=1\\-x_1-x_2+2x_3+7x_4=-4\end{cases}$. (4.5)

解 对增广矩阵实施初等行变换,将其化为行简化阶梯形矩阵

$$\widetilde{\boldsymbol{A}}=\begin{pmatrix}-3&-3&14&29&-16\\1&1&4&-1&1\\-1&-1&2&7&-4\end{pmatrix}\xrightarrow{r_1\leftrightarrow r_2}\begin{pmatrix}1&1&4&-1&1\\-3&-3&14&29&-16\\-1&-1&2&7&-4\end{pmatrix}$$

$$\xrightarrow[r_1+r_3]{3r_1+r_2}\begin{pmatrix}1&1&4&-1&1\\0&0&2&2&-1\\0&0&0&0&0\end{pmatrix}\xrightarrow{-4r_3+r_2}\begin{pmatrix}1&1&4&-1&1\\0&0&2&2&-1\\0&0&6&6&-3\end{pmatrix}$$

$$\xrightarrow{-3r_2+r_3}\begin{pmatrix}1&1&4&-1&1\\0&0&2&2&-1\\0&0&0&0&0\end{pmatrix}\xrightarrow{\frac{1}{2}r_2}\begin{pmatrix}1&1&4&-1&1\\0&0&1&1&-\frac{1}{2}\\0&0&0&0&0\end{pmatrix}$$

$$\xrightarrow{-4r_2+r_1}\begin{pmatrix}1&1&0&-5&3\\0&0&1&1&-\frac{1}{2}\\0&0&0&0&0\end{pmatrix}.$$

故原方程组的同解方程组为$\begin{cases}x_1+x_2-5x_4=3\\x_3+x_4=-\frac{1}{2}\end{cases}$.

将含未知量x_2,x_4的项移到等式右边,得

$$\begin{cases}x_1=-x_2+5x_4+3\\x_3=-x_4-\frac{1}{2}\end{cases},\tag{4.6}$$

其中x_2,x_4可以取任意实数.

显然,只要未知量 x_2,x_4 分别任意取定一个值,如 $x_2=1,x_4=0$ 代入式(4.6)中均可以得到一组相应的值:$x_1=2,x_3=-0.5$,从而得到方程组(4.5)的一个解

$$\begin{cases}x_1=2\\x_2=1\\x_3=-0.5\\x_4=0\end{cases}.$$

由于未知量 x_2,x_4 的取值是任意实数,故方程组(4.5)的解有无穷多个. 由此可知,表达式(4.6)表示了方程组(4.5)的所有解. 表达式(4.6)中等号右端的未知量 x_2,x_4 称为自由未知量,用自由未知量表示其他未知量的表达式(4.6)称为方程组(4.5)的一般解,当表达式(4.6)中的未知量 x_2,x_4 取定一组解(如 $x_2=1,x_4=0$)得到方程组(4.5)的一个解(如 $x_1=2$,$x_2=1,x_3=-0.5,x_4=0$),称之为方程组(4.5)的特解.

如果将表达式(4.6)中的自由未知量 x_2,x_4 取任意实数 C_1,C_2,得方程组(4.5)的一般解为

$$\begin{cases}x_1=-C_1+5C_2+3\\x_2=C_1\\x_3=-C_2-\dfrac{1}{2}\\x_4=C_2\end{cases}.$$

例4.6 某城市市区交叉路口由两条单向车道组成. 图4.2中给出了在交通高峰时段每小时进入和离开路口的车辆数. 计算在4个交叉路口间车辆的数量.

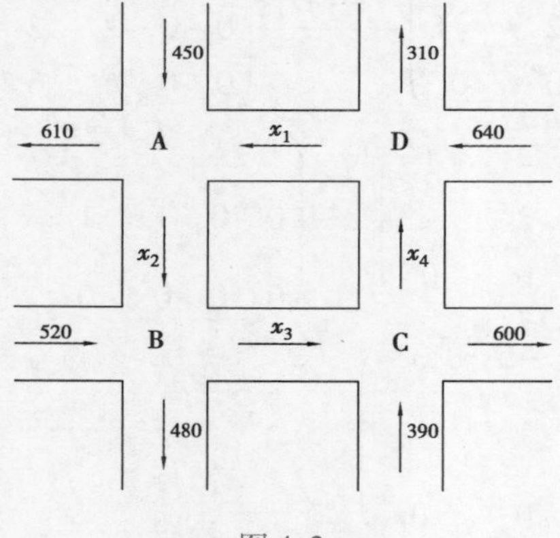

图4.2

解 在每一路口,必有进入的车辆数和离开的车辆数相等. 例如,在路口A,进入该路口的车辆数为 x_1+450,离开该路口的车辆数为 x_2+610. 因此

$$x_1+450=x_2+610(\text{路口 A}),$$

类似的

$$x_2+520=x_3+480(\text{路口 B}),$$
$$x_3+390=x_4+600(\text{路口 C}),$$
$$x_4+640=x_1+310(\text{路口 D}),$$

化简得到线性方程组

$$\begin{cases}x_1 - x_2 = 160\\ x_2 - x_3 = -40\\ x_3 - x_4 = 210\\ x_4 - x_1 = -330\end{cases}.$$

利用初等行变换,将方程组的增广矩阵$(\boldsymbol{A}|\boldsymbol{B})$化成最简阶梯形矩阵

$$(\boldsymbol{A}|\boldsymbol{B}) = \begin{pmatrix}1 & -1 & 0 & 0 & 160\\ 0 & 1 & -1 & 0 & -40\\ 0 & 0 & 1 & -1 & 210\\ -1 & 0 & 0 & 1 & -330\end{pmatrix} \xrightarrow{r_1 \leftrightarrow r_4} \begin{pmatrix}-1 & 0 & 0 & 1 & -330\\ 0 & 1 & -1 & 0 & -40\\ 0 & 0 & 1 & -1 & 210\\ 1 & -1 & 0 & 0 & 160\end{pmatrix}$$

$$\xrightarrow{r_2 \leftrightarrow r_4} \begin{pmatrix}-1 & 0 & 0 & 1 & -330\\ 1 & -1 & 0 & 0 & 160\\ 0 & 0 & 1 & -1 & 210\\ 0 & 1 & -1 & 0 & -40\end{pmatrix} \xrightarrow{r_1 + r_2} \begin{pmatrix}-1 & 0 & 0 & 1 & -330\\ 0 & -1 & 0 & 1 & -170\\ 0 & 0 & 1 & -1 & 210\\ 0 & 1 & -1 & 0 & -40\end{pmatrix}$$

$$\xrightarrow{r_2 + r_4} \begin{pmatrix}-1 & 0 & 0 & 1 & -330\\ 0 & -1 & 0 & 1 & -170\\ 0 & 0 & 1 & -1 & 210\\ 0 & 0 & -1 & 1 & -210\end{pmatrix} \xrightarrow[\substack{-r_1\\ -r_2}]{r_3 + r_4} \begin{pmatrix}1 & 0 & 0 & -1 & 330\\ 0 & 1 & 0 & -1 & 170\\ 0 & 0 & 1 & -1 & 210\\ 0 & 0 & 0 & 0 & 0\end{pmatrix}.$$

由最后一个矩阵知,原方程组的同解方程组为

$$\begin{cases}x_1 = x_4 + 330\\ x_2 = x_4 + 170\\ x_3 = x_4 + 210\end{cases}.$$

这里 x_4 为自由未知量,也就是说 x_4 在方程组中可以取值是任意实数,得到的结果都是方程组的解. 因此,原方程组有无穷多组解. 这无穷多组解的一般形式可表示为

$$\begin{cases}x_1 = 330 + C\\ x_2 = 170 + C\\ x_3 = 210 + C\\ x_4 = C\end{cases} \quad (C\text{ 为任意常数}).$$

例 4.7 在减肥食谱中的应用.

表 4.1 是该食谱中的 3 种食物以及 100 g 每种食物成分含有某些营养素的数量.

表 4.1

营养	每 100 g 食物所含营养/g			减肥所要求的每日营养量/g
	脱脂牛奶	大豆面粉	乳清	
蛋白质	36	51	13	33
碳水化合物	52	34	74	45
脂肪	0	7	1.1	3

如果用这 3 种食物作为每天的主要食物,那么它们的用量应各取多少才能全面准确地实现这个营养要求?

以 100 g 为一个单位,为了保证减肥所要求的每日营养量,设每日需食用的脱脂牛奶 x_1 个单位,大豆面粉 x_2 个单位,乳清 x_3 个单位,则由所给条件得

$$\begin{cases} 36x_1 + 51x_2 + 13x_3 = 33 \\ 52x_1 + 34x_2 + 74x_3 = 45, \\ 7x_2 + 1.1x_3 = 3 \end{cases}$$

对增广矩阵实施初等行变换,将其化为行简化阶梯形矩阵

$$\widetilde{A} = \begin{pmatrix} 36 & 51 & 13 & 33 \\ 52 & 34 & 74 & 45 \\ 0 & 7 & 1.1 & 3 \end{pmatrix} \longrightarrow \begin{pmatrix} 1 & 0 & 0 & 0.277 \\ 0 & 1 & 0 & 0.392 \\ 0 & 0 & 1 & 0.233 \end{pmatrix},$$

$x_1 = 0.277\,2, x_2 = 0.391\,9, x_3 = 0.233\,2.$

即为了保证减肥所要求的每日营养量,每日需食用脱脂牛奶 27.72 g,大豆面粉 39.19 g,乳清 23.32 g.

4.2.3 线性方程组有解的条件

我们知道线性方程组的增广矩阵都可以化为如下形式的阶梯形矩阵(有时需要进行除最后列外进行其他列交换)

$$P = \begin{pmatrix} 1 & 0 & \cdots & 0 & p_{1,\,r+1} & \cdots & p_{1n} & d_1 \\ 0 & 1 & \cdots & 0 & p_{2,\,r+1} & \cdots & p_{2n} & d_2 \\ \vdots & \vdots & & \vdots & \vdots & & \vdots & \vdots \\ 0 & 0 & \cdots & 1 & p_{r,\,r+1} & \cdots & p_{rn} & d_r \\ 0 & 0 & \cdots & 0 & 0 & \cdots & 0 & d_{r+1} \\ \vdots & \vdots & & \vdots & \vdots & & \vdots & \vdots \\ 0 & 0 & \cdots & 0 & 0 & \cdots & 0 & 0 \end{pmatrix}.$$

方程组(4.4)化为如下同解方程组

$$\begin{cases} x_1 + p_{1,r+1}x_{r+1} + \cdots + p_{1n}x_n = d_1 \\ x_2 + p_{2,r+2}x_{r+1} + \cdots + p_{2n}x_n = d_2 \\ \qquad\qquad \vdots \\ x_r + p_{r,r+1}x_{r+1} + \cdots + p_{rn}x_n = d_r \\ 0 = d_{r+1} \end{cases}.$$

容易得到如下定理:

定理 4.5 线性方程组(4.4)有解的充分必要条件是方程组的系数矩阵 $\boldsymbol{A}$ 与增广矩阵 $\widetilde{\boldsymbol{A}}$ 的秩相等,即 $r(\boldsymbol{A}) = r(\widetilde{\boldsymbol{A}})$.

定理 4.6 若线性方程组(4.4)有解,即 $r(\boldsymbol{A}) = r(\widetilde{\boldsymbol{A}}) = r$,则

①若 $r=n$,方程组有唯一解;

②若 $r<n$,方程组有无穷多个解.

推论 4.1 对于齐次线性方程组,则

①若 $r(A)=n$,则方程组有唯一的零解;

②若 $r(A)=r<n$,则方程组有无穷多个解.

例 4.8 当 λ 取何值时,非齐次线性方程组 $\begin{cases}-2x_1+x_2+x_3=-2\\ x_1-2x_2+x_3=\lambda\\ x_1+x_2-2x_3=\lambda^2\end{cases}$ 有解? 并求出它的解.

解 $\widetilde{A}=\begin{pmatrix}-2 & 1 & 1 & -2\\ 1 & -2 & 1 & \lambda\\ 1 & 1 & -2 & \lambda^2\end{pmatrix}\xrightarrow{\frac{1}{2}r_1}\begin{pmatrix}-1 & \frac{1}{2} & \frac{1}{2} & -1\\ 1 & -2 & 1 & \lambda\\ 1 & 1 & -2 & \lambda^2\end{pmatrix}$

$$\xrightarrow[r_1+r_3]{r_1+r_2}\begin{pmatrix}-1 & \frac{1}{2} & \frac{1}{2} & -1\\ 0 & -\frac{3}{2} & \frac{3}{2} & \lambda-1\\ 0 & \frac{3}{2} & -\frac{3}{2} & \lambda^2-1\end{pmatrix}$$

$$\xrightarrow{r_2+r_3}\begin{pmatrix}-1 & \frac{1}{2} & \frac{1}{2} & -1\\ 0 & -\frac{3}{2} & \frac{3}{2} & \lambda-1\\ 0 & 0 & 0 & (\lambda-1)(\lambda+2)\end{pmatrix}.$$

当 $\lambda=1$ 或 $\lambda=-2$ 时,$r(\boldsymbol{A})=r(\widetilde{\boldsymbol{A}})=2<3$,方程组有解且有无穷多解.

(1)当 $\lambda=1$ 时,对应的同解方程组为

$$\begin{cases}-x_1+\frac{1}{2}x_2+\frac{1}{2}x_3=-1\\ -\frac{3}{2}x_2+\frac{3}{2}x_3=0\end{cases},$$

设 $x_3=C$,则方程组的一般解为

$$x_1=C+1,x_2=C,x_3=C\quad(C\text{ 为任意常数}).$$

(2)当 $\lambda=-2$ 时,对应的同解方程组为

$$\begin{cases}-x_1+\frac{1}{2}x_2+\frac{1}{2}x_3=-1\\ -\frac{3}{2}x_2+\frac{3}{2}x_3=-3\end{cases},$$

设 $x_3=C$,则方程组的一般解为

$$x_1=C+2,x_2=C+2,x_3=C\quad(C\text{ 为任意常数}).$$

习题 4.2

1. 求下列线性方程组的一般解.

(1) $\begin{cases} x_1-3x_2+2x_3+x_4=0 \\ -x_1+2x_2-x_3+2x_4=0 \\ x_1-2x_2+3x_3-2x_4=0 \end{cases}$; (2) $\begin{cases} 2x_1-5x_2+2x_3=-3 \\ x_1+2x_2-x_3=3 \\ -2x_1+14x_2-6x_3=12 \end{cases}$.

2. 设线性方程组

$$\begin{cases} 2x_1-x_2+x_3=1 \\ -x_1-2x_2+x_3=-1 \\ x_1-3x_2+2x_3=c \end{cases},$$

试问 c 为何值时,方程组有解?若方程组有解,求出一般解.

3. 设线性方程组

$$\begin{cases} x_1+x_3=2 \\ x_1+2x_2-x_3=0 \\ 2x_1+x_2-ax_3=b \end{cases},$$

讨论当 a,b 为何值时,方程组无解?有唯一解?有无穷多解?

4. 设齐次线性方程组

$$\begin{cases} x_1-3x_2+2x_3=0 \\ 2x_1-5x_2+3x_3=0 \\ 3x_1-8x_2+\lambda x_3=0 \end{cases},$$

问 λ 取何值时,方程组有非零解,并求一般解.

4.3 n 维向量及其线性关系

为了揭示线性方程组解的结构,有必要引进 n 维向量;而 n 维向量本身在理论研究中和应用上也很重要.

4.3.1 n 维向量的定义

所谓 n 维向量,就是 n 个实数组成的有序数组,一般用希腊字母 $\boldsymbol{\alpha},\boldsymbol{\beta},\boldsymbol{\gamma}$ 等表示.

定义 4.1 由 n 个数 $a_1,a_2,\cdots,a_n$ 组成的一个有序数组

$$\boldsymbol{\alpha}=(a_1,a_2,\cdots,a_n) \text{或} \boldsymbol{\alpha}=\begin{pmatrix} a_1 \\ a_2 \\ \vdots \\ a_n \end{pmatrix}$$

称为 n 维向量,其中 $a_i(i=1,2,\cdots,n)$ 称为 n 维向量 $\boldsymbol{\alpha}$ 的第 i 个分量或第 i 个坐标. 分量全为零的向量称为零向量,记作 $\mathbf{0}$.

n 维向量可以看作是矩阵的特例. 行向量 $\boldsymbol{\alpha}=(a_1,a_2,\cdots,a_n)$,列向量 $\boldsymbol{\alpha}=\begin{pmatrix}a_1\\a_2\\a_3\\a_4\end{pmatrix}$,因此向量的运算与矩阵运算相同.

例 4.9　已知向量 $\boldsymbol{\alpha}_1=(4,1,3,-2)$,$\boldsymbol{\alpha}_2=(1,0,3,1)$,$\boldsymbol{\alpha}_3=(5,7,0,0)$,求满足等式 $3(\boldsymbol{\alpha}_1-\boldsymbol{\beta})+2(\boldsymbol{\beta}+\boldsymbol{\alpha}_2)=5(\boldsymbol{\alpha}_3+\boldsymbol{\beta})$ 的向量 $\boldsymbol{\beta}$.

解　由已知等式得

$$\begin{aligned}\boldsymbol{\beta}&=\frac{1}{6}(3\boldsymbol{\alpha}_1+2\boldsymbol{\alpha}_2-5\boldsymbol{\alpha}_3)\\&=\frac{1}{6}(-11,-32,15,-4)\\&=\left(-\frac{11}{6},-\frac{16}{3},\frac{5}{2},-\frac{2}{3}\right).\end{aligned}$$

4.3.2　向量间的线性关系

(1)线性组合

线性方程组
$$\begin{cases}a_{11}x_1+a_{12}x_2+\cdots+a_{1n}x_n=b_1\\a_{21}x_1+a_{22}x_2+\cdots+a_{2n}x_n=b_2\\\qquad\vdots\\a_{m1}x_1+a_{m2}x_2+\cdots+a_{mn}x_n=b_m\end{cases},\tag{4.7}$$
可写成常数列向量和系数列向量如下的线性关系

$$x_1\boldsymbol{\alpha}_1+x_2\boldsymbol{\alpha}_2+\cdots+x_n\boldsymbol{\alpha}_n=\boldsymbol{\beta},$$

并称之为线性方程组(4.7)的向量形式. 其中

$$\boldsymbol{\alpha}_j=\begin{pmatrix}a_{1j}\\a_{2j}\\\vdots\\a_{mj}\end{pmatrix},\qquad\boldsymbol{\beta}=\begin{pmatrix}b_1\\b_2\\\vdots\\b_m\end{pmatrix}.$$

线性方程组(4.7)是否有解,就相当于是否存在一组数:$x_1=k_1,x_2=k_2,\cdots,x_n=k_n$,使得线性关系 $x_1\boldsymbol{\alpha}_1+x_2\boldsymbol{\alpha}_2+\cdots+x_n\boldsymbol{\alpha}_n=\boldsymbol{\beta}$ 成立,即常数列向量是否可以表示成系数列向量组 $\boldsymbol{\alpha}_1,\boldsymbol{\alpha}_2,\cdots,\boldsymbol{\alpha}_n$ 的线性关系式. 如果可以表示,方程组有解;否则方程组无解.

定义 4.2　设向量 $\boldsymbol{\alpha}_1,\boldsymbol{\alpha}_2,\cdots,\boldsymbol{\alpha}_m$ 和 $\boldsymbol{\beta}$ 都是 n 维向量,若存在一组数 $k_1,k_2,\cdots,k_m$,使

$$k_1\boldsymbol{\alpha}_1+k_2\boldsymbol{\alpha}_2+\cdots+k_m\boldsymbol{\alpha}_m=\boldsymbol{\beta},$$

则称向量 $\boldsymbol{\beta}$ 是向量 $\boldsymbol{\alpha}_1,\boldsymbol{\alpha}_2,\cdots,\boldsymbol{\alpha}_m$ 的线性组合,也称 $\boldsymbol{\beta}$ 可由 $\boldsymbol{\alpha}_1,\boldsymbol{\alpha}_2,\cdots,\boldsymbol{\alpha}_m$ 线性表示.

如 $\boldsymbol{\beta}=(2,-1,1)$,$\boldsymbol{\alpha}_1=(1,0,0)$,$\boldsymbol{\alpha}_2=(0,1,0)$,$\boldsymbol{\alpha}_3=(0,0,1)$,显然 $\boldsymbol{\beta}=2\boldsymbol{\alpha}_1-\boldsymbol{\alpha}_2+\boldsymbol{\alpha}_3$,即

$\boldsymbol{\beta}$ 是 $\boldsymbol{\alpha}_1,\boldsymbol{\alpha}_2,\boldsymbol{\alpha}_3$ 的线性组合，或说 $\boldsymbol{\beta}$ 可由 $\boldsymbol{\alpha}_1,\boldsymbol{\alpha}_2,\boldsymbol{\alpha}_3$ 线性表示.

注 零向量是任意一组向量 $\boldsymbol{\alpha}_1,\boldsymbol{\alpha}_2,\cdots,\boldsymbol{\alpha}_m$ 的线性组合，因为显然有

$$\mathbf{0}=0\cdot\boldsymbol{\alpha}_1+0\cdot\boldsymbol{\alpha}_2+\cdots+0\cdot\boldsymbol{\alpha}_m$$

例 4.10 设有向量 $\boldsymbol{\alpha}_1=(1,-1,1),\boldsymbol{\alpha}_2=(2,5,-7),\boldsymbol{\beta}=(-4,-17,23)$，试问 $\boldsymbol{\beta}$ 是否为向量 $\boldsymbol{\alpha}_1,\boldsymbol{\alpha}_2$ 的线性组合.

解 如果 $\boldsymbol{\beta}$ 是向量 $\boldsymbol{\alpha}_1,\boldsymbol{\alpha}_2$ 的线性组合，那么存在一组数 k_1,k_2，使得

$$\boldsymbol{\beta}=k_1\boldsymbol{\alpha}_1+k_2\boldsymbol{\alpha}_2,$$

即 $(-4,-17,23)=k_1(1,-1,1)+k_2(2,5,-7)$. 得线性方程组

$$\begin{cases}k_1+2k_2=-4\\-k_1+5k_2=-17.\\k_1-7k_2=23\end{cases}$$

用消元法解这个方程组，得 $k_1=2,k_2=-3$. 所以 $\boldsymbol{\beta}$ 是向量 $\boldsymbol{\alpha}_1,\boldsymbol{\alpha}_2$ 的线性组合，且有 $\boldsymbol{\beta}=2\boldsymbol{\alpha}_1-3\boldsymbol{\alpha}_2$.

结合方程组有解的定理 4.5 得如下定理：

定理 4.7 设向量 $\boldsymbol{\beta}=\begin{pmatrix}b_1\\b_2\\\vdots\\b_m\end{pmatrix}$，向量 $\boldsymbol{\alpha}_j=\begin{pmatrix}a_{1j}\\a_{2j}\\\vdots\\a_{mj}\end{pmatrix}(j=1,2,\cdots,n)$，则向量 $\boldsymbol{\beta}$ 可由向量组 $\boldsymbol{\alpha}_1,\boldsymbol{\alpha}_2,\cdots,\boldsymbol{\alpha}_n$ 线性表示的充要条件是以 $\boldsymbol{\alpha}_1,\boldsymbol{\alpha}_2,\cdots,\boldsymbol{\alpha}_n$ 为列向量的矩阵与以 $\boldsymbol{\alpha}_1,\boldsymbol{\alpha}_2,\cdots,\boldsymbol{\alpha}_n,\boldsymbol{\beta}$ 为列向量的矩阵有相同的秩.

例 4.11 判断向量 $\boldsymbol{\beta}_1=(4,3,-1,11)$ 与 $\boldsymbol{\beta}_2=(4,3,0,11)$ 是否为向量组 $\boldsymbol{\alpha}_1=(1,2,-1,5),\boldsymbol{\alpha}_2=(2,-1,1,1)$ 的线性组合？若是写出表达式.

解 设 $k_1\boldsymbol{\alpha}_1+k_2\boldsymbol{\alpha}_2=\boldsymbol{\beta}_1$，对矩阵 $(\boldsymbol{\alpha}_1^{\mathrm{T}},\boldsymbol{\alpha}_2^{\mathrm{T}},\boldsymbol{\beta}_1^{\mathrm{T}})$ 施以初等行变换

$$\begin{pmatrix}1&2&4\\2&-1&3\\-1&1&-1\\5&1&11\end{pmatrix}\to\begin{pmatrix}1&2&4\\0&-5&-5\\0&3&3\\0&-9&-9\end{pmatrix}\to\begin{pmatrix}1&2&4\\0&1&1\\0&0&0\\0&0&0\end{pmatrix}\to\begin{pmatrix}1&0&2\\0&1&1\\0&0&0\\0&0&0\end{pmatrix},$$

由于 $r(\boldsymbol{\alpha}_1^{\mathrm{T}},\boldsymbol{\alpha}_2^{\mathrm{T}})=r(\boldsymbol{\alpha}_1^{\mathrm{T}},\boldsymbol{\alpha}_2^{\mathrm{T}},\boldsymbol{\beta}_1^{\mathrm{T}})=2$，故 $\boldsymbol{\beta}_1$ 可由 $\boldsymbol{\alpha}_1,\boldsymbol{\alpha}_2$ 线性表示，由上面的变换可知：$k_1=2$，$k_2=1$，即 $\boldsymbol{\beta}_1=2\boldsymbol{\alpha}_1+\boldsymbol{\alpha}_2$.

类似地，对矩阵 $(\boldsymbol{\alpha}_1^{\mathrm{T}},\boldsymbol{\alpha}_2^{\mathrm{T}},\boldsymbol{\beta}_2^{\mathrm{T}})$ 施以初等行变换

$$\begin{pmatrix}1&2&4\\2&-1&3\\-1&1&0\\5&1&11\end{pmatrix}\to\begin{pmatrix}1&2&4\\0&-5&-5\\0&3&4\\0&-9&-9\end{pmatrix}\to\begin{pmatrix}1&2&4\\0&1&1\\0&0&1\\0&0&0\end{pmatrix},$$

由于 $r(\boldsymbol{\alpha}_1^{\mathrm{T}},\boldsymbol{\alpha}_2^{\mathrm{T}})=2,r(\boldsymbol{\alpha}_1^{\mathrm{T}},\boldsymbol{\alpha}_2^{\mathrm{T}},\boldsymbol{\beta}_2^{\mathrm{T}})=3$. 故 $\boldsymbol{\beta}_2$ 不能由 $\boldsymbol{\alpha}_1,\boldsymbol{\alpha}_2$ 线性表示.

(2) 线性相关与线性无关

定义 4.3 设 n 维向量组 $\boldsymbol{\alpha}_1,\boldsymbol{\alpha}_2,\cdots,\boldsymbol{\alpha}_m$，如果存在一组不全为零的实数 $k_1,k_2,\cdots,k_m$，使

关系式

$$k_1\boldsymbol{\alpha}_1+k_2\boldsymbol{\alpha}_2+\cdots+k_n\boldsymbol{\alpha}_n=\mathbf{0}.$$

成立，则称向量组$\boldsymbol{\alpha}_1,\boldsymbol{\alpha}_2,\cdots,\boldsymbol{\alpha}_m$ 线性相关，否则称线性无关.

所谓$\boldsymbol{\alpha}_1,\boldsymbol{\alpha}_2,\cdots,\boldsymbol{\alpha}_m$ 线性无关，就是 $k_1\boldsymbol{\alpha}_1+k_2\boldsymbol{\alpha}_2+\cdots+k_n\boldsymbol{\alpha}_n=\mathbf{0}$ 当且仅当 $k_1=k_2=\cdots=k_m=0$ 时成立.

例 4.12 判别向量组$\boldsymbol{\alpha}_1=(1,2,1),\boldsymbol{\alpha}_2=(-1,1,1),\boldsymbol{\alpha}_3=(-1,7,5)$是否线性相关.

解 设 $k_1\boldsymbol{\alpha}_1+k_2\boldsymbol{\alpha}_2+k_3\boldsymbol{\alpha}_3=\mathbf{0}$，即 $k_1(1,2,1)+k_2(-1,1,1)+k_3(-1,7,5)=(0,0,0)$，得

$$\begin{cases}k_1-k_2-k_3=0\\2k_1+k_2+7k_3=0\\k_1+k_2+5k_3=0\end{cases}.$$

解得 $k_1=-2C,k_2=-3C,k_3=C$ （C 为任意常数）.

取 $C=1$，得一组不全为零的数 $k_1=-2,k_2=-3,k_3=1$，使得

$$-2\boldsymbol{\alpha}_1-3\boldsymbol{\alpha}_2+\boldsymbol{\alpha}_3=\mathbf{0},$$

所以向量组$\boldsymbol{\alpha}_1,\boldsymbol{\alpha}_2,\boldsymbol{\alpha}_3$ 线性相关.

上例的讨论相当于考虑由 $k_1\boldsymbol{\alpha}_1+k_2\boldsymbol{\alpha}_2+\cdots+k_m\boldsymbol{\alpha}_m=\mathbf{0}$ 所得齐次方程组是否有非零解，若有非零解，则向量组$\boldsymbol{\alpha}_1,\boldsymbol{\alpha}_2,\cdots,\boldsymbol{\alpha}_m$ 线性相关；若只有零解，则向量组$\boldsymbol{\alpha}_1,\boldsymbol{\alpha}_2,\cdots,\boldsymbol{\alpha}_m$ 线性无关. 因此，也可用求秩的方法来判别向量组是否线性相关. 具体步骤如下：

①由向量组$\boldsymbol{\alpha}_1,\boldsymbol{\alpha}_2,\cdots,\boldsymbol{\alpha}_m$ 构造矩阵 $\boldsymbol{A}$，使矩阵 $\boldsymbol{A}$ 的第 i 列元素依次为$\boldsymbol{\alpha}_i$ 的分量；

②求 $\boldsymbol{A}$ 的秩 $r(\boldsymbol{A})$，若 $r(\boldsymbol{A})=m$（唯一零解），则向量组$\boldsymbol{\alpha}_1,\boldsymbol{\alpha}_2,\cdots,\boldsymbol{\alpha}_m$ 线性无关；若 $r(\boldsymbol{A})<m$（有非零解），则向量组$\boldsymbol{\alpha}_1,\boldsymbol{\alpha}_2,\cdots,\boldsymbol{\alpha}_m$ 线性相关.

例 4.13 判别向量组$\boldsymbol{\alpha}_1=(1,0,-1,2),\boldsymbol{\alpha}_2=(-1,-1,2,-4),\boldsymbol{\alpha}_3=(2,3,-5,10)$是否线性相关.

解 对矩阵$(\boldsymbol{\alpha}_1^{\mathrm{T}},\boldsymbol{\alpha}_2^{\mathrm{T}},\boldsymbol{\alpha}_3^{\mathrm{T}})$施以初等变换化为阶梯形矩阵，

$$\begin{pmatrix}1&-1&2\\0&-1&3\\-1&2&-5\\2&-4&10\end{pmatrix}\to\begin{pmatrix}1&-1&2\\0&-1&3\\0&1&-3\\0&0&0\end{pmatrix}\to\begin{pmatrix}1&-1&2\\0&1&-3\\0&0&0\\0&0&0\end{pmatrix}\to\begin{pmatrix}1&0&-1\\0&1&-3\\0&0&0\\0&0&0\end{pmatrix}.$$

由于 $r(\boldsymbol{\alpha}_1^{\mathrm{T}},\boldsymbol{\alpha}_2^{\mathrm{T}},\boldsymbol{\alpha}_3^{\mathrm{T}})=2<3$，所以向量组$\boldsymbol{\alpha}_1,\boldsymbol{\alpha}_2,\boldsymbol{\alpha}_3$ 线性相关.

注 ①n 维列向量$\boldsymbol{\alpha}_1,\boldsymbol{\alpha}_2,\cdots,\boldsymbol{\alpha}_m$ 线性无关的充分必要条件为以$\boldsymbol{\alpha}_1,\boldsymbol{\alpha}_2,\cdots,\boldsymbol{\alpha}_m$ 为列向量的矩阵的秩等于向量的个数 m.

②n 个 n 维列向量$\boldsymbol{\alpha}_1,\boldsymbol{\alpha}_2,\cdots,\boldsymbol{\alpha}_n$ 线性无关的充分必要条件为以$\boldsymbol{\alpha}_1,\boldsymbol{\alpha}_2,\cdots,\boldsymbol{\alpha}_n$ 为列向量的矩阵的行列式不等于零，即

$$\begin{vmatrix}a_{11}&a_{12}&\cdots&a_{1n}\\a_{21}&a_{22}&\cdots&a_{2n}\\\vdots&\vdots&&\vdots\\a_{n1}&a_{n2}&\cdots&a_{nn}\end{vmatrix}\neq0.$$

③当向量组中所含向量的个数大于向量的维数时，此向量组一定线性相关.

例 4.14　证明：如果向量组 $\boldsymbol{\alpha},\boldsymbol{\beta},\boldsymbol{\gamma}$ 线性无关，则向量组 $\boldsymbol{\alpha}+\boldsymbol{\beta},\boldsymbol{\beta}+\boldsymbol{\gamma},\boldsymbol{\gamma}+\boldsymbol{\alpha}$ 也线性无关.

证　设有一组数 k_1,k_2,k_3 使

$$k_1(\boldsymbol{\alpha}+\boldsymbol{\beta})+k_2(\boldsymbol{\beta}+\boldsymbol{\gamma})+k_3(\boldsymbol{\gamma}+\boldsymbol{\alpha})=\boldsymbol{0}$$

成立，整理得

$$(k_1+k_3)\boldsymbol{\alpha}+(k_1+k_2)\boldsymbol{\beta}+(k_2+k_3)\boldsymbol{\gamma}=\boldsymbol{0}.$$

因 $\boldsymbol{\alpha},\boldsymbol{\beta},\boldsymbol{\gamma}$ 线性无关，故 $\begin{cases}k_1+k_3=0\\k_1+k_2=0\\k_2+k_3=0\end{cases}$.

又因系数行列式 $\begin{vmatrix}1&0&1\\1&1&0\\0&1&1\end{vmatrix}=2\neq 0$，故方程组只有零解，即只有 $k_1=k_2=k_3=0$ 时才有 $k_1(\boldsymbol{\alpha}+\boldsymbol{\beta})+k_2(\boldsymbol{\beta}+\boldsymbol{\gamma})+k_3(\boldsymbol{\gamma}+\boldsymbol{\alpha})=\boldsymbol{0}$成立. 所以向量组 $\boldsymbol{\alpha}+\boldsymbol{\beta},\boldsymbol{\beta}+\boldsymbol{\gamma},\boldsymbol{\gamma}+\boldsymbol{\alpha}$ 线性无关.

4.3.3　向量组的秩

对任意给定的一个 n 维向量组，在讨论其线性相关性问题时，如何找出尽可能少的向量去表示全体向量组呢？这就是我们下面要讨论的问题.

定义 4.4　设 $\boldsymbol{T}$ 是 n 维向量所组成的向量组，在 $\boldsymbol{T}$ 中选取 r 个向量 $\boldsymbol{\alpha}_1,\boldsymbol{\alpha}_2,\cdots,\boldsymbol{\alpha}_r$，如果满足：

①$\boldsymbol{\alpha}_1,\boldsymbol{\alpha}_2,\cdots,\boldsymbol{\alpha}_r$ 线性无关；

②对于任意 $\boldsymbol{\alpha}\in\boldsymbol{T}$，$\boldsymbol{\alpha}$ 可由 $\boldsymbol{\alpha}_1,\boldsymbol{\alpha}_2,\cdots,\boldsymbol{\alpha}_r$ 线性表示. 则称向量组 $\boldsymbol{\alpha}_1,\boldsymbol{\alpha}_2,\cdots,\boldsymbol{\alpha}_r$ 为向量组 $\boldsymbol{T}$ 的一个极大无关组.

例 4.15　设向量组 $\boldsymbol{\alpha}_1=(-1,0,2)$，$\boldsymbol{\alpha}_2=(1,-1,1)$，$\boldsymbol{\alpha}_3=(1,0,-2)$，可以验证向量组 $\boldsymbol{\alpha}_1,\boldsymbol{\alpha}_2,\boldsymbol{\alpha}_3$ 线性相关，但其中部分向量组 $\boldsymbol{\alpha}_1,\boldsymbol{\alpha}_2$ 线性无关，而且 $\boldsymbol{\alpha}_1,\boldsymbol{\alpha}_2,\boldsymbol{\alpha}_3$ 都可以由 $\boldsymbol{\alpha}_1,\boldsymbol{\alpha}_2$ 线性表出：

$$\boldsymbol{\alpha}_1=1\boldsymbol{\alpha}_1+0\boldsymbol{\alpha}_2,\boldsymbol{\alpha}_2=0\boldsymbol{\alpha}_1+1\boldsymbol{\alpha}_2,\boldsymbol{\alpha}_3=-1\boldsymbol{\alpha}_1+0\boldsymbol{\alpha}_2,$$

所以 $\boldsymbol{\alpha}_1,\boldsymbol{\alpha}_2$ 为 $\boldsymbol{\alpha}_1,\boldsymbol{\alpha}_2,\boldsymbol{\alpha}_3$ 的一个极大无关组.

同理可以验证部分向量组 $\boldsymbol{\alpha}_2,\boldsymbol{\alpha}_3$ 也是 $\boldsymbol{\alpha}_1,\boldsymbol{\alpha}_2,\boldsymbol{\alpha}_3$ 的一个极大无关组.

特别地，若向量组本身线性无关，则该向量组就是极大无关组.

一般地，向量组的极大无关组可能不止一个，但它们的共性是：极大无关组所含向量的个数却是相同的. 我们表述成如下定理.

定理 4.8　一个向量组中，若存在多个极大无关组，则它们所含向量的个数是相同的.

由该定理可知，向量组的极大无关组所含的向量的个数是一个不变量.

定义 4.5　向量组的极大无关组所含的向量的个数，叫作向量组的秩.

类似地，可定义矩阵 $\boldsymbol{A}$ 的行秩（行向量组的秩）与列秩（列向量组的秩）.

定理 4.9　矩阵 $\boldsymbol{A}$ 的行秩与矩阵 $\boldsymbol{A}$ 的列秩相等且等于矩阵 $\boldsymbol{A}$ 的秩.

因此，求一个向量组 $\boldsymbol{\alpha}_1,\boldsymbol{\alpha}_2,\cdots,\boldsymbol{\alpha}_m$ 的秩与极大无关组的方法如下：

①由向量组 $\boldsymbol{\alpha}_1,\boldsymbol{\alpha}_2,\cdots,\boldsymbol{\alpha}_m$ 构造成一个矩阵 $\boldsymbol{A}$，使矩阵 $\boldsymbol{A}$ 的第 i 列元素依次为 $\boldsymbol{\alpha}_i$ 的分量；

②用矩阵初等行变换将 $\boldsymbol{A}$ 化为阶梯形矩阵 $\boldsymbol{B}$，于是向量组的秩等于 $r(\boldsymbol{B})$；

③矩阵 $\boldsymbol{B}$ 的非零行第一个非零元素所在列对应的矩阵 $\boldsymbol{A}$ 的列向量组，即为向量组的一个极大无关组.

例 4.16　设向量组 $\boldsymbol{\alpha}_1=(1,-2,2,3)$，$\boldsymbol{\alpha}_2=(-2,4,-1,3)$，$\boldsymbol{\alpha}_3=(-1,2,0,3)$，$\boldsymbol{\alpha}_4=(0,6,2,3)$，求向量组的秩及其一个极大无关组，并把其余向量用此极大无关组线性表出.

解　构造以 $\boldsymbol{\alpha}_1,\boldsymbol{\alpha}_2,\boldsymbol{\alpha}_3,\boldsymbol{\alpha}_4$ 为列向量的矩阵 $\boldsymbol{A}$，

$$\boldsymbol{A}=\begin{pmatrix}1&-2&-1&0\\-2&4&2&6\\2&-1&0&2\\3&3&3&3\end{pmatrix}\rightarrow\begin{pmatrix}1&-2&-1&0\\0&0&0&6\\0&3&2&2\\0&9&6&3\end{pmatrix}\rightarrow\begin{pmatrix}1&-2&-1&0\\0&3&2&2\\0&9&6&3\\0&0&0&6\end{pmatrix}$$

$$\rightarrow\begin{pmatrix}1&-2&-1&0\\0&3&2&2\\0&0&0&-3\\0&0&0&6\end{pmatrix}\rightarrow\begin{pmatrix}1&-2&-1&0\\0&3&2&2\\0&0&0&-3\\0&0&0&0\end{pmatrix}\rightarrow\begin{pmatrix}1&0&\frac{1}{3}&0\\0&1&\frac{2}{3}&0\\0&0&0&1\\0&0&0&0\end{pmatrix}.$$

因此，$r(\boldsymbol{A})=3$，从而向量组 $\boldsymbol{\alpha}_1,\boldsymbol{\alpha}_2,\boldsymbol{\alpha}_3,\boldsymbol{\alpha}_4$ 的秩等于 3，向量组 $\boldsymbol{\alpha}_1,\boldsymbol{\alpha}_2,\boldsymbol{\alpha}_4$ 就是原向量组的一个极大无关组，且 $\boldsymbol{\alpha}_3=\frac{1}{3}\boldsymbol{\alpha}_1+\frac{2}{3}\boldsymbol{\alpha}_2+0\,\boldsymbol{\alpha}_4$.

习题 4.3

1. 设 $\boldsymbol{\alpha}=(6\ \ -2\ \ 0\ \ 4)^{\mathrm{T}}$，$\boldsymbol{\beta}=(-3\ \ 1\ \ 5\ \ 7)^{\mathrm{T}}$，求向量 $\boldsymbol{\gamma}$，使得 $2\boldsymbol{\alpha}+\boldsymbol{\gamma}=2\boldsymbol{\beta}$.

2. 判断向量 $\boldsymbol{\beta}$ 能否由向量组 $\boldsymbol{\alpha}_1,\boldsymbol{\alpha}_2,\boldsymbol{\alpha}_3$ 线性表出，若能，写出它的一种表出方式.

(1) $\boldsymbol{\beta}=(8\ \ 3\ \ -1\ \ -25)^{\mathrm{T}}$，$\boldsymbol{\alpha}_1=(-1\ \ 3\ \ 0\ \ -5)^{\mathrm{T}}$，
$\boldsymbol{\alpha}_2=(2\ \ 0\ \ 7\ \ -3)^{\mathrm{T}}$，$\boldsymbol{\alpha}_3=(-4\ \ 1\ \ -2\ \ 6)^{\mathrm{T}}$；

(2) $\boldsymbol{\beta}=(-8\ \ -3\ \ 7\ \ -10)^{\mathrm{T}}$，$\boldsymbol{\alpha}_1=(-2\ \ 7\ \ 1\ \ 3)^{\mathrm{T}}$，
$\boldsymbol{\alpha}_2=(3\ \ -5\ \ 0\ \ -2)^{\mathrm{T}}$，$\boldsymbol{\alpha}_3=(-5\ \ -6\ \ 3\ \ -1)^{\mathrm{T}}$.

3. 判别下列向量组的线性相关性.

(1) $\boldsymbol{\alpha}_1=(1\ \ 1\ \ 1)^{\mathrm{T}}$，$\boldsymbol{\alpha}_2=(0\ \ 2\ \ 5)^{\mathrm{T}}$，$\boldsymbol{\alpha}_3=(1\ \ 3\ \ 6)^{\mathrm{T}}$.

(2) $\boldsymbol{\alpha}_1=(1\ \ -1\ \ 2\ \ 4)^{\mathrm{T}}$，$\boldsymbol{\alpha}_2=(0\ \ 3\ \ 1\ \ 2)^{\mathrm{T}}$，$\boldsymbol{\alpha}_3=(3\ \ 0\ \ 7\ \ 14)^{\mathrm{T}}$.

(3) $\boldsymbol{\alpha}_1=(1\ \ 2\ \ 1\ \ 3)^{\mathrm{T}}$，$\boldsymbol{\alpha}_2=(4\ \ -1\ \ -5\ \ 6)^{\mathrm{T}}$，
$\boldsymbol{\alpha}_3=(1\ \ -3\ \ -4\ \ -7)^{\mathrm{T}}$，$\boldsymbol{\alpha}_4=(2\ \ 1\ \ -1\ \ 0)^{\mathrm{T}}$.

4. 求下列向量组的秩及其一个极大无关组，并将其余向量用极大无关组线性表出.

(1) $\boldsymbol{\alpha}_1=(1\ \ 1\ \ 1)^{\mathrm{T}}$，$\boldsymbol{\alpha}_2=(1\ \ 1\ \ 0)^{\mathrm{T}}$，$\boldsymbol{\alpha}_3=(1\ \ 0\ \ 0)^{\mathrm{T}}$，$\boldsymbol{\alpha}_4=(1\ \ 2\ \ -3)^{\mathrm{T}}$.

(2) $\boldsymbol{\alpha}_1=(1\ \ -1\ \ 2\ \ 4)^{\mathrm{T}}$，$\boldsymbol{\alpha}_2=(0\ \ 3\ \ 1\ \ 2)^{\mathrm{T}}$，$\boldsymbol{\alpha}_3=(3\ \ 0\ \ 7\ \ 14)^{\mathrm{T}}$，
$\boldsymbol{\alpha}_4=(2\ \ 1\ \ 5\ \ 6)^{\mathrm{T}}$，$\boldsymbol{\alpha}_5=(1\ \ -1\ \ 2\ \ 0)^{\mathrm{T}}$.

5. 设向量组 $\boldsymbol{\alpha}_1=(1\ \ -1\ \ 2\ \ 4)^{\mathrm{T}}$，$\boldsymbol{\alpha}_2=(0\ \ 3\ \ 1\ \ 2)^{\mathrm{T}}$，$\boldsymbol{\alpha}_3=(3\ \ 0\ \ 7\ \ 14)^{\mathrm{T}}$，$\boldsymbol{\alpha}_4=(2\ \ 1\ \ 5\ \ 6)^{\mathrm{T}}$，$\boldsymbol{\alpha}_5=(1\ \ -1\ \ 2\ \ 0)^{\mathrm{T}}$.

(1) 证明 $\boldsymbol{\alpha}_1,\boldsymbol{\alpha}_5$ 线性无关.

(2)求向量组包含$\boldsymbol{\alpha}_1,\boldsymbol{\alpha}_5$的极大无关组.

6. 证明:线性无关向量组的任何部分组也是线性无关的.

4.4 线性方程组解的结构

当线性方程组有无穷多解时,虽然可以用通解的一般形式将它表示出来,但解与解之间的关系并没有得到反映.本节将利用n维向量与矩阵秩的有关知识,讨论线性方程组解集合的重要特性,即在线性方程组有无穷多个解的情况下,它的全部解可以用有限个解线性表示,从而使我们对线性方程组的解有一个基本了解.

4.4.1 齐次线性方程组解的结构

(1)齐次线性方程组的解向量

设有齐次线性方程组

$$\begin{cases} a_{11}x_1+a_{12}x_2+\cdots+a_{1n}x_n=0 \\ a_{21}x_1+a_{22}x_2+\cdots+a_{2n}x_n=0 \\ \qquad\qquad\vdots \\ a_{m1}x_1+a_{m2}x_2+\cdots+a_{mn}x_n=0 \end{cases} \tag{4.8}$$

$$\boldsymbol{A}=\begin{pmatrix} a_{11} & a_{12} & \cdots & a_{1n} \\ a_{21} & a_{22} & \cdots & a_{2n} \\ \vdots & \vdots & & \vdots \\ a_{m1} & a_{m2} & \cdots & a_{mn} \end{pmatrix},\quad \boldsymbol{X}=\begin{pmatrix} x_1 \\ x_2 \\ \vdots \\ x_4 \end{pmatrix},$$

则方程组(4.8)的矩阵形式为$\boldsymbol{AX}=\boldsymbol{0}$.

把方程组的解$x_1=t_1,x_2=t_2,\cdots,x_n=t_n$表示成列向量的形式,称为解向量.

(2)齐次线性方程组解的性质

①若$\boldsymbol{X}=\xi_1,\boldsymbol{X}=\xi_2$是齐次线性方程组$\boldsymbol{AX}=\boldsymbol{0}$的解,则$\boldsymbol{X}=\xi_1+\xi_2$也是齐次线性方程组(4.8)的解.

证 因为ξ_1,ξ_2都是齐次线性方程组$\boldsymbol{AX}=\boldsymbol{0}$的解,所以

$$\boldsymbol{A}\xi_1=\boldsymbol{0},\boldsymbol{A}\xi_2=\boldsymbol{0}.$$

故有$\boldsymbol{A}(\xi_1+\xi_2)=\boldsymbol{A}\xi_1+\boldsymbol{A}\xi_2=\boldsymbol{0}+\boldsymbol{0}=\boldsymbol{0}$,即$\xi_1+\xi_2$是方程组$\boldsymbol{AX}=\boldsymbol{0}$的解.

②若$\boldsymbol{X}=\xi$是齐次线性方程组$\boldsymbol{AX}=\boldsymbol{0}$的解,$k$是实数,则$\boldsymbol{X}=k\xi$也是齐次线性方程组$\boldsymbol{AX}=\boldsymbol{0}$的解.

证 因为ξ都是齐次线性方程组$\boldsymbol{AX}=\boldsymbol{0}$的解,所以

$$\boldsymbol{A}\xi=\boldsymbol{0}.$$

故有 $A(k\xi)=kA\xi=k\mathbf{0}=\mathbf{0}$,即 $k\xi$ 也是齐次线性方程组 $AX=0$ 的解.

③若$\xi_1,\xi_2,\cdots,\xi_s$ 是齐次线性方程组 $AX=\mathbf{0}$ 的解,则它们的任意一个线性组合

$$k_1\xi_1+k_2\xi_2+\cdots+k_s\xi_s$$

也是齐次线性方程组 $AX=\mathbf{0}$ 的解.

由此可知,如果一个齐次线性方程组有非零解,则它就有无穷多个解,这无穷多个解就构成了一个 n 维向量组. 如果我们能求出这个向量组的一个极大无关组,就能用它的线性组合来表示它的全部解.

(3)齐次线性方程组的基础解系

定义 4.6　如果$\xi_1,\xi_2,\cdots,\xi_s$ 是齐次线性方程组 $AX=\mathbf{0}$ 的解向量组的一个极大无关组,则称$\xi_1,\xi_2,\cdots,\xi_s$ 是齐次线性方程组 $AX=\mathbf{0}$ 的一个基础解系.

当方程组 $AX=\mathbf{0}$ 的系数矩阵的秩 $r(A)=n$(未知量个数)时,方程组只有零解,因此方程组不存在基础解系,而当 $r(A)<n$ 时,有下列定理.

定理 4.10　如果齐次线性方程组 $AX=\mathbf{0}$ 的系数矩阵 A 的秩 $r(A)=r<n$,则该齐次线性方程组的基础解系一定存在,且每个基础解系中含有 $n-r$ 个解向量.

证　因为 $r(A)=r<n$,所以对方程组 $AX=\mathbf{0}$ 的增广矩阵 $\widetilde{A}$ 施以初等行变换,可以化为如下形式:

$$P=\begin{pmatrix}1&0&\cdots&0&p_{1,\,r+1}&\cdots&p_{1n}&0\\0&1&\cdots&0&p_{2,\,r+1}&\cdots&p_{2n}&0\\\vdots&\vdots&&\vdots&\vdots&&\vdots&\vdots\\0&0&\cdots&1&p_{r,\,r+1}&\cdots&p_{rn}&0\\0&0&\cdots&0&0&\cdots&0&0\\\vdots&\vdots&&\vdots&\vdots&&\vdots&\vdots\\0&0&\cdots&0&0&\cdots&0&0\end{pmatrix},$$

即方程组 $AX=\mathbf{0}$ 与下面方程组同解

$$\begin{cases}x_1=-p_{1,r+1}x_{r+1}-p_{1,r+2}x_{r+2}-\cdots-p_{1n}x_n\\x_2=-p_{2,r+1}x_{r+1}-p_{2,r+2}x_{r+2}-\cdots-p_{2n}x_n\\\qquad\vdots\\x_r=-p_{r,r+1}x_{r+1}-p_{r,r+2}x_{r+2}-\cdots-p_{rn}x_n\end{cases}.$$

其中 $x_{r+1},x_{r+2},\cdots,x_n$ 为自由未知量. 对这 $n-r$ 个自由未知量分别取

$$\begin{pmatrix}1\\0\\\vdots\\0\end{pmatrix},\begin{pmatrix}0\\1\\\vdots\\0\end{pmatrix},\cdots,\begin{pmatrix}0\\0\\\vdots\\1\end{pmatrix}.$$

可得方程组 $AX=\mathbf{0}$ 的 $n-r$ 个解为

$$\xi_1=\begin{pmatrix}-p_{1,r+1}\\-p_{2,r+1}\\\vdots\\-p_{r,r+1}\\1\\0\\\vdots\\0\end{pmatrix},\xi_2=\begin{pmatrix}-p_{1,r+2}\\-p_{2,r+2}\\\vdots\\-p_{r,r+2}\\0\\1\\\vdots\\0\end{pmatrix},\cdots,\xi_{n-r}=\begin{pmatrix}-p_{1n}\\-p_{2n}\\\vdots\\-p_{rn}\\0\\0\\\vdots\\1\end{pmatrix}.$$

下面证明$\xi_1,\xi_2,\cdots,\xi_{n-r}$就是方程组 $\boldsymbol{AX}=\boldsymbol{0}$ 的一个基础解系.

先证$\xi_1,\xi_2,\cdots,\xi_{n-r}$线性无关.

设 $$\boldsymbol{K}=\begin{pmatrix}-p_{1,r+1}&-p_{1,r+2}&\cdots&-p_{1n}\\-p_{2,r+1}&-p_{2,r+2}&\cdots&-p_{2n}\\\vdots&\vdots&&\vdots\\-p_{r,r+1}&-p_{r,r+2}&\cdots&-p_{rn}\\1&0&\cdots&0\\0&1&\cdots&0\\\vdots&\vdots&\vdots&\vdots\\0&0&\cdots&1\end{pmatrix}_{n\times(n-r)}.$$

有一个 $n-r$ 阶子式$\begin{vmatrix}1&0&0&\cdots&0\\0&1&0&\cdots&0\\0&0&1&\cdots&0\\\vdots&\vdots&\vdots&&\vdots\\0&0&0&\cdots&1\end{vmatrix}=1\neq0$,即 $r(\boldsymbol{K})=n-r$.

所以 $\xi_1,\xi_2,\cdots,\xi_{n-r}$线性无关.

再证,方程组 $\boldsymbol{AX}=\boldsymbol{0}$ 的任意一个解 $\xi=\begin{pmatrix}d_1\\d_2\\\vdots\\d_n\end{pmatrix}$都是$\xi_1,\xi_2,\cdots,\xi_{n-r}$的线性组合.

因为有 $$\begin{cases}d_1=-p_{1,r+1}d_{r+1}-p_{1,r+2}d_{r+2}-\cdots-p_{1n}d_n\\d_2=-p_{2,r+1}d_{r+1}-p_{2,r+2}d_{r+2}-\cdots-p_{2n}d_n\\\qquad\vdots\\d_r=-p_{r,r+1}d_{r+1}-p_{r,r+2}d_{r+2}-\cdots-p_{rn}d_n\end{cases},$$

所以

$$\xi=\begin{pmatrix}-p_{1,r+1}d_{r+1} & -p_{1,r+2}d_{r+2} & \cdots & -p_{1n}d_n\\ -p_{2,r+1}d_{r+1} & -p_{2,r+2}d_{r+2} & \cdots & -p_{2n}d_n\\ \vdots & \vdots & & \vdots\\ -p_{r,r+1}d_{r+1} & -p_{r,r+2}d_{r+2} & \cdots & -p_{rn}d_n\\ d_{r+1} & 0 & \cdots & 0\\ 0 & d_{r+2} & \cdots & 0\\ \vdots & \vdots & & \vdots\\ 0 & 0 & \cdots & d_n\end{pmatrix}$$

$$=d_{r+1}\begin{pmatrix}-p_{1,r+1}\\ -p_{2,r+1}\\ \vdots\\ -p_{r,r+1}\\ 1\\ 0\\ \vdots\\ 0\end{pmatrix}+d_{r+2}\begin{pmatrix}-p_{1,r+2}\\ -p_{2,r+2}\\ \vdots\\ -p_{r,r+2}\\ 0\\ 1\\ \vdots\\ 0\end{pmatrix}+\cdots+d_n\begin{pmatrix}-p_{1n}\\ -p_{2n}\\ \vdots\\ -p_{rn}\\ 0\\ 0\\ \vdots\\ 1\end{pmatrix}$$

$$=d_{r+1}\xi_1+d_{r+2}\xi_2+\cdots+d_n\xi_{n-r}.$$

即 ξ 都是$\xi_1,\xi_2,\cdots,\xi_{n-r}$的线性组合.

所以$\xi_1,\xi_2,\cdots,\xi_{n-r}$是方程组 $\boldsymbol{AX}=\boldsymbol{0}$ 的一个基础解系,因此齐次线性方程组 $\boldsymbol{AX}=\boldsymbol{0}$的全部解为 $\boldsymbol{X}=C_1\xi_1+C_2\xi_2+\cdots+C_{n-r}\xi_{n-r}$(其中 $C_1,C_2,\cdots,C_{n-r}$为任意常数).

根据上面定理证明过程,可以归纳出求齐次线性方程组的基础解系的一般步骤:

①把齐次线性方程组的增广矩阵 $\widetilde{\boldsymbol{A}}$(系数矩阵 $\boldsymbol{A}$)通过初等行变换化为行简化阶梯形矩阵;

②把行简化阶梯形矩阵中非主元列所对应的未知量作为自由未知量,写出方程组的一般解;

③用分别令自由未知量中的一个为 1 其余全部为 0 的办法,求出 $n-r$ 个解向量,这 $n-r$ 个解向量构成一个基础解系.

例 4.17　求齐次线性方程组

$$\begin{cases}2x_1+2x_2-3x_3-4x_4-7x_5=0\\ x_1+x_2-x_3+2x_4+3x_5=0\\ -x_1-x_2+2x_3-x_4+3x_5=0\end{cases}$$

的一个基础解系,并用它表示该线性方程组的全部解.

解　对增广矩阵施行如下初等行变换:

$$\widetilde{\boldsymbol{A}}=\begin{pmatrix}2 & 2 & -3 & -4 & -7 & 0\\ 1 & 1 & -1 & 2 & 3 & 0\\ -1 & -1 & 2 & -1 & 3 & 0\end{pmatrix}\to\begin{pmatrix}1 & 1 & -1 & 2 & 3 & 0\\ 2 & 2 & -3 & -4 & -7 & 0\\ -1 & -1 & 2 & -1 & 3 & 0\end{pmatrix}$$

$$\rightarrow\begin{pmatrix}1&1&-1&2&3&0\\0&0&-1&-8&-13&0\\0&0&1&1&6&0\end{pmatrix}\rightarrow\begin{pmatrix}1&1&0&10&16&0\\0&0&-1&-8&-13&0\\0&0&0&-7&-7&0\end{pmatrix}$$

$$\rightarrow\begin{pmatrix}1&1&0&10&16&0\\0&0&1&8&13&0\\0&0&0&1&1&0\end{pmatrix}\rightarrow\begin{pmatrix}1&1&0&0&6&0\\0&0&1&0&5&0\\0&0&0&0&1&1\end{pmatrix}.$$

即得方程组的一般解为

$$\begin{cases}x_1=-x_2-6x_5\\x_3=-5x_5\\x_4=-x_5\end{cases},$$

其中 x_2,x_5 为自由未知量.

取自由未知量 $\begin{pmatrix}x_2\\x_5\end{pmatrix}$ 为 $\begin{pmatrix}1\\0\end{pmatrix},\begin{pmatrix}0\\1\end{pmatrix}$，得方程组的一个基础解系.

$$\xi_1=\begin{pmatrix}-1\\1\\0\\0\\0\end{pmatrix},\xi_2=\begin{pmatrix}-6\\0\\-5\\-1\\1\end{pmatrix}.$$

所以方程组的全部解为

$$X=C_1\,\xi_1+C_2\,\xi_2=C_1\begin{pmatrix}-1\\1\\0\\0\\0\end{pmatrix}+C_2\begin{pmatrix}-6\\0\\-5\\-1\\1\end{pmatrix}\quad (C_1,C_2\text{ 为任意常数}).$$

4.4.2 非齐次线性方程组解的结构

非齐次线性方程组

$$\begin{cases}a_{11}x_1+a_{12}x_2+\cdots+a_{1n}x_n=b_1\\a_{21}x_1+a_{22}x_2+\cdots+a_{2n}x_n=b_2\\\quad\vdots\\a_{m1}x_1+a_{m2}x_2+\cdots+a_{mn}x_n=b_m\end{cases}\tag{4.9}$$

的矩阵形式为 $\boldsymbol{AX}=\boldsymbol{B}$，对应的齐次线性方程组 $\boldsymbol{AX}=\boldsymbol{0}$，称为非齐次线性方程组(4.9)的导出组. 方程组 $\boldsymbol{AX}=\boldsymbol{B}$ 的解与它的导出组 $\boldsymbol{AX}=\boldsymbol{0}$ 的解之间有着密切的联系，它们满足如下性质：

①若 $\boldsymbol{\alpha}$ 是非齐次线性方程组 $\boldsymbol{AX}=\boldsymbol{B}$ 的解，$\boldsymbol{\xi}$ 是其导出组 $\boldsymbol{AX}=\boldsymbol{0}$ 的解，则 $\boldsymbol{\xi}+\boldsymbol{\alpha}$ 是非齐次线性方程组 $\boldsymbol{AX}=\boldsymbol{B}$ 的解.

②若 $\boldsymbol{\alpha},\boldsymbol{\beta}$ 都是非齐次线性方程组 $\boldsymbol{AX}=\boldsymbol{B}$ 的解，则 $\boldsymbol{\alpha}-\boldsymbol{\beta}$ 是其导出组 $\boldsymbol{AX}=\boldsymbol{0}$ 的解.

根据这两条性质可得：

定理 4.11 如果$\boldsymbol{\eta}^*$是非齐次线性方程组 $\boldsymbol{AX}=\boldsymbol{B}$ 的一个解,$\boldsymbol{\xi}$ 是其导出组 $\boldsymbol{AX}=\boldsymbol{0}$ 的全部解,则 $\boldsymbol{X}=\boldsymbol{\eta}^*+\boldsymbol{\xi}$ 是非齐次线性方程组 $\boldsymbol{AX}=\boldsymbol{B}$ 的全部解.

证 由性质①知 $\boldsymbol{X}=\boldsymbol{\eta}^*+\boldsymbol{\xi}$ 是非齐次线性方程组 $\boldsymbol{AX}=\boldsymbol{B}$ 解. 只需证明,非齐次线性方程组 $\boldsymbol{AX}=\boldsymbol{B}$ 的任意一个解 $\boldsymbol{\beta}$,一定能表示成$\boldsymbol{\eta}^*$与其导出组某一解的和即可.

构造向量 $\boldsymbol{\gamma}=\boldsymbol{\beta}-\boldsymbol{\eta}^*$,由性质②知 $\boldsymbol{\gamma}$ 是对应齐次方程组 $\boldsymbol{AX}=\boldsymbol{0}$ 的一个解.

于是得到$\boldsymbol{\beta}=\boldsymbol{\eta}^*+\boldsymbol{\gamma}$,即非齐次线性方程组的任意解都可以表示为其一个解与其导出组某个解的和.

根据定理 4.11,对于非齐次线性方程组 $\boldsymbol{AX}=\boldsymbol{B}$ 的解可以得到下面两个结论:

①如果非齐次线性方程组 $\boldsymbol{AX}=\boldsymbol{B}$ 有解,即 $r(\boldsymbol{A})=r(\widetilde{\boldsymbol{A}})$时,只需求出它的一个解$\boldsymbol{\eta}^*$,和其导出组 $\boldsymbol{AX}=\boldsymbol{0}$ 的一个基础解系$\boldsymbol{\xi}_1,\boldsymbol{\xi}_2,\cdots,\boldsymbol{\xi}_{n-r}$,则非齐次线性方程组 $\boldsymbol{AX}=\boldsymbol{B}$ 的全部解可以表示为

$$\boldsymbol{X}=\boldsymbol{\eta}^*+C_1\boldsymbol{\xi}_1+C_2\boldsymbol{\xi}_2+\cdots+C_{n-r}\boldsymbol{\xi}_{n-r}.$$

②如果非齐次线性方程组 $\boldsymbol{AX}=\boldsymbol{B}$ 有解,且它的导出组 $\boldsymbol{AX}=\boldsymbol{0}$ 仅有零解,则该非齐次线性方程组 $\boldsymbol{AX}=\boldsymbol{B}$ 只有一个解;如果其导出组 $\boldsymbol{AX}=\boldsymbol{0}$ 有无穷多解,则该非齐次线性方程组 $\boldsymbol{AX}=\boldsymbol{B}$ 也有无穷多解.

例 4.18 求下列线性方程组的全部解

$$\begin{cases}x_1+5x_2-x_3-x_4=-1\\x_1-2x_2+x_3+3x_4=3\\3x_1+8x_2-x_3+x_4=1\\x_1-9x_2+3x_3+7x_4=7\end{cases}.$$

解 对增广矩阵 $\widetilde{\boldsymbol{A}}$ 施行初等行变换

$$\widetilde{\boldsymbol{A}}=\begin{pmatrix}1&5&-1&-1&-1\\1&-2&1&3&3\\3&8&-1&1&1\\1&-9&3&7&7\end{pmatrix}\to\begin{pmatrix}1&5&-1&-1&-1\\0&-7&2&4&4\\0&-7&2&4&4\\0&-14&4&8&8\end{pmatrix}$$

$$\to\begin{pmatrix}1&5&-1&-1&-1\\0&-7&2&4&4\\0&0&0&0&0\\0&0&0&0&0\end{pmatrix}\to\begin{pmatrix}1&0&\frac{3}{7}&\frac{13}{7}&\frac{13}{7}\\0&-7&2&4&4\\0&0&0&0&0\\0&0&0&0&0\end{pmatrix}\to\begin{pmatrix}1&0&\frac{3}{7}&\frac{13}{7}&\frac{13}{7}\\0&1&-\frac{2}{7}&-\frac{4}{7}&-\frac{4}{7}\\0&0&0&0&0\\0&0&0&0&0\end{pmatrix}.$$

于是,得方程组的一般解为

$$\begin{cases}x_1=\frac{13}{7}-\frac{3}{7}x_3-\frac{13}{7}x_4\\x_2=-\frac{4}{7}+\frac{2}{7}x_3+\frac{4}{7}x_4\end{cases},$$

其中 x_3,x_4 为自由未知量.

对自由未知量$\begin{pmatrix}x_3\\x_4\end{pmatrix}$取$\begin{pmatrix}0\\0\end{pmatrix}$,得方程组的一个特解$\boldsymbol{\eta}^*=\begin{pmatrix}\frac{13}{7}\\-\frac{4}{7}\\0\\0\end{pmatrix}$.

方程组的导出组的一般解为

$$\begin{cases}x_1=-\frac{3}{7}x_3-\frac{13}{7}x_4\\x_2=\frac{2}{7}x_3+\frac{4}{7}x_4\end{cases},$$

其中 x_3,x_4 为自由未知量.

对自由未知量$\begin{pmatrix}x_3\\x_4\end{pmatrix}$取$\begin{pmatrix}1\\0\end{pmatrix},\begin{pmatrix}0\\1\end{pmatrix}$,得导出组的基础解系

$$\boldsymbol{\xi}_1=\begin{pmatrix}-\frac{3}{7}\\\frac{2}{7}\\1\\0\end{pmatrix},\boldsymbol{\xi}_2=\begin{pmatrix}-\frac{13}{7}\\\frac{4}{7}\\0\\1\end{pmatrix}.$$

故所给方程组的全部解为

$$\boldsymbol{X}=\boldsymbol{\eta}^*+C_1\boldsymbol{\xi}_1+C_2\boldsymbol{\xi}_2=\begin{pmatrix}\frac{13}{7}\\-\frac{4}{7}\\0\\0\end{pmatrix}+C_1\begin{pmatrix}-\frac{3}{7}\\\frac{2}{7}\\1\\0\end{pmatrix}+C_2\begin{pmatrix}-\frac{13}{7}\\\frac{4}{7}\\0\\1\end{pmatrix}\quad(C_1,C_2\text{为任意实数}).$$

例 4.19 设非齐次线性方程组为

$$\begin{cases}ax_1+x_2+x_3=4\\x_1+bx_2+x_3=3\\x_1+2bx_2+x_3=4\end{cases},$$

问 a,b 取何值时,方程组无解?有解?有解时求出其解.

解 对方程组的增广矩阵作初等行变换

$$\widetilde{\boldsymbol{A}}=\begin{pmatrix}a&1&1&4\\1&b&1&3\\1&2b&1&4\end{pmatrix}\rightarrow\begin{pmatrix}1&b&1&3\\a&1&1&4\\1&2b&1&4\end{pmatrix}\rightarrow\begin{pmatrix}1&b&1&3\\0&1-ab&1-a&4-3a\\0&b&0&1\end{pmatrix}.$$

(1)若 $b\neq0$

$$\widetilde{A}\to\begin{pmatrix}1 & b & 1 & 3\\ 0 & b & 0 & 1\\ 0 & 0 & 1-a & \dfrac{4b-2ab-1}{b}\end{pmatrix}.$$

①若 $b\neq 0,a\neq 1$，则 $r(A)=r(\widetilde{A})=3=n$，故方程组有唯一解，且解为

$$x_1=\frac{1-2b}{b(1-a)},x_2=\frac{1}{b},x_3=\frac{4b-2ab-1}{b(1-a)}.$$

②若 $b\neq 0,a=1$ 且 $4b-2ab-1=0$，即 $a=1,b=\frac{1}{2}$ 时，方程组有无穷多解，由

$$\begin{pmatrix}1 & \frac{1}{2} & 1 & 3\\ 0 & \frac{1}{2} & 0 & 1\\ 0 & 0 & 0 & 0\end{pmatrix}\to\begin{pmatrix}1 & 0 & 1 & 2\\ 0 & 1 & 0 & 2\\ 0 & 0 & 0 & 0\end{pmatrix}.$$

求得方程组的全部解为

$$X=\begin{pmatrix}2\\2\\0\end{pmatrix}+C\begin{pmatrix}-1\\0\\1\end{pmatrix},$$

其中 C 为任意常数.

③若 $b\neq 0,a=1$，但 $4b-2ab-1\neq 0$，即 $a=1,b\neq 0,b\neq\frac{1}{2}$ 时，因为 $r(A)=2,r(\widetilde{A})=3$，所以方程组无解.

(2)若 $b=0$，原方程组中第 2,3 两个方程为矛盾方程，所以方程组无解.

习题 4.4

1. 求下列齐次线性方程组的一个基础解系和全部解.

(1) $\begin{cases}x_1-2x_2+x_3+x_4-x_5=0\\ 2x_1+x_2-x_3-x_4-x_5=0\\ x_1+7x_2-5x_3-5x_4+5x_5=0\\ 3x_1-x_2-2x_3+x_4-x_5=0\end{cases}$； (2) $\begin{cases}x_1-2x_2+x_3-x_4+x_5=0\\ 2x_1+x_2-x_3+2x_4-3x_5=0\\ 3x_1-2x_2-x_3+x_4-2x_5=0\\ 2x_1-5x_2+x_3-2x_4+2x_5=0\end{cases}$.

2. 求下列线性方程组的全部解.

(1) $\begin{cases}x_1+3x_2+5x_3-4x_4=1\\ x_1+3x_2+2x_3-2x_4+x_5=-1\\ x_1-2x_2+x_3-x_4-x_5=3\\ x_1-4x_2+x_3+x_4-x_5=3\\ x_1+2x_2+x_3-x_4+x_5=-1\end{cases}$； (2) $\begin{cases}2x_1+x_2-x_3+x_4=1\\ 3x_1-2x_2+2x_3-3x_4=2\\ 5x_1+x_2-x_3+2x_4=-1\\ 2x_1-x_2+x_3-3x_4=4\end{cases}$.

3. 讨论 a,b 取何值时，下列线性方程组有解，并求全部解

$$\begin{cases}3x_1+2x_2+x_3+x_4-3x_5=a\\x_1+x_2+x_3+x_4+x_5=1\\x_2+2x_3+2x_4+6x_5=3\\5x_1+4x_2+3x_3+3x_4-x_5=b\end{cases}.$$

4.5 用 Mathematica 解线性方程组

利用 Mathematica 解线性方程组,可以用命令 LinearSolve[A,B]求线性方程组 $\boldsymbol{AX}=\boldsymbol{B}$ 的一个特解,以及命令 NullSpace[A] 求齐次线性方程组 $\boldsymbol{AX}=\boldsymbol{0}$ 的一个基础解系.于是,就得到线性方程组 $\boldsymbol{AX}=\boldsymbol{B}$ 的全部解.当然,也可以用命令 Solve[eqns,vars]求解线性方程组.

用 Mathematica 计算行列式,命令语法格式及其意义:

Solve[eqns,vars]	求解变量 vars 的方程或方程组
LinearSolve[A,B]	求解线性方程组 $\boldsymbol{AX}=\boldsymbol{B}$ 的一个特解
NullSpace[A]	求解齐次线性方程组 $\boldsymbol{AX}=\boldsymbol{0}$ 的基础解系

例 4.20 用 Mathematica 求下列线性方程组的全部解

$$\begin{cases}x_1+5x_2-x_3-x_4=-1\\x_1-2x_2+x_3+3x_4=3\\3x_1+8x_2-x_3+x_4=1\\x_1-9x_2+3x_3+7x_4=7\end{cases},$$

$$\begin{pmatrix}1&5&-1&-1\\1&-2&1&3\\3&8&-1&1\\1&-9&3&7\end{pmatrix}\begin{pmatrix}x_1\\x_2\\x_3\\x_4\end{pmatrix}=\begin{pmatrix}-1\\3\\1\\7\end{pmatrix}.$$

解 解法一:用命令 LinearSolve[A,B]和 NullSpace[A]联合求解:

In[1]: $=\mathrm{A}=\begin{pmatrix}1&5&-1&-1\\1&-2&1&3\\3&8&-1&1\\1&-9&3&7\end{pmatrix};\mathrm{B}=\begin{pmatrix}-1\\3\\1\\7\end{pmatrix}$;LinearSolve(A,B),

Out[1] $=\left\{\left\{\frac{13}{7}\right\},\left\{-\frac{4}{7}\right\},\{0\},\{0\}\right\}$,

In[2]: = NullSpace[A],

Out[2] = {{-13,4,0,7},{-3,2,7,0}},

故所给方程组的全部解为$\left\{\frac{13}{7}-13t-3r,\ -\frac{4}{7}+4t+2r,7r,7t\right\}$(其中 r,t 为任意实数).

注 Out[1]为方程组一个特解,Out[2]为方程组基础解系.

解法二：用命令 Solve[eqns, vars]求解.

In[3]: = Solve [{x + 5y − m − n = −1, x − 2y + m + 3n = = 3, 3x + 8y − m + n = 1,
x − 9y + 3m + 7n = 7}, {x, y, m, n}],

Out[3] = $\left\{\left\{x \to \frac{13}{7} - \frac{3m}{7} - \frac{13n}{7}, y \to -\frac{4}{7} + \frac{2m}{7} + \frac{4n}{7}\right\}\right\}$,

所给方程组的全部解为$\left\{\frac{13}{7} - \frac{13t}{7} - \frac{3r}{7}, -\frac{4}{7} + \frac{4t}{7} + \frac{2r}{7}, r, t\right\}$(其中 r, t 为任意实数).

综合练习 4

一、填空题

1. 若向量组$\boldsymbol{\alpha}_1, \boldsymbol{\alpha}_2, \boldsymbol{\alpha}_3$ 线性无关，则 $2\boldsymbol{\alpha}_1 - \boldsymbol{\alpha}_2 - \boldsymbol{\alpha}_3$_______$\mathbf{0}$.

2. 若矩阵 $r(\boldsymbol{A}) = 3$，则方程组 $\boldsymbol{AX}_{5\times 1} = \mathbf{0}$ 的基础解系所含解的个数为_________.

3. $n+1$ 个 n 维向量构成的向量组一定是线性_________的.

4. 若线性方程组$\begin{cases} 3x_1 - 2x_2 = 0 \\ \lambda x_1 + 2x_2 = 0 \end{cases}$有非零解，则 $\lambda =$_________.

5. 若 $r(\boldsymbol{A} \vdots \boldsymbol{B}) = 4, r(\boldsymbol{A}) = 3$，则线性方程组 $\boldsymbol{AX} = \boldsymbol{B}$__________.

6. 线性方程组 $\boldsymbol{AX} = \boldsymbol{B}$ 的增广矩阵 $\widetilde{\boldsymbol{A}}$ 化成阶梯形矩阵后为

$$\widetilde{\boldsymbol{A}} \to \begin{bmatrix} 1 & 2 & 0 & 1 & 0 \\ 0 & 4 & 2 & -1 & 1 \\ 0 & 0 & 0 & 0 & d+1 \end{bmatrix},$$

则当 d_______时，方程组 $\boldsymbol{AX} = \boldsymbol{B}$ 有解，且有________解.

7. 设线性方程组$\boldsymbol{A}_{m\times n}\boldsymbol{X} = \mathbf{0}$，若___________，则方程组有非零解.

8. 设线性方程组$\boldsymbol{A}_{m\times n}\boldsymbol{X} = \boldsymbol{B}$，若____________，则方程组有唯一解.

9. 设线性方程组$\boldsymbol{A}_{m\times n}\boldsymbol{X} = \boldsymbol{B}$，若____________，则方程组有无穷多解.

10. 非齐次线性方程组 $\boldsymbol{AX} = \boldsymbol{B}$ 有唯一解，则齐次线性方程组 $\boldsymbol{AX} = \mathbf{0}$________解.

二、单项选择题

11. 线性方程组$\begin{cases} x_1 + x_2 = 1 \\ x_3 + x_4 = 0 \end{cases}$解的情况是(　　).

A. 无解　　B. 只有 0 解　　C. 有唯一非 0 解　　D. 有无穷多解

12. 线性方程组 $\boldsymbol{AX} = \mathbf{0}$ 只有零解，则 $\boldsymbol{AX} = \boldsymbol{B}$ $(\boldsymbol{B} \neq 0)$(　　).

A. 有唯一解　　B. 可能无解　　C. 有无穷多解　　D. 无解

13. 当(　　)时，线性方程组 $\boldsymbol{AX} = \boldsymbol{B}$ $(\boldsymbol{B} \neq \mathbf{0})$有唯一解，其中 n 是未知量的个数.

A. $r(\boldsymbol{A}) = r(\widetilde{\boldsymbol{A}})$　　B. $r(\boldsymbol{A}) = r(\widetilde{\boldsymbol{A}}) - 1$

C. $r(\boldsymbol{A}) = r(\widetilde{\boldsymbol{A}}) = n$　　D. $r(\boldsymbol{A}) = n, r(\widetilde{\boldsymbol{A}}) = n+1$

14. 若线性方程组的增广矩阵为 $\widetilde{\boldsymbol{A}} = \begin{pmatrix} 1 & \lambda & 2 \\ 2 & 1 & 4 \end{pmatrix}$，则当 $\lambda =$(　　)时，线性方程组有无穷多解.

A. 1　　B. 4　　C. 2　　D. $\frac{1}{2}$

15. 向量组$\begin{pmatrix}1\\0\\0\end{pmatrix},\begin{pmatrix}0\\1\\0\end{pmatrix},\begin{pmatrix}0\\0\\1\end{pmatrix},\begin{pmatrix}1\\2\\3\end{pmatrix},\begin{pmatrix}4\\0\\5\end{pmatrix}$的秩为(　　).

A. 2　　B. 3　　C. 4　　D. 5

16. 设向量组为

$$\boldsymbol{\alpha}_1=\begin{pmatrix}1\\1\\0\\0\end{pmatrix},\boldsymbol{\alpha}_2=\begin{pmatrix}0\\0\\1\\1\end{pmatrix},\boldsymbol{\alpha}_3=\begin{pmatrix}1\\0\\1\\0\end{pmatrix},\boldsymbol{\alpha}_4=\begin{pmatrix}1\\1\\1\\1\end{pmatrix}$$

则(　　)是极大无关组.

A. $\boldsymbol{\alpha}_1,\boldsymbol{\alpha}_2$　　B. $\boldsymbol{\alpha}_1,\boldsymbol{\alpha}_2,\boldsymbol{\alpha}_3$　　C. $\boldsymbol{\alpha}_1,\boldsymbol{\alpha}_2,\boldsymbol{\alpha}_4$　　D. $\boldsymbol{\alpha}_1$

17. 以下结论正确的是(　　).

A. 方程个数小于未知量个数的线性方程组一定有解

B. 方程个数等于未知量个数的线性方程组一定有唯一解

C. 方程个数大于未知量个数的线性方程组一定无解

D. 以上结论都不对

18. 若非齐次线性方程组$\boldsymbol{A}_{m\times n}\boldsymbol{X}=\boldsymbol{B}$ 满足(　　),那么该方程组无解.

A. $r(\boldsymbol{A})=n$　　B. $r(\boldsymbol{A})=m$　　C. $r(\boldsymbol{A})\neq r(\widetilde{\boldsymbol{A}})$　　D. $r(\boldsymbol{A})=r(\widetilde{\boldsymbol{A}})$

19. 设线性方程组 $\boldsymbol{AX}=\boldsymbol{B}$ 的增广矩阵,通过初等行变换化为$\begin{pmatrix}1&3&1&2&6\\0&-1&3&1&4\\0&0&0&2&-1\\0&0&0&0&0\end{pmatrix}$,则此线性方程组的一般解中自由未知量的个数为(　　).

A. 1　　B. 2　　C. 3　　D. 4

20. 若向量组$\boldsymbol{\alpha}_1,\boldsymbol{\alpha}_2,\cdots,\boldsymbol{\alpha}_s$ 线性相关,则向量组内(　　)可被该向量组内其余向量线性表出.

A. 至少有一个向量　　B. 没有一个向量

C. 至多有一个向量　　D. 任何一个向量

三、计算题

21. 已知齐次线性方程组

$$\begin{cases}\lambda_1x_1+x_2+x_3=0\\x_1+\lambda_2x_2+x_3=0\\x_1+2\lambda_2x_2+x_3=0\end{cases}$$

有非零解,求 λ_1,λ_2.

22. 当 λ 取何值时，线性方程组 $\begin{cases} x_1 + x_2 + x_3 = 1 \\ 2x_1 + x_2 - 4x_3 = \lambda \\ -x_1 + 0x_2 + 5x_3 = 1 \end{cases}$ 有解？并求一般解.

23. 已知向量 $\boldsymbol{\alpha}_1 = (2,5,1,3)$，$\boldsymbol{\alpha}_2 = (10,1,5,10)$，$\boldsymbol{\alpha}_3 = (4,1,-1,1)$，如果 $3(\boldsymbol{\alpha}_1 - \boldsymbol{\xi}) + 2(\boldsymbol{\alpha}_2 + \boldsymbol{\xi}) = 5(\boldsymbol{\alpha}_3 + \boldsymbol{\xi})$，求向量 $\boldsymbol{\xi}$.

24. 已知向量 $\boldsymbol{\gamma}_1, \boldsymbol{\gamma}_2$ 由向量 $\boldsymbol{\beta}_1, \boldsymbol{\beta}_2, \boldsymbol{\beta}_3$ 线性表示式为 $\begin{cases} \boldsymbol{\gamma}_1 = 3\boldsymbol{\beta}_1 - \boldsymbol{\beta}_2 + \boldsymbol{\beta}_3 \\ \boldsymbol{\gamma}_2 = \boldsymbol{\beta}_1 + 2\boldsymbol{\beta}_2 + 4\boldsymbol{\beta}_3 \end{cases}$；向量 $\boldsymbol{\beta}_1, \boldsymbol{\beta}_2, \boldsymbol{\beta}_3$ 由向量 $\boldsymbol{\alpha}_1, \boldsymbol{\alpha}_2, \boldsymbol{\alpha}_3$ 的线性表示式为 $\begin{cases} \boldsymbol{\beta}_1 = 2\boldsymbol{\alpha}_1 + \boldsymbol{\alpha}_2 - 5\boldsymbol{\alpha}_3 \\ \boldsymbol{\beta}_2 = \boldsymbol{\alpha}_1 + 3\boldsymbol{\alpha}_2 + \boldsymbol{\alpha}_3 \\ \boldsymbol{\beta}_3 = -\boldsymbol{\alpha}_1 + 4\boldsymbol{\alpha}_2 - \boldsymbol{\alpha}_3 \end{cases}$，求向量 $\boldsymbol{\gamma}_1, \boldsymbol{\gamma}_2$ 由向量 $\boldsymbol{\alpha}_1, \boldsymbol{\alpha}_2, \boldsymbol{\alpha}_3$ 的线性表示式.

25. 已知向量组 $\boldsymbol{\alpha}_1 = (k,2,1)$，$\boldsymbol{\alpha}_2 = (2,k,0)$，$\boldsymbol{\alpha}_3 = (1,-1,1)$. 试问 k 为何值时，向量组 $\boldsymbol{\alpha}_1, \boldsymbol{\alpha}_2, \boldsymbol{\alpha}_3$ 线性相关？线性无关？

26. 求向量组 $\boldsymbol{\alpha}_1 = (2,1,3,-1)^{\mathrm{T}}$，$\boldsymbol{\alpha}_2 = (3,-1,2,0)^{\mathrm{T}}$，$\boldsymbol{\alpha}_3 = (1,3,4,-2)^{\mathrm{T}}$，$\boldsymbol{\alpha}_4 = (4,-3,1,1)^{\mathrm{T}}$ 的秩及其一个极大无关组.

27. 设向量组 $\boldsymbol{\alpha}_1 = (1,-1,0,0)^{\mathrm{T}}$，$\boldsymbol{\alpha}_2 = (-1,2,1,1)^{\mathrm{T}}$，$\boldsymbol{\alpha}_3 = (0,1,1,1)^{\mathrm{T}}$，$\boldsymbol{\alpha}_4 = (-1,3,2,-1)^{\mathrm{T}}$，$\boldsymbol{\alpha}_5 = (-2,6,4,-1)^{\mathrm{T}}$. 求向量组的秩及其一个极大无关组.

28. 问线性方程组 $\begin{cases} -x_1 + x_2 - x_3 = 0 \\ x_1 - 2x_2 - x_3 = 0 \\ x_1 - x_2 + ax_3 = 0 \end{cases}$，当 a 为何值时有非零解，并求出其一般解.

29. 设线性方程组 $\begin{cases} x_1 + 0x_2 + x_3 = 2 \\ x_1 + 2x_2 - x_3 = 0 \\ 2x_1 + x_2 - ax_3 = b \end{cases}$，讨论当 a, b 为何值时，方程组无解，有唯一解，有无穷多解？

30. 求齐次线性方程组 $\begin{cases} 2x_1 + 2x_2 - 3x_3 - 4x_4 - 7x_5 = 0 \\ x_1 + x_2 - x_3 + 2x_4 + 3x_5 = 0 \\ -x_1 - x_2 + 2x_3 - x_4 + 3x_5 = 0 \end{cases}$ 的一个基础解系.

31. 求齐次线性方程组 $\begin{cases} x_1 + 3x_2 + x_3 + x_4 = 0 \\ 2x_1 - 2x_2 + x_3 + 2x_4 = 0 \\ x_1 + 11x_2 + 2x_3 + x_4 = 0 \end{cases}$ 的一个基础解系.

32. 求下列非齐次线性方程组的全部解

$$\begin{cases} -5x_1 + x_2 + 2x_3 - 3x_4 = 11 \\ x_1 - 3x_2 - 4x_3 + 2x_4 = -5 \\ -9x_1 - x_2 + 0x_3 - 4x_4 = 17 \\ 3x_1 + 5x_2 + 6x_3 - x_4 = -1 \end{cases}.$$

四、证明题

33. 若$\boldsymbol{\alpha}_1,\boldsymbol{\alpha}_2,\boldsymbol{\alpha}_3$线性无关，证明$\boldsymbol{\alpha}_1+\boldsymbol{\alpha}_2+\boldsymbol{\alpha}_3,2\boldsymbol{\alpha}_1+\boldsymbol{\alpha}_2-\boldsymbol{\alpha}_3,-\boldsymbol{\alpha}_1+\boldsymbol{\alpha}_2+2\boldsymbol{\alpha}_3$也线性无关.

34. 如果向量组$\boldsymbol{\alpha}_1,\boldsymbol{\alpha}_2,\cdots,\boldsymbol{\alpha}_s$线性无关，试证向量组$\boldsymbol{\alpha}_1,\boldsymbol{\alpha}_1+\boldsymbol{\alpha}_2,\cdots,\boldsymbol{\alpha}_1+\boldsymbol{\alpha}_2+\cdots+\boldsymbol{\alpha}_s$也线性无关.

第 5 章
随机事件与概率

概率论是一门研究事情发生可能性的学问。但是,最初概率论的起源与赌博问题有关.随着 18、19 世纪科学的发展,人们注意到在某些生物、物理和社会现象与机会游戏之间有某种相似性,从而由机会游戏起源的概率论被应用到这些领域中;同时也大大推动了概率论本身的发展.现在,概率与统计的方法日益渗透到各个领域,并广泛应用于自然科学、经济学、医学甚至人文科学中.

随机事件和事件的概率是概率论中两个基本的概念,研究事件间的关系和运算、概率的性质及概率的计算是概率论中的一些基本问题,这些都是本章要讨论的主要内容.

实验与对话　掷骰子游戏

掷骰子游戏是这样规则：投注者给庄家 2 元钱，可以投 12 次，每掷出一个六点，庄家要返给投注者 1 元钱. 利用 Mathematica 演示投注者与庄家玩 n 次，记录在 n 次中每次赢输的钱数，累计赢输的钱数和赢输钱的平均数，通过移动滑块改变样本次数 n，以及单击按钮“再次投掷”观察图形中的变化(图 5.1). 展开师生对话，并将对话中所产生的相关问题记录在下面的方框里. 下图是利用 Mathematica 作出 $n=110$ 的图形.

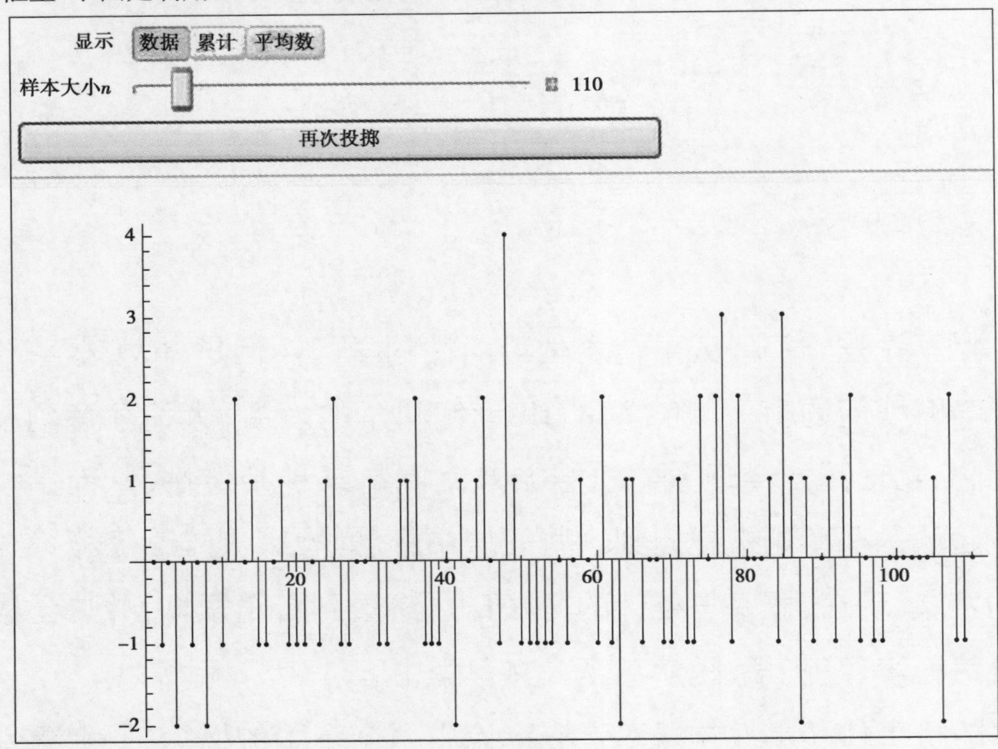

图 5.1

问题记录：

5.1 随机事件

5.1.1 随机现象与随机事件

我们在自然界和人类社会中经常会遇到这样一类现象:在同样的条件下,多次进行同一试验,或多次观测同一现象,所得的结果并不完全一样,往往有些差异,并且在每次试验或观测前并不能确切地预料将出现什么结果,例如:

①在相同条件下抛掷同一枚硬币,其结果可能是正面向上,也可能是反面向上,并且事先无法肯定抛掷的结果是什么;

②用同一门炮在同样的射击条件下(初始速度、发射角、弹道系数都相同)向同一目标多次射击,各次的弹着点并不都落在同一点上,而且每次射击前都无法预测弹着点的确切位置;

③同一品牌的电视机有的使用了 10 年没出故障,而有的使用不到 1 年却经常出现故障.

人们经过长期实践并深入研究之后,发现这类现象虽然就每次试验或观测结果而言,具有不确定性,但在大量重复试验或观测下其结果却呈现出某种规律性. 例如,多次重复投掷一枚硬币,得到正面向上的次数占总投掷次数的 1/2 左右;同一门炮相同条件下向同一目标多次射击,弹着点散布在一定的范围内按照一定规律分布;某品牌的电视机,使用寿命大多在 8 000 ~ 10 000 小时;等等. 我们把这种在大量重复试验或观测下,其结果所呈现出的固有规律性,称为统计规律性. 而把这种在个别试验中呈现出不确定性,在大量重复试验中具有统计规律性的现象,称为随机现象. 概率论与数理统计就是研究随机现象的统计规律性的一门数学学科.

如果一个试验在相同的条件下可以重复进行,并且试验的所有可能结果是明确不变的,但是每次试验的具体结果在试验前是无法预知的,这种试验称为随机试验,简称为试验,记为 E. 对一次试验结果可能出现也可能不出现,而在大量重复试验中却具有某种规律性的试验结果,称为此随机试验的随机事件. 一般把随机事件简称为事件,用英文大写字母 $A,B,C,\cdots$ 表示.

在随机试验中,每一个可能出现的不可分解的最简单的结果称为基本事件;而由若干个基本事件组成的试验结果称为复合事件. 概括地说就是,基本事件为不可分解的事件,复合事件为可分解的事件.

随机试验中有些结果是必然发生的,称为必然事件,记作 U;还有结果是不可能发生的,称为不可能事件,记作$\varnothing$. 为讨论问题方便,必然事件和不可能事件也看作是随机事件.

例 5.1 盒子中有红、白、黄 3 个球,现随机抽出 2 个,会有什么结果呢?

如果不考虑抽出的顺序,则这个试验的结果可能是下列 3 种情况之一:

{1 红,1 白},{1 白,1 黄},{1 黄,1 红}.

如果考虑抽出的顺序,则试验结果可能是下列 6 种情况之一:

{红,白},{白,红},{白,黄},{黄,白},{黄,红},{红,黄}.

显然在这个试验中,两球异色是必然事件,而{红,红},{白,白},{黄、黄}是不可能事件.

5.1.2 事件间的关系和运算

一个随机事件,常常同许多其他随机事件有这样或那样的关系.了解事件间的相互关系,可以使人们通过对简单事件的了解,去研究与其有关的较复杂的事件的规律,这一点在研究随机现象的规律性上十分重要.下面就引进事件之间的几种主要关系以及作用在事件上的运算.

(1)事件的包含与相等

定义5.1 如果事件A发生,必然导致事件B发生,则称事件B包含事件A,或称事件A包含于事件B,记作$A\subset B$.如果$A\subset B$和$B\subset A$同时成立,则称事件A与事件B相等,记作$A=B$.

以后将经常用图示法表示事件间的关系:用一个矩形表示必然事件U,矩形内的一些封闭图形表示一些随机事件.图5.2表示了事件A、B的包含关系.

例5.2 一批产品中有合格品与不合格品,合格品中有一、二、三等品,从中随机抽取一件,是合格品记作A,是一等品记作B,显然B发生时A一定发生,因此$B\subset A$.

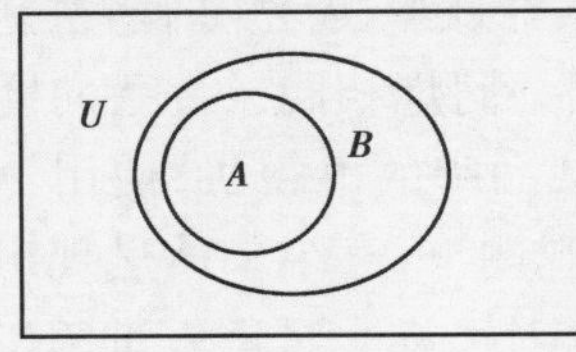

图5.2

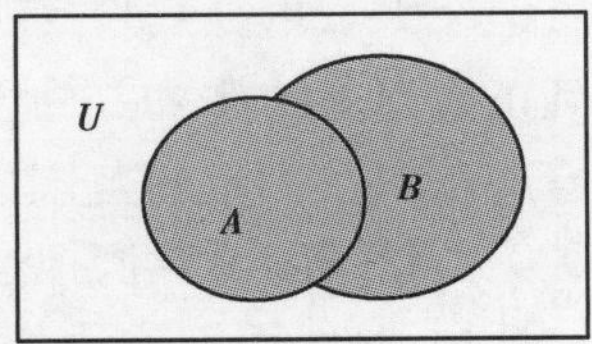

图5.3

(2)事件的和

定义5.2 事件A与事件B至少有一个发生,称为事件A与事件B的和,记作$A+B$(图5.3),即

$$A+B=\{A\text{与}B\text{至少发生一个}\}$$

例5.3 在10件产品中,有8件正品,2件次品,从中任意取出2件,用A_1表示{恰有1件次品},A_2表示{恰有2件次品},B表示{至少有1件次品},由于{至少有1件次品}的含义就是在所取出的2件产品中,或者是{恰有1件次品},或者是{恰有2件次品},二者必有其一发生,因此$B=A_1+A_2$.

根据事件和的定义可知,$A+U=U$,$A+\varnothing=A$.

(3)事件的积

定义5.3 事件A与事件B同时发生,称为事件A与事件B的积,记作AB(图5.4),即

$$AB=\{A\text{与}B\text{同时发生}\}$$

例5.4 设$A=$\{甲厂生产的产品\},$B=$\{合格品\},$C=$\{甲厂生产的合格品\},则$C=AB$.

根据事件积的定义可知,对任一事件A,有$AU=A$,$A\varnothing=\varnothing$.

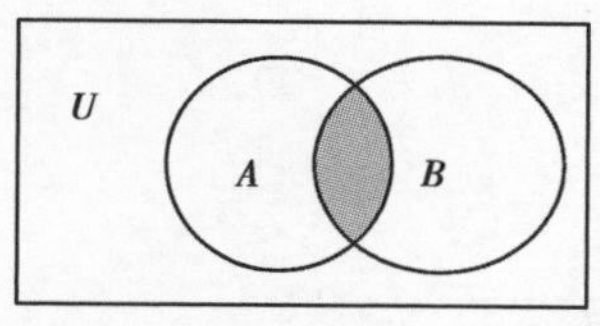

图5.4

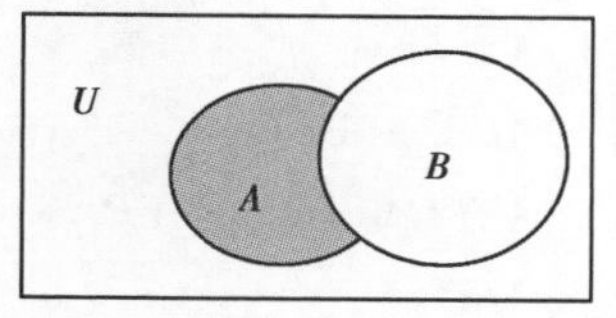

图5.5

(4)事件的差

定义5.4 事件A发生而事件B不发生,这一事件称为事件A与事件B的差,记作$A-B$(图5.5).

例5.5 已知条件同例5.4,设$D=\{$甲厂生产的不合格品$\}$,则D就是$\{$甲厂生产的产品$\}$与$\{$甲厂生产的合格品$\}$两个事件的差,即$D=A-C$.

(5)互斥事件(或互不相容事件)

定义5.5 若事件A与B满足$AB=\varnothing$,则事件A与B互斥,或称A与B是互不相容的(图5.6).显然,同一试验中的各个基本事件是互斥的.

例5.6 掷一颗骰子,令A表示"出偶数点",B表示"出奇数点",则事件A,B是互斥的.

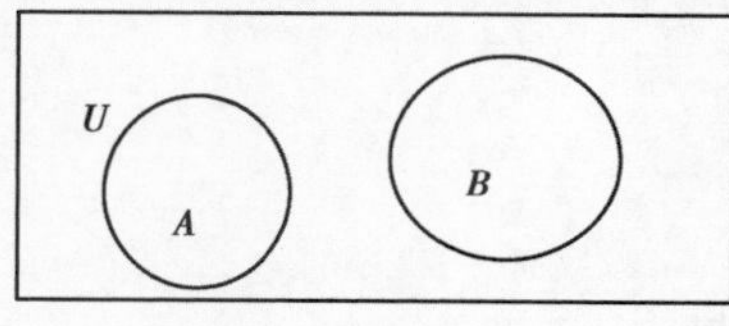

图5.6

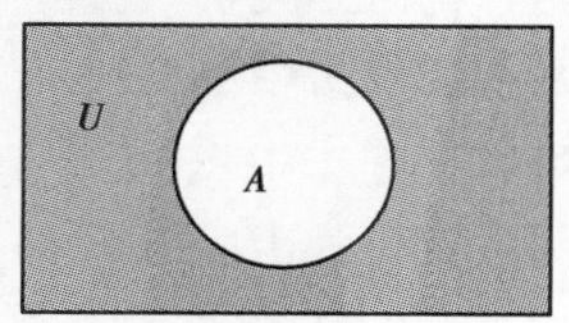

图5.7

(6)互逆事件(或对立事件)

定义5.6 若在随机试验中,事件A与B必有一个事件且仅有一个事件发生,则称事件A与B互逆,称A是B的逆事件(或对立事件),记作$A=\overline{B}$(图5.7).

由定义不难知:若A与B互逆,则有$A+B=U,AB=\varnothing$.

例5.7 在10件产品中,有8件正品,2件次品,从中任取2件,令A表示$\{$恰有2件次品$\}$,B表示$\{$至多有1件次品$\}$,则$B=\overline{A}$.

注 互逆与互斥是不同的两个概念,互逆必互斥,但互斥不一定互逆.

根据事件互逆的定义,对任意两个事件A,B,有下列结论成立:

①$A-B=A\overline{B}$.

②$\overline{\overline{A}}=A$.

③(德·摩根定律)$\overline{A+B}=\overline{A}\,\overline{B},\overline{AB}=\overline{A}+\overline{B}$.

例5.8 设A,B,C为3个事件,试用事件A,B,C的运算表示下列事件:

(1)A发生,B,C不发生;
(2)B,C发生,A不发生;
(3)A发生,B与C中任意一个发生,但不同时发生;
(4)A,B,C至少有一个发生;
(5)A,B,C恰有一个发生;
(6)A,B,C恰有两个发生;
(7)A,B,C都发生;
(8)A,B,C一个也不发生.

解 (1)$A\overline{B}\overline{C}$;　　(2)$\overline{A}BC$;

(3)$AB\overline{C}+A\overline{B}C$;　　(4)$A+B+C$;

(5)$A\overline{B}\overline{C}+\overline{A}B\overline{C}+\overline{A}\overline{B}C$;　　(6)$\overline{A}BC+A\overline{B}C+AB\overline{C}$;

(7)ABC;　　(8)$\overline{A+B+C}$,也可表示为$\overline{A}\overline{B}\overline{C}$.

习题 5.1

1. 随机抽检 3 件产品,设

A 表示"3 件中至少有一件是废品";

B 表示"3 件中至少有两件是废品";

C 表示"3 件都是正品".

问$\overline{A}$,$\overline{B}$,$\overline{C}$,$A+B$,AC 各表示什么事件?

2. 对飞机进行两次射击,每次射一弹. 设

A_1 表示"第一次射击击中飞机";

A_2 表示"第二次射击击中飞机".

试用 A_1,A_2 及它们的对立事件,表示下列各事件:

B:"两弹都击中飞机";

C:"两弹都没击中飞机";

D:"恰有一弹击中飞机";

E:"至少有一弹击中飞机".

并指出 B,C,D,E 中,哪些是互不相容的,哪些是对立的.

3. 袋中有 10 件零件,其中 6 件一等品、4 件二等品,今无放回地抽 3 次,每次取 1 件. 若用 A_i 表示"第 i 次抽取到一等品"($i=1,2,3$),问如何表示下列事件:

(1)3 件都是一等品;

(2)3 件都是二等品;

(3)按抽取顺序,前两件为一等品,最后 1 件为二等品;

(4)不计顺序抽取,所取 3 件中,有 2 件一等品、1 件一等品.

5.2 随机事件的概率

众所周知,一个随机事件,在每次试验中,可能发生也可能不发生. 但是人们希望能将随机事件发生的可能性大小用数值来刻画,这个刻画随机事件发生可能性大小的数值称为概率,本节的主要内容就是研究概率的概念、性质及其简单计算.

5.2.1 概率的统计定义

设事件 A 在 n 次重复进行的试验中发生了 m 次,则称$\frac{m}{n}$为事件 A 发生的频率,m 称为事

件 A 发生的频数.

显然,任何随机事件的频率都是介于 0 与 1 之间的一个数.

一般地,在大量重复试验中,事件 A 发生的频率$\frac{m}{n}$总是在一个确定的常数附近摆动,且具有稳定性. 这个常数就是事件 A 发生的可能性大小的度量,称为事件 A 的概率.

定义 5.7　在一个随机试验中,如果随着试验次数的增大,事件 A 出现的频率$\frac{m}{n}$在某个常数 p 附近摆动,那么定义事件 A 的概率为 p,记作

$$P(A)=p$$

概率的这种定义,称为概率的统计定义.

由概率的统计定义可知,概率具有如下性质:

性质 5.1　对任一事件 A,有 $0\leqslant P(A)\leqslant 1$.

性质 5.2　$P(U)=1,P(\varnothing)=0$.

性质 5.3　对于两个互斥的事件 A,B,有 $P(A+B)=P(A)+P(B)$.

概率的统计定义实际上给出了一个近似计算随机事件概率的方法:当试验重复多次时,随机事件 A 的频率$\frac{m}{n}$可以作为随机事件 A 的概率 $P(A)$的近似值.

5.2.2　古典概型

观察"投掷硬币""掷骰子"等试验,发现它们具有下列特点:

①试验结果的个数是有限的,即基本事件的个数是有限的.

②每个试验结果出现的可能性相同,即每个基本事件发生的可能性是相同的.

③在任一试验中,只能出现一个结果,也就是有限个基本事件是两两互斥的.

满足上述条件的试验模型称为古典概型.

定义 5.8　如果古典概型中的所有基本事件的个数是 n,事件 A 包含基本事件的个数是 m,则事件 A 的概率为

$$P(A)=\frac{m}{n}=\frac{\text{事件 }A\text{ 包含的基本事件的个数}}{\text{所有基本事件的个数}},$$

概率的这种定义,称为概率的古典定义.

古典概率具有如下性质:

性质 5.4　对任一事件 A,有 $0\leqslant P(A)\leqslant 1$.

性质 5.5　$P(U)=1,P(\varnothing)=0$.

性质 5.6　对于两个互斥的事件 A,B,有 $P(A+B)=P(A)+P(B)$.

性质 5.7　如果事件 A,B 满足 $A\subset B$,那么有 $P(A)\leqslant P(B)$.

古典概型是等可能概型. 实际中古典概型的例子很多,例如:袋中摸球、产品质量检查等试验,都属于古典概型.

例 5.9　设盒中有 8 个球,其中红球 3 个,白球 5 个.

(1)若从中随机取出一球,用 A 表示{取出的是红球},B 表示{取出的是白球},求 $P(A)$,$P(B)$;

(2)若从中随机取出两球，用 C 表示{两个都是白球}，D 表示{一红一白}，求 $P(C)$，$P(D)$；

(3)若从中随机取出5球，用 E 表示{取到的5个球中恰有2个白球}，求 $P(E)$.

解 (1)从8个球中随机取出1个球，取出方式有 C_8^1 种，即基本事件的总数为 C_8^1，事件 A 包含的基本事件的个数为 C_3^1，事件 B 包含的基本事件的个数为 C_5^1，故

$$P(A)=\frac{C_3^1}{C_8^1}=\frac{3}{8},\qquad P(B)=\frac{C_5^1}{C_8^1}=\frac{5}{8}.$$

(2)从8个球中随机取出2球，基本事件的总数为 C_8^2，取出{两个都是白球}包含的基本事件的个数为 C_5^2，故

$$P(C)=\frac{C_5^2}{C_8^2}=\frac{10}{28}\approx 0.357.$$

取出{一红一白}包含的基本事件的个数为 $C_3^1C_5^1$，故

$$P(D)=\frac{C_3^1C_5^1}{C_8^2}=\frac{15}{28}\approx 0.536.$$

(3)从8个球中任取5个球，基本事件的总数为 C_8^5，取到的{5个球中恰有2个白球}包含的基本事件的个数为 $C_3^3C_5^2$，因此

$$P(E)=\frac{C_3^3C_5^2}{C_8^5}=\frac{10}{56}\approx 0.179.$$

5.2.3 加法公式

对于两个事件 A,B，若 $AB=\varnothing$，则

$$P(A+B)=P(A)+P(B),$$

即两互斥事件之和的概率等于两事件概率之和. 概率的这条性质称为加法公式.

由加法公式可以得到如下推论.

推论5.1 若事件 $A_1,A_2,\cdots,A_n$ 两两互不相容，则

$$P(A_1+A_2+\cdots+A_n)=P(A_1)+P(A_2)+\cdots+P(A_n),$$

即互斥事件之和的概率等于各事件的概率之和.

推论5.2 设 A 为任一随机事件，则

$$P(\overline{A})=1-P(A).$$

例5.10 某集体有6人是1980年9月出生的，求其中至少有2人是同一天出生的概率.

解 设 A 表示事件{6人中至少有两个人同一天出生}. 显然，A 包含下列几种情况：

A_1：恰有2个人同一天生；

A_2：恰有3个人同一天生；

A_3：恰有4个人同一天生；

A_4：恰有5个人同一天生；

A_5：6个人同一天生.

于是 $A=A_1+A_2+A_3+A_4+A_5$. 显然($i=1,2,\cdots,5$)之间是两两互斥的，由推论5.1得

$$P(A)=P(A_1)+P(A_2)+P(A_3)+P(A_4)+P(A_5).$$

这个计算是烦琐的，因此考虑用逆事件 $\overline{A}$ 计算. $\overline{A}$ 表示事件{6 人中没有同一天出生}.

由于 9 月共有 30 天，每个人可以在这 30 天里的任一天出生，于是全部可能的情况共有 30^6 种. 没有 2 人生日相同就是 30 中取 6 的排列 $P_{30}^6=30\times29\times28\times27\times26\times25$，这就是 $\overline{A}$ 包含的基本事件数，于是

$$P(\overline{A})=\frac{30\times29\times28\times27\times26\times25}{30^6}\approx0.5864,$$

因此

$$P(A)=1-P(\overline{A})=1-0.5864=0.4136.$$

推论 5.3 若事件 $B\subset A$，则 $P(A-B)=P(A)-P(B)$.

前面讨论了两个事件互斥时的加法公式，对于一般的情形，有下列结论：

定理 5.1（加法公式） 对任意两个事件 A,B 有

$$P(A+B)=P(A)+P(B)-P(AB).$$

定理 5.1 可以用几何图形解释，如图 5.8 所示.

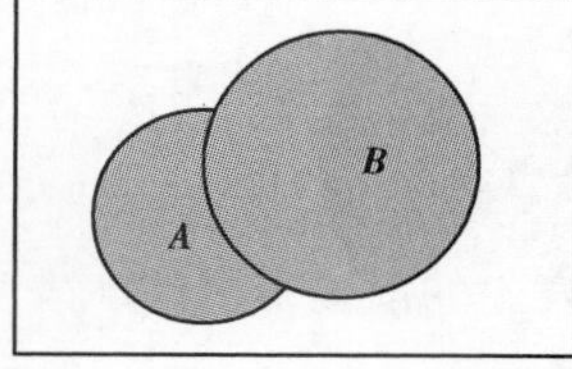

图 5.8

例 5.11 某设备由甲、乙两个部件组成，当超载负荷时，各自出现故障的概率分别为 0.90 和 0.85，同时出现故障的概率是 0.80，求超载负荷时至少有一个部件出故障的概率.

解 设 A 表示{甲部件出故障}，B 表示{乙部件出故障}，则

$$P(A)=0.90,P(B)=0.85,P(AB)=0.80,$$

于是

$$\begin{aligned}P(A+B)&=P(A)+P(B)-P(AB)\\&=0.90+0.85-0.80=0.95,\end{aligned}$$

即超载负荷时至少有一个部件出故障的概率是 0.95.

定理 5.1 也可以推广到多个事件相加的情形，下面给出 3 个随机事件的加法公式：

$$P(A+B+C)=P(A)+P(B)+P(C)-P(AB)-P(BC)-P(AC)+P(ABC).$$

习题 5.2

1. 36 件产品中有 4 件次品，今随机抽取 3 件，求：

(1)恰有 1 件次品的概率；

(2)至少有 1 件次品的概率.

2. 某油漆公司发出 17 桶油漆，其中白漆 10 桶，黑漆 4 桶，红漆 3 桶，在搬运中所有标签脱落，交货人随意将这些标签重新贴上. 问一个订货 4 桶白漆，3 桶黑漆，2 桶红漆的顾客，按所定颜色如数得到订货的概率是多少？

3. 一部小说，分上、中、下三册，今随机地并排放在书架上，问自左至右或自右至左恰好按上、中、下册排列的概率是多少？

4. 从 0，1，2，…，9 共 10 个数字中任取一个（假定每个数字被选取的可能性是相同的），取后还原，先后取 7 个数字. 求：

(1)7 个数字全不相同的概率；

(2)7 个数字中不含 0 和 1 的概率.

5. 加工某产品需经过两道工序. 如果这两道工序都合格的概率为 0.95,求至少有一道工序不合格的概率.

6. 某单位订阅甲、乙、丙 3 种报纸. 据调查,职工中 40% 读甲报,26% 读乙报,24% 读丙报,8% 兼读甲、乙报,5% 兼读甲、丙报,4% 兼读乙、丙报,2% 兼读甲、乙、丙报. 现从职工中随机抽查一人,问该人至少读一种报纸的概率是多少? 不读报的概率是多少?

5.3 条件概率和全概率公式

5.3.1 条件概率

"事件 B 已经发生"的前提下"事件 A 发生的概率",我们称这种概率为条件概率."事件 B 发生的前提下事件 A 发生的概率",记作 $P(A|B)$.

定义 5.9 设 A,B 是随机试验的两个事件,且 $P(B)\neq 0$,则称 $\dfrac{P(AB)}{P(B)}$ 为已知 B 时 A 的条件概率,或 A 关于 B 的条件概率,记作 $P(A|B)$.

同理可定义事件 A 发生的条件下事件 B 的条件概率

$$P(B|A)=\frac{P(AB)}{P(A)}(P(A)\neq 0).$$

例 5.12 某种元件用满 6 000 小时未坏的概率是 3/4,用满 10 000 小时未坏的概率是 1/2,现有一个此种元件,已经用过 6 000 小时未坏,问它能用到 10 000 小时的概率.

解 设 A 表示{用满 10 000 小时未坏},B 表示{用满 6 000 小时未坏},则

$$P(A)=\frac{1}{2},\quad P(B)=\frac{3}{4},$$

由于 $A\subset B, AB=A$,因而 $P(AB)=P(A)=\dfrac{1}{2}$,故

$$P(A|B)=\frac{P(AB)}{P(B)}=\frac{P(A)}{P(B)}=\frac{1/2}{3/4}=\frac{2}{3}.$$

5.3.2 乘法公式

将条件概率公式以另一种形式写出,就是乘法公式的一般形式:

设 $P(A)\neq 0$,则有

$$P(AB)=P(A)P(B|A).$$

将 A,B 的位置对换,则得到乘法公式的另一种形式

$$P(AB)=P(B)P(A|B)\quad (P(B)\neq 0).$$

利用乘法公式,可以计算两事件 A,B 同时发生的概率 $P(AB)$.

例 5.13 已知盒子中装有 10 只电子元件,其中 6 只正品,从其中不放回地任取两次,每次取一只,问两次都取到正品的概率是多少?

解　设 A 为{第一次取到正品}, B 为{第二次取到正品},则

$$P(A)=\frac{6}{10}, P(B|A)=\frac{5}{9},$$

两次都取到正品的概率是

$$P(AB)=P(A)P(B|A)=\frac{6}{10}\times\frac{5}{9}=\frac{1}{3}.$$

乘法公式也可以推广到有限多个事件的情形,例如对于 3 个事件 A_1, A_2, A_3 ($P(A_1A_2)\neq 0$)有

$$P(A_1A_2A_3)=P(A_1)P(A_2|A_1)P(A_3|A_1A_2).$$

5.3.3　全概率公式

设 $A_1, A_2, \cdots, A_n$ 是两两互斥事件,且 $A_1+A_2+\cdots+A_n=U$, $P(A_i)>0$ ($i=1,2,\cdots,n$),则对任意事件 B,有

$$P(B)=\sum_{i=1}^{n}P(A_i)P(B\mid A_i).$$

当 $P(A_i)$ 和 $P(B|A_i)$ 已知或比较容易计算时,可利用此公式计算 $P(B)$.

注　$A_1, A_2, \cdots, A_n$ 不一定等概率.

例 5.14　设袋中共有 10 个球,其中 2 个带有中奖标志,两人分别从袋中任取一球,问第二个人中奖的概率是多少?

解　设 A 表示{第一人中奖}, B 表示{第二人中奖},则

$$P(A)=\frac{2}{10}, P(\bar{A})=\frac{8}{10},$$

$$P(B|A)=\frac{1}{9}, P(B|\bar{A})=\frac{2}{9},$$

$$\begin{aligned}P(B)&=P(BA+B\bar{A})\\&=P(BA)+P(B\bar{A})\\&=P(A)P(B\mid A)+P(\bar{A})P(B\mid\bar{A})\\&=\frac{2}{10}\cdot\frac{1}{9}+\frac{8}{10}\cdot\frac{2}{9}=\frac{1}{5}.\end{aligned}$$

注　第二人中奖的概率与第一人中奖的概率是相等的.

例 5.15　某厂有四条流水线生产同一产品,这四条流水线的产量分别占总量的 15%, 20%, 30%, 35%,各流水线的次品率分别为 0.05, 0.04, 0.03, 0.02. 从出厂产品中随机抽取一件,求此产品为次品的概率是多少?

解　设 B 表示{任取一件产品是次品}, A_i 分别表示{第 i 条流水线生产的产品}($i=1,2,3,4$),则

$$P(A_1)=15\%, P(A_2)=20\%, P(A_3)=30\%, P(A_4)=35\%,$$

$$P(B|A_1)=0.05, P(B|A_2)=0.04, P(B|A_3)=0.03, P(B|A_4)=0.02.$$

于是

$$P(B)=\sum_{i=1}^{4}P(A_i)P(B\mid A_i)$$

$$= 15\% \times 0.05 + 20\% \times 0.04 + 30\% \times 0.03 + 35\% \times 0.02$$
$$= 0.031\ 5.$$

例5.16 已知某产品100件为一包,抽样检查时,从每包中任取10件检查,如果发现其中有次品,则认为这包产品不合格.假定已知每包产品的次品数不超过4个,并且次品数为0,1,2,3,4的概率分别为0.1,0.2,0.4,0.2,0.1,求一包产品通过检查的概率是多少?

解 设B表示{这批产品通过检查},A_i分别表示{这包产品中有i个次品}($i=0,1,2,3,4$),则

$$P(A_0)=0.1,P(A_1)=0.2,P(A_2)=0.4,P(A_3)=0.2,P(A_4)=0.1,$$

$$P(B|A_0)=1,P(B|A_1)=\frac{C_{99}^{10}}{C_{100}^{10}}=0.90,P(B|A_2)=\frac{C_{98}^{10}}{C_{100}^{10}}=0.81,$$

$$P(B|A_3)=\frac{C_{97}^{10}}{C_{100}^{10}}=0.73,P(B|A_4)=\frac{C_{96}^{10}}{C_{100}^{10}}=0.65.$$

由全概率公式得

$$\begin{aligned}P(B)&=\sum_{i=0}^{4}P(A_i)P(B\mid A_i)\\&=0.1\times1+0.2\times0.90+0.4\times0.81+0.2\times0.73+0.1\times0.65\\&=0.815.\end{aligned}$$

习题5.3

1. 已知$P(A)=0.20,P(B)=0.45,P(AB)=0.15$,求:

(1)$P(A\overline{B}),P(\overline{A}B),P(\overline{A}\,\overline{B})$;

(2)$P(A+B),P(\overline{A}+B),P(\overline{A}+\overline{B})$;

(3)$P(A|B),P(B|A),P(A|\overline{B})$.

2. 一批种子的发芽率为0.9,出芽后的幼苗成活率为0.8.在这批种子中,随机抽取一粒,求这粒种子能成长为活苗的概率.

3. 某气象台根据历年资料,得到某地某月份刮大风的概率为11/30,在刮大风的条件下,下雨的概率为7/8,求既刮大风又下雨的概率.

4. 袋中放有5个黑球和4个白球,从中随机取出一个,然后放回,并同时加进与抽出的球同色的球2个,再取第2个.求所取两球都是白球的概率.

5. 有3个盒子,在甲盒中装有2支红芯圆珠笔、4支蓝芯圆珠笔;已盒中装有4支红的、2支蓝的;丙盒中装有3支红的,3支蓝的.今从中任取一支(设到3个盒子中取物的机会相同),问是红芯圆珠笔的概率是多少?

6. 在秋菜运输中,某汽车可能到甲、乙、丙三地去拉菜,设到此三处拉菜的概率分别为0.2,0.5,0.3,而在各处拉到一级菜的概率分别为0.1,0.3,0.7.

(1)求汽车拉到一级菜的概率;

(2)已知汽车拉到一级菜,求该车菜是乙地拉来的概率.

7. 某厂的自动生产设备于每批产品生产之前需进行调整,以确保质量.依以往经验:若设备调整良好,其产品有90%合格;若调整不成功,则仅有30%产品合格.又知调整成功的概率

为 75%. 某日,该厂在设备调整后试产,发现第一个产品合格. 问设备已调整好的概率是多少?

5.4 事件的独立性

5.4.1 事件的独立性

定义 5.10 如果两个事件 A,B 中任一事件的发生不影响另一事件的概率,即

$$P(A|B)=P(A) \text{ 或者 } P(B|A)=P(B)$$

则称事件 A 与事件 B 是相互独立的,否则,称为是不独立的.

例如,袋中有 5 个球,其中 2 个白球,从中抽取两球. 设事件 A 表示{第二次抽得白球},事件 B 表示{第一次抽得白球}. 如果第一次抽取一球观察颜色后放回,则事件 A 与事件 B 是相互独立的,因为

$$P(A|B)=P(A)=\frac{2}{5},$$

如果观察颜色后不放回,则事件 A 与事件 B 是不独立的,因为

$$P(A|B)=\frac{1}{4},$$

而

$$P(A)=\frac{2}{5}.$$

定理 5.2 两个事件 A,B 相互独立的充分必要条件是

$$P(AB)=P(A)P(B)$$

例 5.17 甲、乙两人考大学,甲考上的概率是 0.7,乙考上的概率是 0.8,问:

(1)甲、乙两人都考上的概率是多少?

(2)甲、乙两人至少一人考上大学的概率是多少?

解 设 A 表示{甲考上大学},B 表示{乙考上大学},则

$$P(A)=0.7,P(B)=0.8.$$

(1)甲、乙两人考上大学的事件是相互独立的,故甲、乙两人同时考上大学的概率是

$$P(AB)=P(A)P(B)=0.7\times 0.8=0.56.$$

(2)甲、乙两人至少一人考上大学的概率是

$$P(A+B)=P(A)+P(B)-P(AB)=0.7+0.8-0.56=0.94.$$

对于两个独立事件 A,B,关于它们的逆事件有如下定理.

定理 5.3 若事件 A,B 相互独立,则事件 $\overline{A}$ 与 $\overline{B}$,A 与 $\overline{B}$,$\overline{A}$ 与 B 也相互独立.

例 5.18(摸球模型) 设盒中装有 6 只球,其中 4 只白球,2 只红球,从盒中任意取球两次,每次取一球,考虑两种情况:

①第一次取一球观察颜色后放回盒中,第二次再取一球,这种情况叫作放回抽样;

②第一次取一球不放回盒中,第二次再取一球,这种情况叫作不放回抽样.

试分别就上面两种情况求:

(1)取到两只球都是白球的概率;

(2)取到两只球颜色相同的概率;

(3)取到两只球至少有一只是白球的概率.

解 设A_i表示{第i次取到白球},则$\overline{A_i}$表示{第i次取到红球}$(i=1,2)$,于是A_1A_2表示{取到两只白球},$A_1A_2+\overline{A_1A_2}$表示{取到两只相同颜色球},A_1+A_2表示{至少取到一只白球}.

(1)放回抽样的情形

由于放回抽样,因此{第一次取到白球}与{第二次取到白球}的事件相互独立,且因为

$$P(A_1)=P(A_2)=\frac{4}{6}=\frac{2}{3},P(\overline{A_1})=P(\overline{A_2})=\frac{1}{3}.$$

于是

①$P(A_1A_2)=P(A_1)P(A_2)=\frac{2}{3}\times\frac{2}{3}\approx 0.444.$

②$$\begin{aligned}P(A_1A_2+\overline{A_1A_2})&=P(A_1A_2)+P(\overline{A_1A_2})\\&=P(A_1)P(A_2)+P(\overline{A_1})P(\overline{A_2})\\&=\frac{2}{3}\times\frac{2}{3}+\frac{1}{3}\times\frac{1}{3}\approx 0.556.\end{aligned}$$

③$$\begin{aligned}P(A_1+A_2)&=P(A_1)+P(A_2)-P(A_1A_2)\\&=P(A_1)+P(A_2)-P(A_1)P(A_2)\\&=\frac{2}{3}+\frac{2}{3}-\frac{2}{3}\times\frac{2}{3}\approx 0.889.\end{aligned}$$

(2)不放回抽样的情形

由于不放回抽样,因此{第一次取到白球}与{第二次取到白球}的事件不是独立的,因为

$$P(A_1)=\frac{4}{6}=\frac{2}{3},P(A_2|A_1)=\frac{3}{5},$$

$$P(\overline{A_1})=\frac{1}{3},P(\overline{A_2}|\overline{A_1})=\frac{1}{5}.$$

于是

①$P(A_1A_2)=P(A_1)P(A_2|A_1)=\frac{2}{3}\times\frac{3}{5}=0.4.$

②$$\begin{aligned}P(A_1A_2+\overline{A_1A_2})&=P(A_1A_2)+P(\overline{A_1A_2})\\&=P(A_1)P(A_2)+P(\overline{A_1})P(\overline{A_2})\\&=\frac{2}{3}\times\frac{3}{5}+\frac{1}{3}\times\frac{1}{5}\approx 0.467.\end{aligned}$$

③$$\begin{aligned}P(A_1+A_2)&=1-P(\overline{A_1+A_2})\\&=1-P(\overline{A_1A_2})=1-P(\overline{A_1})P(\overline{A_2}|\overline{A_1})\\&=1-\frac{1}{15}\approx 0.933.\end{aligned}$$

两个事件的独立性概念可以推广到有限多个事件独立的情形.

设$A_1,A_2,\cdots,A_n$为n个事件,如果对于所有可能的组合$1\leqslant i<j<k<\cdots\leqslant n$下列各式同时成立

$$\begin{cases}P(A_iA_j)=P(A_i)P(A_j)\\P(A_iA_jA_k)=P(A_i)P(A_j)P(A_k)\\\quad\vdots\\P(A_1A_2\cdots A_n)=P(A_1)P(A_2)\cdots P(A_n)\end{cases},$$

则称事件 $A_1,A_2,\cdots,A_n$ 是全面独立的.

5.4.2 伯努利(Bernoulli)概型

定义5.11 若试验 E 单次试验的结果只有两个 $A,\overline{A}$,且 $P(A)=p$ 保持不变,将试验 E 在相同条件下独立地重复做 n 次,称这 n 次试验为 n 重独立试验序列,这个试验模型称为 n 重独立试验序列概型,也称为 n 重伯努利概型,简称伯努利概型.

问题是,n 重伯努利概型中事件 A 发生 k 次的概率是多少?

定理5.4 若单次试验事件 A 发生的概率为 $p(0<p<1)$,则在 n 次重复试验中

$$P(A\text{ 发生 }k\text{ 次})=C_n^kp^kq^{n-k},(q=1-p,k=0,1,2,\cdots,n)$$

注 $C_n^kp^kq^{n-k}$刚好是二项式的展开式中的第 $k+1$ 项,故定理5.4也称为二项概率计算公式.

例5.19 某射手每次击中目标的概率是0.6,如果射击5次,试求至少击中两次的概率.

解

$$\begin{aligned}P(\text{至少击中 2 次})&=\sum_{k=2}^{5}P(\text{击中 }k\text{ 次})\\&=1-P(\text{击中 0 次})-P(\text{击中 1 次})\\&=1-C_5^0(0.6)^0(0.4)^5-C_5^1(0.6)^1(0.4)^4\\&\approx0.826.\end{aligned}$$

例5.20 某种产品的次品率为5%,现从一大批该产品中抽出20个进行检验,问20个该产品中恰有2个次品的概率是多少?

解 这里是不放回抽样,由于一批产品的总数很大,且抽出样品的数量相对较小,因而可以当作是有放回抽样处理,这样做会有一些误差,但误差不会太大.抽出20个样品检验,可看作做了20次独立试验,每一次是否为次品可看成是一次试验的结果,因此20个该产品中恰有2个次品的概率是

$$P(\text{恰有 2 个次品})=C_{20}^2(0.05)^2(0.95)^{18}\approx0.187.$$

习题5.4

1. 棉花方格育苗,每格放两粒棉籽,棉籽发芽率为0.90,求:

(1)两粒同时发芽的概率;

(2)恰有一粒发芽的概率;

(3)两粒都不发芽的概率.

2. 一个工人看管3台机床,在1小时内机床不需要工人照管的概率:第一台为0.9,第二台为0.8,第三台为0.7.求在1小时内,

(1)3台机床都不需要工人照管的概率;

(2)3台机床中最多有1台需要工人照管的概率.

3. 3 个人独立地破译一个密码，它们译出的概率分别为$\frac{1}{5}$，$\frac{1}{3}$，$\frac{1}{4}$，问能将此密码译出的概率是多少？

4. 一门火炮向某一目标射击，每发炮弹命中目标的概率是 0. 8，求连续射 3 发都命中的概率和至少有一发命中的概率.

5. 一批产品中有 20% 的次品，进行重复抽样检查，共抽得 5 件样品，分别计算这 5 件样品中恰有 3 件次品和至多有 3 件次品的概率.

5.5　数学建模：几何概率模型

▶问题提出

一类涉及"等可能性"的概率问题我们称为几何概率模型.

约会问题：一位男生与一位女生约定 18—19 时见面，双方约定，先到者必须等候另一个人 15 分钟，过时如另一个人仍未到达就可离去，问两人见面的机会有多大？

▶问题分析

显然，男生和女生到达约会地点的时间是随机的、不确定的，故所涉及模型为随机模型. 根据题意，我们已经知道了男生和女生各自到达的时间范围，他们均可能在 18—19 时的任何时刻到达约会地点. 但是我们无法预知他们到达的确切时刻，那么等候另一人的 15 分钟自然也不确定，问题好像有点麻烦.

如果到达的时间只有有限多个时间点，那么所涉及的数学模型属于古典概型，我们只需列出男生和女生到达时间的所有可能组合，然后从中找出所有可以会面的组合，用可以会面的组合数去除以所有可能的组合数就可得到两人见面的概率. 但现在的到达时间可取自一个无限集合（区间），这给我们的计算带来了一些困难. 用古典概型的方法无法解决此问题.

▶模型建立

几何概型讨论的是无限样本空间中的概率问题，在此空间中随机试验的每一结果都是等可能发生的. 在几何概型中，随机试验的所有可能结果构成一个样本空间，样本空间通常是一个几何区域 Ω. 试验中可能发生的事件则为 Ω 中的一个子区域，而随机事件发生的概率则是在对两者进行了比较后计算出来的. 比如我们在一个面积为 S_Ω 的区域 Ω 中，等可能地任意投点. 在区域 Ω 中有一个小区域 A，它的面积为 S_A，投点落入 A 中的可能性大小只与 A 的面积 S_A 成正比，而与 A 的位置及形状无关. 如果仍将"投点落入小区域 A"这个随机事件记作 A，并设 $P(\Omega)=1$（即投点必落在 Ω 中），可得事件 A 发生的概率为 $P(A)=S_A/S_\Omega'$，这样的概率问题通常被称为几何模型. 应当注意的是，这里的面积只是二维平面内某个区域的测度而已，如果是在一条线段上等可能地任意投点，公式里的面积应改为长度；如果在一个三维立方体内等可能地投点，则面积该为体积.

▶模型求解

设 x 和 y 分别表示男生和女生达到约会地点的时间（为计算方便，从 18 时开始计时），建立平面直角坐标系如图 5.9 所示，所有可能达到时间的组合，即 (x,y) 的所有可能结果构成一个边长为 60（以分钟为单位）的正方形. 另外，由题意两人能够会面的充要条件是

$$|x-y|\leqslant 15,$$

可能会面的时间组合由图中的阴影部分表示. 我们假设两个人到达约会地点的时间在这 1 小时中均是等可能的，此时，例题成为一个几何概率问题，记两人会面的事件为 A，由等可能性知两人会面的可能性为

$$P(A)=\frac{S_A}{S_\Omega}=\frac{60^2-45^2}{60^2}=\frac{7}{16}.$$

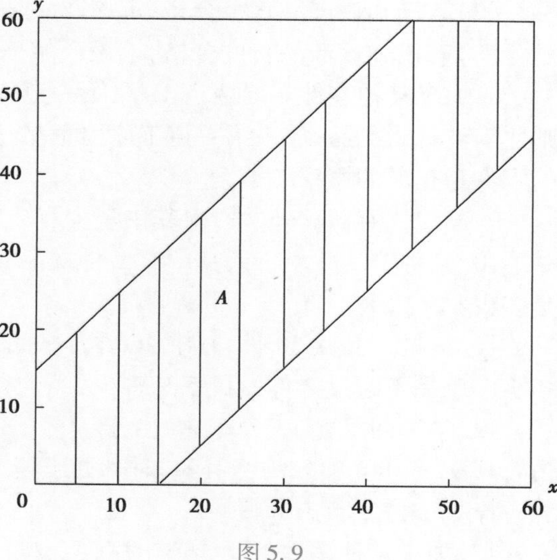

图 5.9

综合练习 5

一、选择题

1. 设 A,B 为两个事件，则与 $\overline{A}B+A\overline{B}+\overline{A}\,\overline{B}$ 相等的是（　　）.

A. $\overline{AB}$　　B. $\overline{A+B}$　　C. $\overline{A}$　　D. $\overline{B}$

2. 对任意二事件 A,B，均有 $P(A\overline{B})=$（　　）.

A. $P(A)-P(B)$　　B. $P(A)-P(B)+P(AB)$

C. $P(A)-P(AB)$　　D. $P(A)+P(B)-P(AB)$

3. 若 $P(AB)=P(A)P(B)$，则（　　）.

A. $P(\overline{A}B)=P(\overline{A})P(B)$　　B. $P(\overline{AB})=P(\overline{A})P(\overline{B})$

C. $AB=\varnothing$　　D. $P(A|B)=P(B)$

4. $P(A+B+C)=$（　　）.

A. $P(A)+P(B)+P(C)-P(ABC)$　　B. $1-P(\overline{A})P(\overline{B})P(\overline{C})$

C. $P(A)+P(\overline{A}B)+P(\overline{A}\,\overline{B}C)$　　D. $1-P(\overline{ABC})$

5. 设 $P(A)=P(B)=P(C)=\dfrac{1}{4}$，$P(AB)=P(BC)=0$，$P(AC)=\dfrac{1}{8}$，则 $P(A+B+C)=$（　　）.

A. $\dfrac{1}{4}$　　B. $\dfrac{3}{8}$　　C. $\dfrac{5}{8}$　　D. $\dfrac{1}{8}$

二、解答题

6. 甲、乙两炮同时向一架敌机射击，已知甲炮的击中率是 0.5，乙炮的击中率是 0.6，甲、乙两炮都击中的概率是 0.3，求飞机被击中的概率是多少？

7. 设有100个圆柱形零件,其中95个长度合格,92个直径合格,87个长度直径都合格,现从中任取一件该产品,求:

(1)该产品是合格品的概率;

(2)若已知该产品直径合格,求该产品是合格品的概率;

(3)若已知该产品长度合格,求该产品是合格品的概率.

8. 加工某种零件需要两道工序,第一道工序出次品的概率是2%,如果第一道工序出次品则此零件就为次品;如果第一道工序出正品,则第二道工序出次品的概率是3%,求加工出来的零件是正品的概率.

9. 某集体有50名同学,求其中至少有2人是同一天生日的概率.

10. 某种产品共40件,其中有3件次品,现从中任取2件,求其中至少有1件次品的概率是多少?

11. 一批产品共50件,其中46件合格品,4件废品,从中任取3件,其中有废品的概率是多少? 废品不超过2件的概率是多少?

12. 某车间里有12台车床,由于工艺上的原因,每台车床时常要停车. 设各台车床停车(或开车)是相互独立的,且任一时刻处于停车状态的概率为0.3,计算在任一指定时刻里有2台车床处于停车状态的概率.

13. 加工某种零件需要3道工序,假设第一道、第二道、第三道工序的次品率分别是2%,3%,5%,并假设各道工序是互不影响的,求加工出来的零件的次品率.

14. 两台车床加工同样的零件,第一台加工的零件废品率是3%,第二台的废品率是2%,把加工出来的零件放在一起,并已知第一台加工的零件数量是第二台的两倍. 求任取一个零件是合格品的概率.

15. 有两批产品,第一批20件中有5件优质品,第二批12件中有2件优质品. 先从第一批中任取2件混入第二批中,再从混合后的产品中任取2件. 求从混合产品中取出的2件都是优质品的概率.

16. 某人从广州去天津,它乘火车、乘船、乘汽车、乘飞机的概率分别是0.3,0.2,0.1和0.4,已知他乘火车、乘船、乘汽车迟到的概率分别是0.25,0.3,0.1,而乘飞机不会迟到. 问这个人迟到的可能性有多大?

17. 假设某地区位于甲、乙两河流的汇合处,当任一河流泛滥时,该地区即遭水灾. 设某时期内甲河流泛滥的概率为0.1,乙河流泛滥的概率为0.2. 当甲河流泛滥时乙河流泛滥的概率为0.3,求:

(1)该时期内这个地区遭受水灾的概率;

(2)当乙河流泛滥时甲河流泛滥的概率.

18. 转炉炼高级矽钢,每炉钢的合格率为0.7,假定各次冶炼互不影响,若要求以99%的把握,至少能炼出一炉合格钢,问至少需炼几炉?

第 6 章
随机变量及其数字特征

随机变量及其数字特征是概率论中极其重要的概念，它的引入既实现了随机试验的数量化描述，又为微积分这一工具进入概率论提供了方便，从而把随机事件及其概率引向深入.

实验与对话　随机变量的概率分布

某射手每次击中目标的概率是 p，如果射击 n 次，利用 Mathematica 作出击中目标次数 x 与发生的概率 $p(x)$ 概率分布图. 移动滑块改变“试验次数 n”和“成功概率 p”，观察图形中随机变量的概率变化(图 6.1). 展开师生对话，并将对话中所产生的相关问题记录在下面的方框里. 下图是利用 Mathematica 作出 $n=10$，$p=0.25$ 的随机变量的概率分布图形.

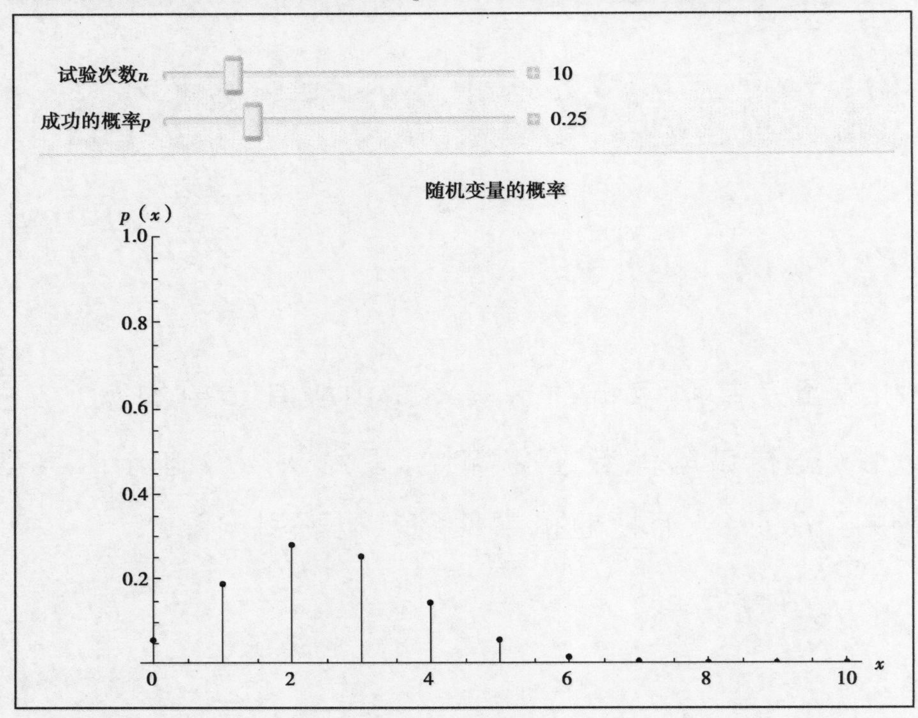

图 6.1

问题记录：

6.1　随机变量

6.1.1　随机变量的概念

有些随机事件本身与数量有直接关系,如掷一颗骰子可能出现 1 点,2 点……直至 6 点,但也有随机变量就其本身而言与数量并无关系,如某人打一次靶只能出现子弹中靶或脱靶,与数量无关,但我们可以取这样一个变量,规定

$$X=\begin{cases}0, & \text{子弹脱靶}\\ 1, & \text{子弹中靶}\end{cases}$$

可见,我们可以将一个随机事件数量化.

考虑“投掷骰子,直到出现 6 点为止”的试验,用 Y 表示投掷次数,则由于各次试验是相互独立的,于是

$$P(Y=i)=\left(\frac{1}{6}\right)\left(\frac{5}{6}\right)^{i-1},i=1,2,3,\cdots$$

考虑“测试电子元件寿命”这一试验,用 Z 表示它的寿命(单位:h),则 Z 的取值随着试验结果的不同而在连续区间$(0,+\infty)$上取不同的值,当测试结果确定后,Z 的取值也就确定了.

上面 3 个例子中的 X,Y,Z 具有下列特征:

①取值是随机的,事前并不知道取到哪一个值.

②所取的每一个值,都相应于某一随机现象.

③所取的每个值的概率大小是确定的.

一般地,如果一个变量,它的取值随着试验结果的不同而变化着,当试验结果确定后,它所取的值也就相应地确定,这种变量称为随机变量. 随机变量可用英文大写字母 $X,Y,Z,\cdots$(或希腊字母 $\xi,\eta,\zeta,\cdots$)等表示.

根据随机变量取值的情况,我们通常把随机变量分为两类,若随机变量 X 的所有可能取值是可以一一列举出来的,则称 X 为离散型随机变量,若随机变量 X 的所有取值不能一一列举出来的,而是依照一定的概率规律在数轴上的某个区间上取值的,则称 X 是连续型随机变量.

6.1.2　离散型随机变量

定义 6.1　设离散型随机变量 X 的所有的取值是 $x_1,x_2,\cdots,x_k\cdots$,并且 X 取各个可能值的概率分别为

$$p_k=P(X=x_k),k=1,2,\cdots$$

则称上式为离散型随机变量 X 的概率分布,简称分布列或分布. 为清楚起见,X 及其分布列也可以用表格的形式表示(表 6.1).

表 6.1

X	x_1	x_2	…	x_k	…
p_k	p_1	p_2	…	p_k	…

由概率的定义可知，p_k 满足如下性质：

性质 6.1 $p_k \geqslant 0 \quad (k=1,2,\cdots)$.

性质 6.2 $\sum\limits_k p_k = 1$.

例 6.1 在 10 件同类型产品中，有 3 件次品，现任取 2 件，用一个变量 X 表示“2 件中的次品数”，X 的取值是随机的，可能的取值是 0，1，2. 显然“$X=i$”等价于“2 件产品中，恰有 i 件次品”$(i=0,1,2)$，由古典概率公式知

$$P(X=i)=\frac{C_3^iC_7^{2-i}}{C_{10}^2},$$

其中，计算 X 取 0，1，2 的概率

$$P(X=0)=\frac{C_3^0C_7^2}{C_{10}^2}=\frac{7}{15},$$

$$P(X=1)=\frac{C_3^1C_7^1}{C_{10}^2}=\frac{7}{15},$$

$$P(X=2)=\frac{C_3^2C_7^0}{C_{10}^2}=\frac{1}{15}.$$

于是得到“任取 2 件，2 件中的次品件数 X”的分布列见表 6.2.

表 6.2

X	0	1	2
p_k	$\frac{7}{15}$	$\frac{7}{15}$	$\frac{1}{15}$

6.1.3 连续型随机变量

定义 6.2 设随机变量 X，如果存在非负可积函数 $f(x)$，$(-\infty<x<+\infty)$，使得对任意实数 $a\leqslant b$，有

$$P(a\leqslant X\leqslant b)=\int_a^b f(x)\,\mathrm{d}x$$

则称 X 为连续型随机变量，称 $f(x)$ 为 X 的概率密度函数，简称概率密度或分布密度.

由定义可知，概率密度有下列性质：

性质 6.3 $f(x)\geqslant 0$（因为概率不能小于 0）.

性质 6.4 $\int_{-\infty}^{+\infty} f(x)\,\mathrm{d}x = 1$.

注 计算连续型随机变量落在某一区间上的概率时，不必考虑该区间是开区间还是闭区间，所有这些概率是相等的，即

$$P(a < X < b) = P(a < X \leqslant b) = P(a \leqslant X < b)$$
$$= P(a \leqslant X \leqslant b) = \int_a^b f(x)\,\mathrm{d}x.$$

例 6.2　设随机变量 ξ 的密度函数为

$$f(x) = \begin{cases} Ax^2, & 0 < x < 1 \\ 0, & \text{其他} \end{cases}.$$

(1)试确定常数 A;

(2)求 $P(-1 < \xi < 0.5)$.

解　(1) 因为　$\int_{-\infty}^{+\infty} f(x)\,\mathrm{d}x = 1$,

所以　$\int_0^1 Ax^2\,\mathrm{d}x = 1.$

解得　$A = 3.$

(2) $P(-1 < \xi < 0.5) = \int_{-1}^{0.5} f(x)\,\mathrm{d}x = \int_0^{0.5} 3x^2\,\mathrm{d}x = 0.125.$

例 6.3　设随机变量 X 的概率密度函数是

$$f(x) = \begin{cases} \dfrac{A}{\sqrt{1-x^2}}, & |x| < 1 \\ 0, & \text{其他} \end{cases}.$$

试求:(1)系数 A;

(2) X 落在区间 $\left(-\frac{1}{2}, \frac{1}{2}\right)$, $\left(-\frac{\sqrt{3}}{2}, 2\right)$ 内的概率.

解　(1)根据概率密度函数的性质6.2,得

$$1 = \int_{-\infty}^{+\infty} f(x)\,\mathrm{d}x = \int_{-1}^{1} \frac{A}{\sqrt{1-x^2}}\,\mathrm{d}x = A\arcsin x\,\Big|_{-1}^{1} = A\pi,$$

所以 $A = \frac{1}{\pi}$.

(2) $P\left(-\frac{1}{2} < X < \frac{1}{2}\right) = \int_{-\frac{1}{2}}^{\frac{1}{2}} \frac{1}{\pi\sqrt{1-x^2}}\,\mathrm{d}x = \frac{1}{\pi}\arcsin x\,\Big|_{-\frac{1}{2}}^{\frac{1}{2}} = \frac{1}{3}.$

$P\left(-\frac{\sqrt{3}}{2} < X < 2\right) = \int_{-\frac{\sqrt{3}}{2}}^{2} \frac{1}{\pi\sqrt{1-x^2}}\,\mathrm{d}x = \int_{-\frac{\sqrt{3}}{2}}^{1} \frac{1}{\pi\sqrt{1-x^2}}\,\mathrm{d}x = \frac{1}{\pi}\arcsin x\,\Big|_{-\frac{\sqrt{3}}{2}}^{1} = \frac{5}{6}.$

习题 6.1

1. 指出以下各随机变量,哪些是离散型的?哪些是连续型的?

(1)某人一次打靶命中的环数;

(2)某厂生产的40瓦日光灯管的寿命;

(3)某品种棉花的纤维长度;

(4)某纱厂里纱锭的纱线被扯断的根数;

(5)某单位在一天内的用电量.

2. 设随机变量 X 的分布列为

$$P(X=k)=A(2+k)^{-1}, k=0,1,2,3.$$

(1)试确定系数 A;

(2)用表格形式写出 X 的分布列.

3. 设随机变量 X 的分布列为

$$P(X=k)=\frac{k}{6}, k=1,2,3.$$

求:$P(X=1)$,$P(X>2)$,$P(X\leqslant 3)$,$P(1.5\leqslant X\leqslant 3)$,$P(X>\sqrt{2})$.

4. 一批零件共有 12 个,其中 9 个正品和 3 个废品. 安装机器时,从这批零件中任取一个,若每次取出的废品不再放回,而再取一个零件,直到取到正品为止. 求在取得正品前已取出的废品数的分布.

5. 确定下列函数中的常数 k,使之成为密度函数.

(1)$f(x)=\dfrac{k}{1+x^2}$, $-\infty<x<+\infty$;

(2)$f(x)=k\mathrm{e}^{-|x|}$, $-\infty<x<+\infty$;

(3)$f(x)=\begin{cases} kx^2, & 1\leqslant x\leqslant 2 \\ kx, & 2<x<3 \\ 0, & 其他 \end{cases}$.

6. 设 X 的密度函数为

$$f(x)=\begin{cases} \dfrac{1}{2}\cos x, & |x|<\dfrac{\pi}{2} \\ 0, & 其他 \end{cases}.$$

求:$P\left(0<X<\dfrac{\pi}{4}\right)$,$P\left(-\dfrac{\pi}{4}\leqslant X\leqslant \dfrac{\pi}{3}\right)$,$P\left(X>-\dfrac{\pi}{4}\right)$.

6.2 分布函数及随机变量函数的分布

上节我们介绍了离散型随机变量的概率分布 p_k 和连续型随机变量的概率密度 $f(x)$,为了使随机变量的描述方法统一,下面引入分布函数的概念.

6.2.1 分布函数概念

定义 6.3 设 X 是一个随机变量,称函数

$$F(x)=P(X\leqslant x)$$

为随机变量 X 的分布函数,记作 $X\sim F(x)$ 或 $F_X(x)$.

对于离散型随机变量 X,若它的概率分布是 $p_k=P(X=x_k)$,$(k=1,2,\cdots)$,则 X 的分布函数为

$$F(x) = P(X \leqslant x) = \sum_{x_k \leqslant x} p_k.$$

对于连续型随机变量 X,其概率密度为 $f(x)$,则它的分布函数

$$F(x) = P(X \leqslant x) = \int_{-\infty}^{x} f(t)\,\mathrm{d}t\ ,$$

即分布函数是概率密度的变上限的定积分. 由微分知识可知,在 $f(x)$ 的连续点 x 处,有

$$\frac{\mathrm{d}F(x)}{\mathrm{d}x} = f(x)\ ,$$

也就是说概率密度是分布函数的导数.

分布函数实际上就是概率分布或概率密度的"累计和",分布函数与概率密度只要知道其一,另一个就可以求得.

分布函数 $F(x)$ 具有如下性质:

性质 6.5 $0 \leqslant F(x) \leqslant 1$(应为 $F(x)$ 就是某种概率).

性质 6.6 $F(x)$ 是单调不减函数,且

$$F(+\infty) = \lim_{x \to +\infty} P(X \leqslant x) = 1,$$

$$F(-\infty) = \lim_{x \to -\infty} P(X \leqslant x) = 0.$$

性质 6.7 $\int_a^b f(x)\,\mathrm{d}x = F(b) - F(a)$ 或 $\sum_{a < x_i < b} p_i = F(b) - F(a)$.

6.2.2 分布函数的计算

例 6.4 设随机变量 X 的分布列见表 6.3.

表 6.3

X	-1	0	1
p_k	0.3	0.5	0.2

求 X 的分布函数.

解 当 $x < -1$ 时,因为事件 $\{X \leqslant x\} = \varnothing$,所以

$$F(x) = 0;$$

当 $-1 \leqslant x < 0$ 时,有 $F(x) = P(X \leqslant x)$

$$= P(X = -1) = 0.3;$$

当 $0 \leqslant x < 1$ 时,有 $F(x) = P(X \leqslant x)$

$$= P(X = -1) + P(X = 0)$$
$$= 0.3 + 0.5$$
$$= 0.8;$$

当 $x \geqslant 1$ 时,有 $F(x) = P(X \leqslant x)$

$$= P(X = -1) + P(X = 0) + P(X = 1)$$
$$= 0.3 + 0.5 + 0.2$$
$$= 1.$$

故 X 的分布函数为

$$F(x)=P(X\leqslant x)=\begin{cases}0, & x<-1\\ 0.3, & -1\leqslant x<0\\ 0.8, & 0\leqslant x<1\\ 1, & x\geqslant 1\end{cases}.$$

例 6.5 设随机变量 X 的概率密度是

$$f(x)=\begin{cases}\dfrac{1}{b-a}, & a\leqslant x\leqslant b(a<b)\\ 0, & \text{其他}\end{cases},$$

求 X 的分布函数 $F(x)$.

解 由分布函数定义 $F(x)=P(X\leqslant x)=\int_{-\infty}^{x}f(t)\,\mathrm{d}t$，可得

当 $x<a$ 时，$f(x)=0$，故 $F(x)=0$；

当 $a\leqslant x<b$ 时，$f(x)=\dfrac{1}{b-a}$，故

$$F(x)=\int_{-\infty}^{x}f(t)\,\mathrm{d}t=\int_{a}^{x}\frac{1}{b-a}\mathrm{d}t=\frac{x-a}{b-a};$$

当 $x\geqslant b$ 时，有 $f(x)=0$，故

$$F(x)=\int_{-\infty}^{x}f(t)\,\mathrm{d}t$$
$$=\int_{-\infty}^{a}0\mathrm{d}t+\int_{a}^{b}\frac{1}{b-a}\mathrm{d}t+\int_{b}^{x}0\mathrm{d}t=1;$$

故 X 的分布函数为

$$F(x)=P(X\leqslant x)=\begin{cases}0, & x<a\\ \dfrac{x-a}{b-a}, & a\leqslant x<b\\ 1, & x\geqslant b\end{cases}.$$

例 6.6 已知随机变量 X 的分布函数

$$F(x)=\begin{cases}c-\mathrm{e}^{-\frac{x^2}{2}}, & x\geqslant 0\\ 0, & x<0\end{cases},$$

试求：(1)确定常数 c；

(2)$P(|X|>2)$的概率.

解 (1)利用分布函数的性质 $F(+\infty)=1$，得

$$1=F(+\infty)=\lim_{x\to+\infty}(c-\mathrm{e}^{-\frac{x^2}{2}})=c,$$

于是，X 的分布函数为

$$F(x)=\begin{cases}1-\mathrm{e}^{-\frac{x^2}{2}}, & x\geqslant 0\\ 0, & x<0\end{cases}.$$

$$
\begin{aligned}
(2)P(|X|>2) &= 1-P(|X|\leqslant 2)\\
&= 1-P(-2<X<2)\\
&= 1-(F(2)-F(-2))\\
&= e^{-2}.
\end{aligned}
$$

6.2.3 随机变量函数的分布

在许多问题中，需要计算随机变量函数的分布，下面仅通过具体的例子来讨论处理这类问题的基本方法.

设 $f(x)$ 是一个函数，若随机变量的取值为 x 时，随机变量 Y 的取值为 $y=f(x)$，则称随机变量 Y 是随机变量 X 的函数，记作 $Y=f(X)$.

例 6.7 已知随机变量 X 的分布列见表 6.4.

表 6.4

X	-1	0	1	2
p_k	0.2	0.3	0.4	k

(1) 求参数 k；

(2) 求 $Y_1=X^2$ 和 $Y_2=2X-1$ 的概率分布.

解 (1) 根据分布列的性质可知：

$$0.2+0.3+0.4+k=1,$$

故 $k=0.1$.

(2) 因为 X 的取值分别为 $-1,0,1,2$，故 $Y_1=X^2$ 的取值分别是 $0,1,4$，并且

$$P(Y_1=0)=P(X=0)=0.3,$$
$$P(Y_1=1)=P(X=-1)+P(X=1)=0.6,$$
$$P(Y_1=4)=P(X=2)=0.1,$$

因此 $Y_1=X^2$ 的概率分布见表 6.5.

表 6.5

Y_1	0	1	4
p_k	0.3	0.6	0.1

同理可求 $Y_2=2X-1$ 的分布列：

$Y_2=2X-1$ 的取值分别为 $-3,-1,1,3$，并且

$$P(Y_2=-3)=P(X=-1)=0.2,$$
$$P(Y_2=-1)=P(X=0)=0.3,$$
$$P(Y_2=1)=P(X=1)=0.4,$$
$$P(Y_2=3)=P(X=2)=0.1,$$

因此 $Y_2=2X-1$ 的分布列见表 6.6.

表 6.6

Y_2	-3	-1	1	3
p_k	0.2	0.3	0.4	0.1

习题 6.2

1. 设随机变量 X 的分布列见表 6.7.

表 6.7

X	-1	0	1
p_k	$\frac{1}{3}$	$\frac{1}{6}$	$\frac{1}{2}$

(1)求分布函数 $F(X)$;

(2)求 $P\left(|X|<\frac{1}{2}\right),P\left(X<\frac{1}{3}\right)$.

2. 设 X 的分布函数为

$$F(x)=\begin{cases}0, & x<0\\ 0.3, & 0\leqslant x<1\\ 0.7, & 1\leqslant x<2\\ 1, & x\geqslant 2\end{cases},$$

求 X 的分布列.

3. 设 X 的密度函数为

$$f(x)=\begin{cases}\dfrac{1}{\pi\sqrt{1-x^2}}, & |x|<1\\ 0, & |x|\geqslant 1\end{cases},$$

(1)求 X 的分布函数 $F(x)$;

(2)利用 $F(x)$,求 $P\left(-\frac{1}{2}<X<\frac{1}{2}\right)$.

4. 设 X 的分布函数为

$$F(x)=\begin{cases}0, & x<0\\ Ax^2, & 0\leqslant x<1\\ 1, & x\geqslant 1\end{cases},$$

试求:(1)常数 A;

(2)X 的密度函数 $f(x)$;

(3)X 落在区间(0.3,0.7)内的概率.

6.3 几种常见随机变量的分布

6.3.1 几种常见离散型随机变量的分布

(1)两点分布

如果随机变量 X 只可能取 0 和 1 两个值,其概率分布为

$$P(X=1)=p,P(X=0)=1-p \quad (0<p<1),$$

则称 X 服从两点分布,或称 X 具有两点分布.

注 凡是试验只有两个可能结果的,都可用服从两点分布的随机变量来描述. 如检查产品的质量是否合格、婴儿的性别或男或女、播种中一粒种子的发芽与否、掷硬币试验等,都可用服从两点分布的随机变量来描述.

例 6.8 100 件产品中,有 98 件正品,2 件次品,现从中随机地抽取一件. 如抽取每一件的机会相等,那么可以定义随机变量 X 如下:

$$X=\begin{cases}1, & \text{当取得正品}\\0, & \text{当取得次品}\end{cases}.$$

这时随机变量 X 的概率分布为

$$P(X=1)=0.98,P(X=0)=0.02.$$

(2)二项分布

设随机变量 X 的概率函数为

$$p_k=P(X=k)=C_n^k p^k(1-p)^{n-k},(k=0,1,2,\cdots,n),$$

其中 n 为正整数,$0<p<1$,则称随机变量 X 服从参数 n,p 二项分布,记作 $B(n,p)$.

更一般地,在伯努利概型中,设事件 A 在每次试验中发生的概率为 p,则事件 A 在 n 次独立试验中发生的次数 $X\sim B(n,p)$.

例 6.9 某人进行射击,设每次射击的命中率为 0.02,独立射击 400 次,试求至少击中两次的概率.

解 将一次射击看成是一次试验,设击中的次数为 X,则 $X\sim B(400,0.02)$. X 的概率分布为

$$P(X=k)=C_{400}^k(0.02)^k(0.98)^{400-k},k=0,1,\cdots,400,$$

于是所求概率为

$$\begin{aligned}P(X\geqslant 2)&=1-P(X=0)-P(X=1)\\&=1-(0.98)^{400}-400(0.02)(0.98)^{399}\\&=0.997.\end{aligned}$$

注 本例中的概率很接近于 1,这说明小概率事件虽不易发生,但重复次数多了,就成了大概率事件,这也告诉人们绝不能轻视小概率事件.

(3)**泊松分布**

设随机变量 X 取值为 $0,1,2,\cdots$,其相应的概率分布为

$$P(X=k)=\frac{\lambda^k}{k!}\mathrm{e}^{-k},(k=0,1,2,\cdots)$$

其中参数 $\lambda>0$,则称 X 服从泊松(Poisson)分布,记作 $P(\lambda)$.

实际中,很多随机变量都服从泊松分布. 例如:在某个时段内大卖场的顾客数;市级医院急诊病人数;某地区拨错号的电话呼唤次数;某地区发生的交通事故的次数;一匹布上的疵点个数;一个容器中的细菌数;一本书一页中的印刷错误数等都服从泊松分布.

当 n 很大而 p 很小时,二项分布可以用泊松分布近似,有

$$C_n^k p^k (1-p)^{n-k}\approx\frac{\lambda^k}{k!}\mathrm{e}^{-\lambda},$$

其中 $\lambda=np$. 也就是说,泊松分布可看作是一个概率很小的事件在大量试验中出现的次数的概率分布. 实际计算中,当 $n>10,p<0.1$ 时,就可以用上述近似公式.

例 6.10 某单位为职工购买保险,已知某种险种的死亡率是 0.002 5,该单位有职工 800 人,试求在未来的一年里该单位死亡人数恰有 2 人概率.

解 用 X 表示死亡人数,则"死亡人数恰有 2 人"表示为"$X=2$",$X\sim B(800,0.002\,5)$,若用二项分布计算,则

$$P(X=2)=C_{800}^2(0.002\,5)^2\,(0.997\,5)^{798}.$$

由于试验次数较多,计算烦琐,故用泊松分布计算:$n=800,p=0.002\,5,\lambda=np=2,k=2$,于是

$$P(X=2)=\frac{2^2}{2!}\mathrm{e}^{-2}\approx 0.135.$$

6.3.2 几种常见连续型随机变量的分布

(1)**均匀分布**

如果随机变量 X 的密度函数为

$$f(x)=\begin{cases}\dfrac{1}{b-a}, & x\in[a,b]\\ 0, & x\notin[a,b]\end{cases},$$

则称 X 服从区间$[a,b]$上的均匀分布,记作 $U[a,b]$.

如果随机变量 $X\sim U[a,b]$,则对任意满足$[c,d]\subseteq[a,b]$,则有

$$P(c\leqslant X\leqslant d)=\int_c^d\frac{1}{b-a}\mathrm{d}x=\frac{d-c}{b-a}.$$

这表明,X 落在$[a,b]$内任一小区间$[c,d]$上取值的概率与该小区间的长度成正比,而与小区间$[c,d]$在$[a,b]$的位置无关,这就是均匀分布的概率意义.

向区间$[a,b]$上均匀投点,则随机点的坐标 X 服从$[a,b]$上的均匀分布. 在实际问题中,还有很多均匀分布的例子,例如乘客在公共汽车站的候车时间,近似计算中的舍入误差等.

（2）**指数分布**

若随机变量 X 的密度函数 $f(x)$ 为

$$f(x)=\begin{cases}\lambda e^{-\lambda x}, & x>0\\ 0, & x\leqslant 0\end{cases}(\lambda>0),$$

则称 X 服从参数为 λ 的指数分布，记作 $X\sim E(\lambda)$.

指数分布是一种应用广泛的连续型分布. 电话问题中的通话时间可以认为服从指数分布，一些没有明显"衰老"机理的元器件（如半导体元件）的寿命也可以用指数分布来描述，所以指数分布在排队论和可靠性理论等领域有着广泛的应用.

例 6.11　假定打一次电话所用的时间 X（单位：min）服从参数 $\lambda=\frac{1}{10}$ 的指数分布，试求在排队打电话的人中，后一个人等待前一个人的时间（1）超过 10 min；（2）10 ~ 20 min 的概率.

解　由题设知 $X\sim E\left(\frac{1}{10}\right)$，故所求概率为

① $P(X>10)=\int_{10}^{+\infty}\frac{1}{10}e^{-\frac{x}{10}}dx=e^{-1}\approx 0.368$；

② $P(10\leqslant X\leqslant 20)=\int_{10}^{20}\frac{1}{10}e^{-\frac{1}{10}x}dx=e^{-1}-e^{-2}\approx 0.233$.

（3）**正态分布**

如果随机变量 X 的密度函数为

$$f(x)=\frac{1}{\sqrt{2\pi}\sigma}e^{\frac{-(x-\mu)^2}{2\sigma^2}},\ -\infty<x<+\infty,\sigma>0,$$

称 X 服从参数为 μ,σ^2 的正态分布，记为 $X\sim N(\mu,\sigma^2)$.

正态分布是概率论中最重要的一个分布，高斯在研究误差理论时曾用它来刻画误差，所以在很多著作中也称为高斯分布. 经验表明，许多实际问题中的变量，如测量误差、射击时弹着点与靶心间的距离、热力学中理想气体的分子速度、某地区成年男子的身高等都可以认为服从正态分布. 进一步的理论研究表明，一个变量如果受到大量微小的、独立的随机因素的影响，那么这个变量一般是一个正态变量，正态分布的密度曲线呈倒钟形，μ 称为位置参数，σ 称为形状参数.

当 $\mu=0,\sigma=1$ 时，正态分布 $N(0,1)$ 称为标准正态分布，其密度函数为

$$\varphi(x)=\frac{1}{\sqrt{2\pi}}e^{-\frac{x^2}{2}},$$

分布函数

$$\Phi(x)=P(X\leqslant x)=\int_{-\infty}^{x}\frac{1}{\sqrt{2\pi}}e^{-\frac{t^2}{2}}dt.$$

这说明：若随机变量 $X\sim N(0,1)$，则事件 $\{X\leqslant x\}$ 的概率是标准正态概率密度曲线下小于 x 的区域面积，由此不难得到事件 $\{a\leqslant x\leqslant b\}$ 的概率为

$$P(a\leqslant x\leqslant b)=\int_{a}^{b}\frac{1}{\sqrt{2\pi}}e^{-\frac{t^2}{2}}dt=\Phi(b)-\Phi(a),$$

由于 $\varphi(x)$ 是偶函数，故有

$$\Phi(-x)=1-\Phi(x) \text{ 或 } \Phi(x)=1-\Phi(-x),$$

显然

$$\Phi(0)=0.5.$$

若随机变量 $X\sim N(0,1)$，则求事件 $\{X\leqslant x\}$ 或 $\{a\leqslant X\leqslant b\}$ 的概率就化为求 $\Phi(x)$ 的值.

例 6.12 设 $X\sim N(0,1)$，求 $P(X\leqslant 1.65)$，$P(1.65\leqslant X<2.09)$，$P(X\geqslant 2.09)$.

解 $P(X\leqslant 1.65)=\Phi(1.65)=0.950\,5$，

$P(1.65\leqslant X<2.09)=\Phi(2.09)-\Phi(1.65)=0.981\,7-0.950\,5=0.031\,2$，

$P(X\geqslant 2.09)=1-P(X<2.09)=1-0.981\,7=0.018\,3$.

对于一般正态分布的概率计算，有

若 $X\sim N(\mu,\sigma^2)$，则随机变量 $Y=\dfrac{X-\mu}{\sigma}\sim N(0,1)$.

例 6.13 设 $X\sim N(1,2^2)$，求 $P(X>3)$，$P(0.5<X<9.2)$，$P(|X|>2)$.

解 设 $Y=\dfrac{X-\mu}{\sigma}=\dfrac{X-1}{2}$，则 $Y\sim N(0,1)$，于是

$$P(X>3)=1-P(X\leqslant 3)=1-P\left(Y\leqslant\frac{3-1}{2}\right)=1-\Phi(1)=1-0.841\,3=0.158\,7,$$

$$\begin{aligned}P(0.5<X<9.2)&=P\left(\frac{0.5-1}{2}<Y<\frac{9.2-1}{2}\right)=\Phi(4.1)-\Phi(-0.25)\\&=\Phi(4.1)-1+\Phi(0.25)=1+0.598\,7-1=0.598\,7,\end{aligned}$$

$$\begin{aligned}P(|X|>2)&=1-P(|X|\leqslant 2)=1-P(-2\leqslant X\leqslant 2)=1-\left[\Phi\left(\frac{2-1}{2}\right)-\Phi\left(\frac{-2-1}{2}\right)\right]\\&=1-\Phi(0.5)+\Phi(-1.5)=1-\Phi(0.5)+1-\Phi(1.5)=2-0.691\,5-0.933\,2\\&=0.375\,3.\end{aligned}$$

习题 6.3

1. 某批产品中有 20% 次品，现任取 5 件，求：

(1) 恰有 k 件次品的概率；

(2) 至少有 3 件次品的概率.

2. 已知 $X\sim P(\lambda)$，$P(X=0)=0.4$，求 λ 及 $P(X\geqslant 2)$.

3. 若书中的某一页上印刷错误的个数 X 服从参数为 0.5 的泊松分布，求在此页上至少有一处印错的概率.

4. 设 X 在 $[0,10]$ 上服从均匀分布，求：

(1) X 的密度函数；

(2) $P(X<3)$，$P(X\geqslant 6)$，$P(3<X\leqslant 8)$.

5. 设 X 在 $[-a,a]$ 上服从均匀分布，其中 $a>0$，试分别确定满足下列关系的常数 a：

(1) $P(X>1)=\dfrac{1}{3}$；

(2) $P(|X|<1)=P(|X|>1)$.

6. 设 X 服从指数分布，其密度函数为

$$f(x)=\begin{cases}\lambda e^{-0.25\lambda}, & x\geqslant 0\\ 0, & x<0\end{cases},$$

(1)求 λ 的值；

(2)求 $P(X\geqslant 4)$，$P(0<X\leqslant 8)$.

7. 设 $X\sim N(0,1)$，求 $P(X<-1)$，$P(-1\leqslant X\leqslant 1.5)$，$P(X>1.5)$.

8. 设 $X\sim N(0,1)$，求 $P(|X|<k)$，$k=1,2,3$.

9. 设 $X\sim N(70,10^2)$，求 $P(X<62)$，$P(X>72)$，$P(68<X<74)$，$P(|X-70|<20)$.

6.4 期望与方差

随机变量的分布函数完整地描述了它取值的概率规律. 然而，找出随机变量的分布函数并不是一件容易的事情. 在实际问题中有时仅需知道随机变量取值的平均数以及描述随机变量取值分散程度等一些特征数即可. 这些能反映随机变量某种特征的数字在概率论中叫作随机变量的数字特征. 下面介绍数字特征中最常用的数学期望与方差.

6.4.1 数学期望

(1)离散型随机变量的数学期望

设随机变量 X 取值为 $x_1,\cdots,x_k,\cdots$ 相应的概率为 $p_1,\cdots,p_k,\cdots$，即

$$P(X=x_k)=p_k,k=1,2,\cdots$$

很明显，x_k 出现的概率 p_k 越大，X 取这个值的可能性也就越大，X 的平均数受其影响也就越大，即 X 依概率 $p_1,\cdots,p_k,\cdots$ 来反映数据 $x_1,\cdots,x_k,\cdots$，以 $p_1,\cdots,p_k,\cdots$ 为权，对 $x_1,\cdots,x_k,\cdots$ 进行平均，得到 $\sum\limits_k x_kp_k$ 就是 X 的平均数.

定义 6.4 设离散型随机变量 X 的概率分布见表 6.8.

表 6.8

X	x_1	x_2	$\cdots$	x_n
$P(X=x_k)$	p_1	p_2	$\cdots$	p_n

则称 $\sum\limits_{k=1}^{n} x_kp_k$ 为随机变量 X 的数学期望，简称期望与均值，记作 $E(X)$.

当 X 的可能取值 x_k 为可列个时：$P(X_k=x_k)=p_k$，$k=1,2,\cdots$，则 $E(X)=\sum\limits_{k=1}^{\infty} x_kp_k$. 此时要求 $\sum\limits_{k=1}^{\infty}|x_k|p_k<+\infty$，以保证和式 $\sum\limits_{k=1}^{\infty} x_kp_k$ 的值不随和式中各项次序的改变而改变.

对于离散型随机变量 X 的函数 $Y=f(X)$ 的数学期望如果存在,有如下公式:

$$E(f(X)) = \sum_k f(x_k)p_k \quad (k = 1,2,\cdots)$$

例 6.14 设 X 的概率分布见表 6.9.

表 6.9

X	-1	0	2	3
p_k	$\frac{1}{8}$	$\frac{1}{4}$	$\frac{3}{8}$	$\frac{1}{4}$

求:$E(X)$,$E(X^2)$,$E(-2X+1)$.

解 $E(X)=(-1)\times\frac{1}{8}+0\times\frac{1}{4}+2\times\frac{3}{8}+3\times\frac{1}{4}=\frac{11}{8}$,

$E(X^2)=(-1)^2\times\frac{1}{8}+0^2\times\frac{1}{4}+2^2\times\frac{3}{8}+3^2\times\frac{1}{4}=\frac{31}{8}$,

$E(-2X+1)=3\times\frac{1}{8}+1\times\frac{1}{4}+(-3)\times\frac{3}{8}+(-5)\times\frac{1}{4}=-\frac{7}{4}$.

例 6.15 某种产品共有 10 件,其中有次品 3 件. 现从中任取 3 件,求取出的 3 件产品中次品数 X 的数学期望.

解 由题意可知,随机变量 X 的取值范围是 0, 1, 2, 3,且取这些值的概率为

$P(X=0)=\frac{C_7^3}{C_{10}^3}=\frac{7}{24}$,

$P(X=1)=\frac{C_7^2C_3^1}{C_{10}^3}=\frac{21}{40}$,

$P(X=2)=\frac{C_7^1C_3^2}{C_{10}^3}=\frac{7}{40}$,

$P(X=3)=\frac{C_3^3}{C_{10}^3}=\frac{1}{120}$.

$E(X)=0\times\frac{7}{24}+1\times\frac{21}{40}+2\times\frac{7}{40}+3\times\frac{1}{120}=\frac{9}{10}$.

(2)连续型随机变量的数学期望

设连续型随机变量 X 的概率密度是 $f(x)$,注意 $f(x)\,\mathrm{d}x$ 的作用与离散型随机变量中的 p_k 相类似,故有如下定义.

定义 6.5 设连续型随机变量 X 的概率密度是 $f(x)$,若积分 $\int_{-\infty}^{+\infty}|x|f(x)\,\mathrm{d}x$ 收敛,则称积分 $\int_{-\infty}^{+\infty}xf(x)\,\mathrm{d}x$ 为随机变量数学期望,记作 $E(X)$,即 $E(X) = \int_{-\infty}^{+\infty}xf(x)\,\mathrm{d}x$.

同样,对于连续型函数随机变量 X 的函数 $Y=g(X)$ 的数学期望若存在,有如下公式:

$$E(g(X)) = \int_{-\infty}^{+\infty}g(x)f(x)\,\mathrm{d}x$$

例 6.16 设随机变量 X 服从区间 $[a,b]$ 上的均匀分布,求 $E(X)$.

解 X 的密度函数为

$$f(x)=\begin{cases}\dfrac{1}{b-a}, & x\in[a,b]\\ 0, & x\notin[a,b]\end{cases},$$

则

$$E(X)=\int_{-\infty}^{+\infty}xf(x)\mathrm{d}x=\int_a^b\frac{x}{b-a}\mathrm{d}x=\frac{a+b}{2}.$$

(3)离散型数学期望的应用

例 6.17(简化的分赌本问题) 甲、乙两人赌技相同. 各出赌金 100 元,并约定先胜 3 局者为胜,取得全部 200 元. 由于出现意外情况,在甲胜 2 局、乙胜 1 局时,不得不终止赌博,如果要分赌金,该如何分配才算公平?

解 现在我们可以很简单地回答分赌本问题了,在赌技相同的情况下,应用概率的知识可知甲、乙最终获胜的可能性大小之比为 3∶1. 因此,甲能"期望"得到的数目应为 200 的 3/4 等于 150 元,而乙能"期望"得到的数目,则为 200 的 1/4 等于 50 元,这种分法自然更为合理,使双方都乐于接受. 从本例中可看出期望值也许与每一个结果都不相等.

例 6.18 假设有一投资项目,若投资 10 万元现金,为期 1 年,预估成功的机会为 30%,可得利润 8 万元,失败的机会为 70%,将损失 2 万元. 若存入银行,同期间的利率为 5%,问是否作此项投资?

解 如果你只有 10 万元,不要投资,因为失败机会是成功机会的两倍多. 如果你有很多个 10 万元可以用于投资,大数次重复的情况下,平均一次投资的利润为 $8\times0.3+(-2)\times0.7=1$ 万元,存入银行的利息为 $10\times0.05=0.5$ 万元,相比较而言,以投资的效益较大化为目标建议选择投资. 其实,到底如何决策还与决策者的性格取向有关,有的人是风险型乐观决策者,有的人是保守型悲观决策者. 同学们要学会理性投资. 新时代背景下,投资、保险、校园贷等五花八门,要理性,不要想着一夜暴富. 彩票之所以叫福利彩票,因为你买彩票能中奖是小概率事件,所以你的投入更多的是用来做慈善,而不是回报你. 数学期望起源于并不光彩的赌博行业,但是它的应用很广泛.

6.4.2 方差

$E(X)$ 是随机变量 X 的数学期望,它是一个常数,数学期望(或称均值)是随机变量的一个重要的数字特征,但只知道随机变量的均值有时还不够,还需要弄清楚随机变量与这个平均值的偏差情况. 那么如何考察随机变量 X 与其均值 $E(X)$ 的偏离程度呢? 因为 $X-E(X)$ 有正有负,$E(X-E(X))$ 正负相抵掩盖真实性. 所以容易想利用 $E|X-E(X)|$ 来度量 X 与其均值 $E(X)$ 的偏离程度,但由于此式含有绝对值,运算不方便,因此通常用 $E[X-E(X)]^2$ 来度量 X 与其均值 $E(X)$ 的偏离程度.

定义 6.6 设 X 为一个随机变量,又 $E[X-E(X)]^2$ 存在,则称 $E[X-E(X)]^2$ 是随机变量 X 的方差,记作 $D(X)$,即 $D(X)=E[X-E(X)]^2$.

实际使用中,为了使单位统一,引入标准差 $\sqrt{D(X)}$ 描述 X 的偏离程度.

$$\sqrt{D(X)}=\sqrt{E\left[X-E(X)\right]^2},$$

若离散型随机变量 X 的分布列为 $p_k=P(X=x_k)$,则 X 的方差为

$$D(X)=\sum_k\left[x_k-E(X)\right]^2p_k,$$

若连续型随机变量 X 的概率密度是 $f(x)$,则 X 的方差为

$$D(X)=\int_{-\infty}^{+\infty}\left[x-E(X)\right]^2f(x)\mathrm{d}x,$$

注意到分布密度 $f(x)$ 有性质 $\int_{-\infty}^{+\infty}f(x)\mathrm{d}x=1$,于是

$$\begin{aligned}D(X)&=E[X-E(X)]^2=\int_{-\infty}^{\infty}[x-E(X)]^2f(x)\mathrm{d}x\\&=\int_{-\infty}^{\infty}\{x^2-2xE(X)+[E(X)]^2\}f(x)\mathrm{d}x\\&=\int_{-\infty}^{\infty}x^2f(x)\mathrm{d}x-2E(X)\int_{-\infty}^{\infty}xf(x)\mathrm{d}x+[E(X)]^2\\&=E(X^2)-[E(X)]^2,\end{aligned}$$

此公式对离散型随机变量也成立.

例 6.19 设随机变量 X 服从两点分布,其分布为

$$P(X=1)=p,P(X=0)=1-p=q,(p+q=1),$$

求 $D(X)$.

解 $E(X)=1\cdot p+0\cdot q=p$,

$E(X^2)=1^2\cdot p+0^2\cdot q=p$,

$D(X)=E(X^2)-[E(X)]^2=p-p^2=p(1-p)=pq.$

例 6.20 设 $X\sim N(0,1)$,求 X 的期望与方差.

解 因为 $X\sim N(0,1)$,于是

$$E(X)=\int_{-\infty}^{+\infty}x\cdot\frac{1}{\sqrt{2\pi}}\mathrm{e}^{-\frac{x^2}{2}}\mathrm{d}x=0,$$

$$\begin{aligned}E(X^2)&=\int_{-\infty}^{+\infty}x^2\cdot\frac{1}{\sqrt{2\pi}}\mathrm{e}^{-\frac{x^2}{2}}\mathrm{d}x\\&=\int_{-\infty}^{+\infty}x\cdot\mathrm{d}\left(-\frac{1}{\sqrt{2\pi}}\mathrm{e}^{-\frac{x^2}{2}}\right)\\&=-x\frac{1}{\sqrt{2\pi}}\mathrm{e}^{-\frac{x^2}{2}}\Bigg|_{-\infty}^{+\infty}+\int_{-\infty}^{+\infty}\frac{1}{\sqrt{2\pi}}\mathrm{e}^{-\frac{x^2}{2}}\mathrm{d}x\\&=0+1=1,\end{aligned}$$

于是

$$D(X)=E(X^2)-[E(X)]^2=1-0=1.$$

例 6.21 设随机变量 X 的概率分布密度函数为

$$f(x)=\begin{cases}\dfrac{2}{\pi}\cos^2x, & |x|\leqslant\dfrac{\pi}{2}\\ 0, & |x|>\dfrac{\pi}{2}\end{cases},$$

求 X 的数学期望和方差.

解　根据连续型随机变量的数学期望和方差公式可知

$$E(X)=\int_{-\infty}^{+\infty}xf(x)\mathrm{d}x$$
$$=\int_{-\frac{\pi}{2}}^{+\frac{\pi}{2}}\frac{2}{\pi}x\cos^2x\mathrm{d}x=\frac{2}{\pi}\int_{-\frac{\pi}{2}}^{+\frac{\pi}{2}}x\frac{1+\cos 2x}{2}\mathrm{d}x=0,$$

又因为

$$E(X^2)=\int_{-\infty}^{+\infty}x^2f(x)\mathrm{d}x$$
$$=\int_{-\frac{\pi}{2}}^{\frac{\pi}{2}}\frac{2}{\pi}x^2\cos^2x\mathrm{d}x=\frac{2}{\pi}\int_{-\frac{\pi}{2}}^{\frac{\pi}{2}}x^2\frac{1+\cos 2x}{2}\mathrm{d}x=\frac{\pi^2}{12}-\frac{1}{2},$$

所以

$$D(X)=E(X^2)-(E(X))^2=\frac{\pi^2}{12}-\frac{1}{2}.$$

6.4.3　期望与方差的性质

随机变量 X 的期望与方差具有下列性质：

性质 6.8　$E(c)=c,D(c)=0$（c 为任意常数）.

性质 6.9　设 k 为常数，则 $E(kX)=kE(X),D(kX)=k^2D(X)$.

性质 6.10　对于任意两个随机变量 X,Y，有

$$E(X\pm Y)=E(X)\pm E(Y),$$

对于相互独立的两个随机变量 X,Y，有

$$D(X\pm Y)=D(X)+D(Y).$$

这个性质可以推广到多个随机变量的情形：设随机变量 $X_1,X_2,\cdots,X_n$，则有

$$E(X_1+X_2+\cdots+X_n)=E(X_1)+E(X_2)+\cdots+E(X_n).$$

如果随机变量 $X_1,X_2,\cdots,X_n$ 相互独立，则有

$$D(X_1+X_2+\cdots+X_n)=D(X_1)+D(X_2)+\cdots+D(X_n).$$

性质 6.11　$E(aX+b)=aE(X)+b,D(aX+b)=a^2D(X)$.

6.4.4　几种常用分布的期望与方差

(1)两点分布

若 X 的分布列为

$$P(X=1)=p,P(X=0)=1-p=q,$$

则

$$E(X)=p,D(X)=pq.$$

(2)二项分布

若 $X\sim B(n,p)$，其分布列为 $p_k=P(X=k)=C_n^kp^k(1-p)^{n-k},k=0,1,2,\cdots,n,$

则

$$E(X)=np,D(X)=np(1-p).$$

(3)**泊松分布**

若 $X\sim P(\lambda)$,其分布列为 $P(X=k)=\frac{\lambda^k}{k!}\mathrm{e}^{-\lambda}(k=0,1,2,\cdots)$,则

$$E(X)=\lambda,D(X)=\lambda.$$

(4)**均匀分布**

若 $X\sim U(a,b)$,则

$$E(X)=\frac{a+b}{2},D(X)=\frac{(b-a)^2}{12}.$$

(5)**指数分布**

若 $X\sim E(\lambda)$,则

$$E(X)=\frac{1}{\lambda},D(X)=\frac{1}{\lambda^2}.$$

(6)**正态分布**

若 $X\sim N(0,1)$,则 $E(X)=0,D(X)=1$;

若 $X\sim N(\mu,\sigma^2)$,则 $E(X)=\mu,D(X)=\sigma^2$.

习题 6.4

1. 设 X 的分布列见表 6.10.

表 6.10

X	0	1	2
p_k	$\frac{1}{2}$	$\frac{3}{8}$	$\frac{1}{8}$

求:$E(X),E(X^2),E(3X^2+4)$.

2. 设 X 在 $\left[-\frac{\pi}{4},\frac{\pi}{4}\right]$ 上服从均匀分布,求:$E(X^3),E(\cos X)$.

3. 设 $E(X)=-2,E(X^2)=5$,求:$D(1-3X)$.

4. 设 X 的密度函数为

$$f(x)=\begin{cases}2x, & 0\leqslant x\leqslant 1\\ 0, & \text{其他}\end{cases},$$

求:$D(X),D(-4X)$.

5. 设 X 的密度函数为

$$f(x)=\begin{cases}a+bx^2, & 0\leqslant x\leqslant 1\\ 0, & \text{其他}\end{cases},$$

且 $E(X)=\dfrac{3}{5}$,试确定系数 a,b,并求 $D(X)$.

6.5　Mathematica 在概率计算中的应用

利用 Mathematica 进行概率计算,作图方便快捷,相关的命令语法格式及其意义:

BernoulliDistribution[p]	带有概率参数 p 的伯努利分布(两点分布)
BinomialDistribution[n,p]	表示试验次数为 n,成功概率为 p 的二项式分布
PoissonDistribution[μ]	表示参数为 μ 的泊松分布
UniformDistribution[{a,b}]	均匀分布,即 $X\sim U(a,b)$
ExponentialDistribution[λ]	指数分布,即 $X\sim E(\lambda)$
NormalDistribution[μ,σ]	正态分布,即 $X\sim N(\mu,\sigma^2)$
Mean[list]	随机变量 list 的数学期望
Variance[list]	随机变量 list 的方差
PDF[dist,x]	随机变量 x 的概率分布或概率密度函数
CDF[dist,x]	任意的随机分布 dist 在 x 处的概率分布函数

例 6.22　求二项式分布的数学期望,方差,概率函数.

解
```
In[1]:= Mean[BinomialDistribution[n,p]]
        Variance[BinomialDistribution[n,p]]
        PDF[BinomialDistribution[n,p],k]
Out[1]:= np
Out[2]:=n(1-p)p
Out[3]:=(1-p)^(-k+n) p^k Binomial[n,k]
```

注　Binomial[n,k]为二项式系数 $\binom{n}{k}$.

例 6.23　求指数分布的数学期望,方差,概率密度函数,概率分布函数,以及 l=0.5 时概率分布函数图形.

解
```
In[1]:= Mean[ExponentialDistribution[n,p]]
        Variance[ExponentialDistribution[n,p]]
        PDF[ExponentialDistribution[λ],x]
        CDF[ExponentialDistribution[λ],x]
        Plot[CDF[ExponentialDistribution[0.5],x],{x,0,8}]
```

Out[1]:= $\dfrac{1}{\lambda}$

Out[2]:= $\dfrac{1}{\lambda^2}$

Out[3]: $= e^{-x\lambda}\lambda$,

Out[4]: $= \begin{cases} 1 - e^{-x\lambda} & x > 0 \\ 0 & \text{True} \end{cases}$,

Out[5]: =

例 6.24　求正态分布概率密度函数，绘出 $\mu = 1$，σ 分别为 0.5，1，2 时的正态分布密度函数的曲线（正态曲线）.

解　In[1]: = PDF[NormalDistribution[μ,σ]]

Out[1]: $= \dfrac{e - \dfrac{(x-\mu)^2}{2\sigma^2}}{\sqrt{2\pi}\sigma}$

In[2]: = Plot[{PDF[NormalDistribution[1,0.5],x]

PDF[NormalDistribution[1,1],x]

PDF[NormalDistribution[1,2],x]},{x, -2,4}]

Out[2]: =

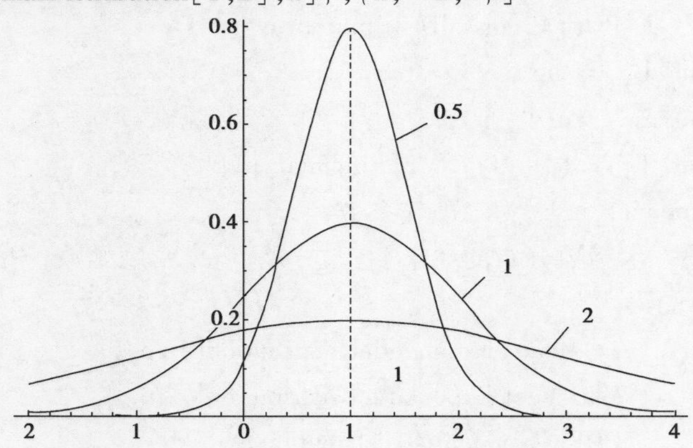

6.3 节的例 6.13 用 Mathematica 进行计算，会十分便捷.

例 6.25　设 $X \sim N(1,2^2)$，求 $P(X<3)$，$P(0.5<X<9.2)$，$P(|X|>2)$.

解　In[1]: = u = NormalDistribution[1,2]

1 - N[CDF[u,3]]

N[CDF[u,9,2]] - N[CDF[u,0.5]]

```
1 - (N[CDF[u,2]] - N[CDF[u, -2]])
Out[1]: = 0.158 655
Out[2]: =0.598 686
Out[3]: =0.375 345
```

综合练习 6

1. 掷一枚均匀骰子,试写出点数 X 的概率分布列,并求 $P(X>1)$,$P(2<X<5)$.

2. 5 件产品中含有 3 件正品,从中随机抽取产品. 试在下列两种情况下分别求出直到取得正品为止所需次数的分布列:

(1)每次取出的产品立即放回,然后再取下一件产品;

(2)每次取出的产品都不放回.

3. 设随机变量 X 服从两点分布 $P(X=1)=p$,$P(X=0)=1-p$,求 X 的分布函数.

4. 设随机变量 X 的密度函数是

$$f(x)=\begin{cases} Cx, & 0\leqslant x\leqslant 1 \\ 0, & \text{其他} \end{cases},$$

求:(1)常数 C;

(2)分别求 X 落在区间(0.3,0.7)和(0.5,1.2)内的概率.

5. 设连续型随机变量 X 的分布函数为

$$F(x)=\begin{cases} 0, & x\leqslant -1 \\ A+B\arcsin x, & -1<x<1, \\ 1, & x\geqslant 1 \end{cases}$$

求:(1)系数 A 和 B;

(2)X 的密度函数.

6. 某射手对目标进行射击,若每次射击的命中率为 0.8,求射击 10 次中:

(1)恰好中 3 次的概率;

(2)至少中 9 次的概率.

7. 在投掷均匀骰子的试验中,问至少必须投掷多少次,才能保证至少出现一次"6 点"的概率不小于 0.9?

8. 电话站为 300 个电话用户服务,在 1 个小时内每一电话用户使用电话的概率是 0.01,求在 1 小时内有 4 个用户使用电话的概率.

9. 某设备由 200 个部件组成,其中每一部件损坏的概率等于 0.005,如果有一个部件损坏,则设备立即停止工作,求设备停止工作的概率.

10. 设 $X\sim N(0,1)$,求:(1)$P(0<X<1.90)$;(2)$P(-1.83<X<0)$;(3)$P(|X|<1)$;(4)$P(|X|<2)$.

11. 设 $X\sim N(1,0.6^2)$,求 $P(X>0)$ 和 $P(0.2<X<1.8)$.

12. 已知某罐装饮料的重量服从正态分布 $N(245,2.5^2)$,净重在(245 ± 5) mL 属于合格品,求合格品的概率.

13. 银行常以某一科目在行、社间往来账目记账一笔为一标准工作量. 根据 3 个营业员 72

天的统计,会计日人均工作量为253.64(标准工作量),标准差 $\sigma=45.90$. 假设会计员的日人均工作量 X 服从正态分布,若完成标准工作量在300笔以上时,给以物质奖励,求受奖励的面有多大?

14. 设某射手每次击中目标的概率是0.9,现连续射击30次,求:

(1)"击中目标次数 X"的概率分布;

(2) $E(X)$, $D(X)$.

15. 在相同条件下,对两个工人加工的滚珠直径进行测量(单位:mm),数据见表6.11.

表6.11

甲	5.1	5.2	5.0	5.1	5.1
乙	5.0	5.2	4.9	5.1	5.1

试问这两个工人谁的技术好一些?

第7章 数理统计简介

数理统计作为数学的一个分支是以概率论为基础的，是研究有关收集、整理、分析数据，从而对所考察的问题作出一定结论的方法和理论．数理统计是一门实用性较强的学科，它在人类活动的各个领域里有着广泛的应用．统计的思想方法是人类文明的一部分．统计方法是从事物数量关系的表现上去推断该事物可能具有的规律性，但不能说明为什么会有这种规律，需要用专业学科的知识对统计结果进行解释．

统计的方法，通常分为描述性统计和统计推断两大部分．描述性统计就是把数据本身包含的信息，加以总结、概括、浓缩、简化，使问题变得更加清晰、简便，易于理解，便于处理．

7.1　数理统计的基本概念

7.1.1　基本概念

我们初步研究了事件的概率和随机变量,知道很多实际问题中的随机现象可以用随机变量来描述,而要全面了解一个随机变量,就必须知道它的概率分布,或者至少要知道它的某些数字特征(数学期望、方差等),那么怎样才能知道或大体上知道一个随机变量的概率分布或数字特征呢?这类问题在实际应用中是很重要的. 例如:一批灯泡,要从使用寿命这个指标来衡量它的质量,若规定寿命低于1 000小时的为次品,问如何确定这批灯泡的次品率?显然这个问题可归结为求灯泡寿命X这个随机变量的分布函数$F(x)$. 若$F(x)$已求得,则次品率即为事件$\{X<1\ 000\}$发生的概率. 但一般情况下,$F(x)$是未知的,这就需要我们对这批灯泡的每一只进行测量,我们知道试验是破坏性的,一旦获取了结果,灯泡也就报废了;再如一批晶体管有10万只,要了解它的某个指标(如直流放大系数)的情况,测试虽不是破坏性的,但逐一进行测试需耗费大量的人力、物力和时间,在实际工作中也是不可行的. 这类问题在实际应用中经常遇到,通常我们只能在所研究的对象中选取一部分进行研究测试,利用所得到的部分数据来推断整个研究对象的情况.

在数理统计中,把研究对象的全体称为总体,组成总体的每一个基本单位称为个体. 如上面所说的某批灯泡的使用寿命可以看作一个总体. 由于这批灯泡的使用寿命可能是大于等于零的任一值,因此总体是一个随机变量,具有一定的分布,通常用X,Y,Z来表示,设它的理论分布函数为$F(x)$(或分布密度为$f(x)$);每一个灯泡的寿命是一个个体,它是一个具体的数值.

例如,研究某城市人口年龄的构成,可以把该市所有居民的年龄看作一个整体,若该市有1 000万人口,那么该总体就是由1 000万个表示年龄的数字构成. 每一个人的年龄即是一个个体.

总体的性质是由其中个体的性质综合而定的,所以要了解总体的性质,就必须测定各个个体的性质. 前面的例子说明,在通常情况下,不能对总体中的每个个体进行测定,而是从总体中抽取一部分个体加以测定. 数理统计中把从总体中抽出的一部分个体称为这个总体的一个样本(或称子样),一个样本中所含的个体数目称为样本容量. 样本容量可大可小,大到可以跟总体数目相等,小到可以只含有一个个体. 当然,样本容量越大,用其来推断总体的性质准确性也会越高.

前面已经提到总体是一个随机变量X,要从总体中抽取一个容量为n的样本,这个样本中的每一个个体X_i,可以是总体X中的任意一个,因此也是一个随机变量. 样本记为$(X_1, X_2,\cdots,X_n)$,在总体中选中n个个体后,它们的数据$(x_1,x_2,\cdots,x_n)$称为样本$(X_1,X_2,\cdots,X_n)$的一个观察值. 一个样本可以有很多组的观察值. 若我们要从例题的总体中,抽取$n=1\ 000$的样本,这1 000个人的年龄的每一个都可以是1 000万个数字中的任何一个. 一旦我们选定了这 1 000 个人,他们的年龄就是一组(1 000 个)确定的数值,就是该样本的一个观察值.

我们抽取样本是为了利用样本对总体的性质进行推断,因此样本的选取要满足一定的要求. 一方面,我们要求样本要有代表性,能够代表总体,因此对每个 $X_i(i=1,2,\cdots,n)$ 要求与总体 X 具有相同的分布;另一方面,抽得的个体之间要相互独立,每个个体的抽取不受其他个体的影响,即 $X_1,X_2,\cdots,X_n$ 之间是相互独立的随机变量. 满足这样条件的样本称为简单随机样本. 在以后的学习中,如不特别声明,凡提到的样本都是指简单随机样本.

7.1.2 样本的特征数(统计量)

样本是总体的代表和反映,但抽取样本之后,并不能直接用样本进行推断,需作一番"加工"和"提炼",把其中所包含的关于总体的信息集中起来,即针对不同的问题构造样本的函数,这样的函数在数理统计中称为统计量.

定义 7.1 设$(X_1,X_2,\cdots,X_n)$是来自总体 X 的样本. $\theta(X_1,X_2,\cdots,X_n)$是一个不含有未知参数的 n 元函数,则称 $\theta(X_1,X_2,\cdots,X_n)$为一个统计量. 如果有样本的一个观察值$(x_1,x_2,\cdots,x_n)$,则 $\theta(x_1,x_2,\cdots,x_n)$称为统计量 $\theta(X_1,X_2,\cdots,X_n)$的一个观察值.

统计量是样本的函数,是一个随机变量. 以下介绍几个常用的统计量.

(1)**样本均值**(Mean)

数据的算术平均值. 若总体 X 的分布已知,可以求得它的平均值,即数学期望 EX,若总体分布未知我们利用来自总体 X 的样本$(X_1,X_2,\cdots,X_n)$的算术平均值来刻画总体 X 的平均值.

$$\overline{X}=\frac{1}{n}\sum_{i=1}^{n}X_i$$

称为样本均值. 它是样本的函数,是一个统计量,可随样本取不同的观察值而取值不同. 通常都在总体均值 EX 的附近摆动.

(2)**样本方差**(Variance)

考虑每个 X_i 与样本平均值 $\overline{X}$ 的差 $X_i-\overline{X}$,称为偏差(deviates). 偏差有正、有负,如果取偏差的平均值,它总是为零,因为 $\overline{X}$ 为数据的中心,正负抵消,无法刻画总的 X_i 与 $\overline{X}$ 的距离. 我们可以用绝对偏差,即 $\frac{1}{n}\sum_{i=1}^{n}|X_i-\overline{X}$ 来刻画,这是一个良好的特征数,但在计算上往往很麻烦. 因此引进方差

$$S^2=\frac{1}{n-1}\sum_{i=1}^{n}(X_i-\overline{X})^2.$$

(3)**样本标准差**(Standard Deviation)

样本标准差 $S=\sqrt{\frac{1}{n-1}\sum_{i=1}^{n}(X_i-\overline{X})^2}$. 样本标准差与 $\overline{X}$ 具有相同的量纲,更易于解释数据的平均分散程度.

例 7.1 某厂实行计件工资制,为及时了解情况,随机抽取 30 名工人,调查各自在一周内加工零件数,然后按规定算出每名工人的周工资(单位:元)如下:

156 134 160 141 159 141 161 157 155 149 144 169 138 168 171 147 156 125 156 135 156 151 155 146 155 157 198 161 151 153,求该样本的 $\overline{X},S^2,S$.

解 利用公式计算如下:

$$\overline{X} = \frac{1}{n}\sum_{i=1}^{n} X_i = \frac{1}{30}(156 + 134 + \cdots + 151 + 153) = 153.5,$$

$$\begin{aligned} S^2 &= \frac{1}{n-1}\sum_{i=1}^{n}(X_i - \overline{X})^2 \\ &= \frac{1}{29}[(156-153.5)^2 + (134-153.5)^2 + \cdots + (153-153.5)^2] \\ &= 182.327\,6, \end{aligned}$$

$$S = 13.502\,8.$$

7.1.3 样本分布及直方图

前面给出的样本特征数和利用样本所作的图形,可以描述样本数据的分布情况,给出总体分布的有关信息,在样本容量较大时,我们用得比较多的得是样本的经验分布和频率直方图.

(1)经验分布

经验分布函数是根据样本得到的函数,它可以用来描述总体分布函数的大致形状.

定义 7.2 设总体 X 的分布函数为 $F(x)$,从该总体中抽取样本,设 $x_1,x_2,\cdots,x_n$ 是样本的一个观察值,排序为 $x_1^* \leqslant x_2^* \leqslant \cdots \leqslant x_n^*$,令

$$F_n(x) = \begin{cases} 0, & x < x_1^* \\ \vdots & \vdots \\ \dfrac{k}{n}, & x_k^* \leqslant x < x_{k+1}^* \qquad k = 1,2,\cdots,n-1, \\ \vdots & \vdots \\ 1, & x \geqslant x_n^* \end{cases}$$

称 $F_n(x)$ 为该样本的经验分布函数. 这里也可以根据经验分布的定义作出它的图形,是一个右连续的非降的函数,且 $0 \leqslant F_n(x) \leqslant 1$,具有分布函数的性质.

(2)直方图(Histogram)

下面通过例题来说明样本频率直方图的做法.

例 7.2 在药品散剂分装的过程中,随机抽取 100 包称重,得 100 个质量(单位:g)数据如下:

0.89 0.89 0.86 0.95 0.90 0.95 0.97 0.92 0.88 0.87 0.86 0.91 0.94

0.87 0.89 0.86 0.87 0.85 0.92 0.92 0.97 0.92 0.87 0.90 0.88 0.89
0.92 0.92 0.87 1.06 0.99 0.86 0.92 0.84 0.96 0.95 0.87 0.86 0.90
0.84 0.92 0.85 0.92 0.98 0.89 0.98 0.94 0.93 0.78 0.98 0.93 0.90
0.89 0.87 0.89 1.00 0.89 0.89 0.91 0.93 0.82 0.95 0.84 0.82 0.90
0.91 0.94 0.92 0.87 0.94 0.91 0.84 0.92 0.87 1.03 0.93 0.95 0.90
0.87 0.92 0.90 0.92 0.80 0.95 0.98 0.93 0.91 0.85 0.86 0.91 0.87
0.92 0.92 0.94 0.86 0.88 0.81 0.88 0.96 0.91

作样本频率直方图的步骤如下：

①找出样本的极小值 x_1^* 和极大值 x_n^*，本例中 $x_1^*=0.78$，$x_{100}^*=1.06$，样本数据位于区间 $[0.78,1.06]$，极差 $R_{100}=1.06-0.78=0.28$，为方便作图，将数据区间放大为 $(0.76, 1.06]$，此时 $R=0.3$.

②将区间 $(0.76, 1.06]$ 分成若干组，组数的多少依样本容量而定，一般分为 8～15 组. 本例将数据分为 10 组，各组区间长度为 $\Delta x_i=0.03$，规定为左开右闭区间(可自己选定).

③把每个小区间中所含数据的个数记下来，即样本中位于该区间中数据的频数，记为 f_i（第 i 个小区间的频数），计算该区间的数据频率 $p_i=f_i/n$，亦可求出频率密度 $p_i/\Delta x_i$.

④根据表中的数据，以每个小区间的长度为底，以该区间上相应的频率密度为高(亦可以频率为高)，作出一系列竖着的矩形，称为样本频率密度直方图(频率直方图或频数直方图都可以说明问题).

整理数据和计算过程列入表 7.1.

表 7.1

小区间	频数 f_i	频率 p_i	频率密度 $p_i/\Delta x_i$	积累频率 $F_n(x_i)$
$(0.76,0.79]$	1	0.01	0.33	0.01
$(0.79,0.82]$	4	0.04	1.33	0.05
$(0.82,0.85]$	7	0.07	2.33	0.12
$(0.85,0.88]$	22	0.22	7.33	0.34
$(0.88,0.91]$	24	0.24	8.00	0.58
$(0.91,0.94]$	24	0.24	8.00	0.82
$(0.94,0.97]$	10	0.10	3.33	0.92
$(0.97,1.00]$	6	0.06	2.00	0.98
$(1.00,1.03]$	1	0.01	0.33	0.99
$(1.03,1.06]$	1	0.01	0.33	1.00
$\sum$	100	1.00		

样本的频率密度直方图如图 7.1 所示. 不难想象，当样本观测值不同时，直方图的形态会有所不同，但只要样本容量 n 增大，分组越来越多，每个小区间的长度越来越小时，频率直方

图的顶部折线趋于稳定的密度函数，如图 7.2 所示.

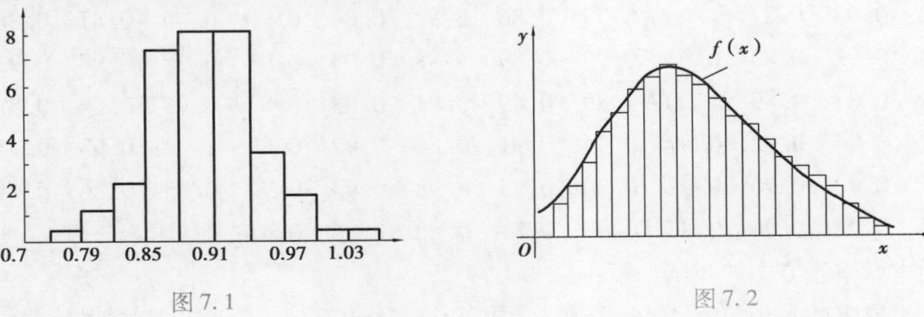

图 7.1　　图 7.2

7.1.4　统计量的分布

前面我们已经给出了统计量的概念，统计量是由样本构造的函数. 上节中给出的样本的特征数都是统计量，由于样本的随机性，统计量是一个随机变量. 下面我们来讨论常用的有关统计量的分布.

设统计量 $\theta(X_1,X_2,\cdots,X_n)$ 依赖于样本 $(X_1,X_2,\cdots,X_n)$，我们不知道 θ 的概率分布，于是想通过"试验"来近似地确定它. 为此，我们从总体中抽出若干个样本观察值：

$$(x_{11},x_{12},\cdots,x_{1n})$$
$$(x_{21},x_{22},\cdots,x_{2n})$$
$$\vdots$$
$$(x_{m1},x_{m2},\cdots,x_{mn})$$

对每一个观察值 $(x_{j1},x_{j2},\cdots,x_{jn})$ 计算得一个 θ 的观察值 $\theta_j(j=1,2,\cdots,m)$，把这 m 个数作成一个频率直方图，当 m 足够大时，这个直方图就近似于 θ 的真正的概率分布. 这个方法基于反复地从总体中抽样，因而得名"抽样分布".

寻找统计量的抽样分布，是一件极为重要的工作. 因为一个统计方法的性质如何，就取决于所用的统计量的分布. 例如，我们常常提到用样本均值 $\overline{X}$ 估计总体均值，这个方法的优良性如何，只有了解了 $\overline{X}$ 的分布才能回答. 在统计史上，有一些著名的统计学家在研究抽样分布上做出了巨大的贡献，如前面给出的 χ^2 分布，t 分布，F 分布的名称就与统计学家 K. Pearson、Gosset 和 R. A. Fisher 的名字有关.

(1)数理统计中常用的几个重要分布

1) χ^2 分布

设随机变量 $X_1,X_2,\cdots,X_n$ 相互独立，且 $X_i\sim N(0,1)$，$i=1,2,\cdots,n$ 则随机变量

$$\chi^2=X_1^2+X_2^2+\cdots+X_n^2=\sum_{i=1}^{n}X_i^2$$

服从自由度为 n 的 χ^2 分布，记作 $\chi^2\sim\chi^2(n)$，其中 n 为正整数. $\chi^2(n)$ 分布的分布密度函数为

$$f(x)=\begin{cases}\dfrac{1}{2^{\frac{n}{2}}\Gamma\left(\dfrac{n}{2}\right)}x^{\frac{n}{2}-1}\mathrm{e}^{-\frac{x}{2}}, & x>0\\ 0, & \text{其他}\end{cases},$$

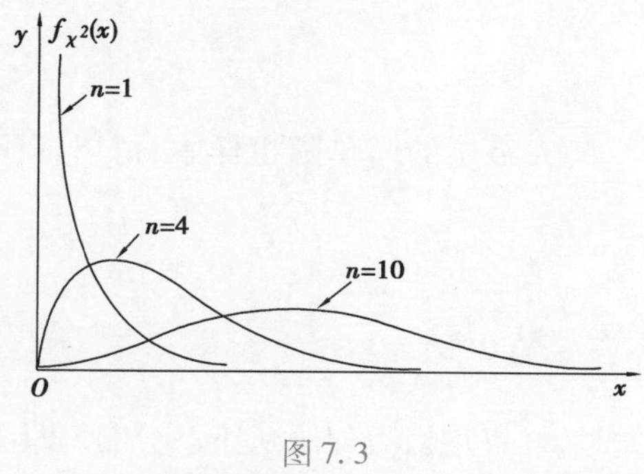

图 7.3

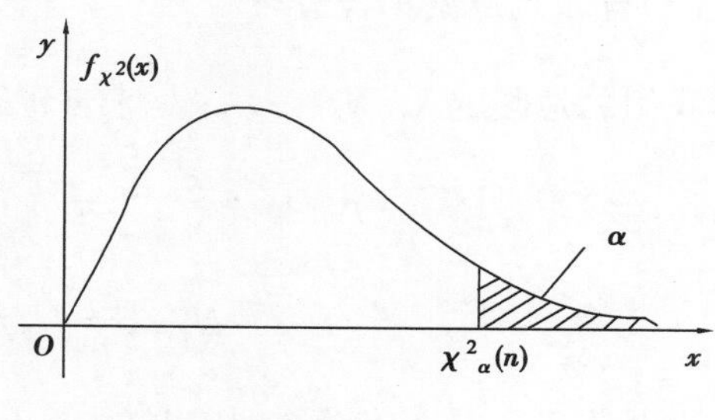

图 7.4

分布密度的图形随自由度 n 的不同而变化，当 n 很大时接近正态分布，如图 7.3 所示．本书附表对不同自由度 n 及不同的概率 $\alpha(0<\alpha<1)$ 给出了满足等式

$$p\{\chi^2(n)>\chi_\alpha^2(n)\}=\int_{\chi_\alpha^2(n)}^{+\infty}f(x)\,\mathrm{d}x=\alpha$$

的 $\chi_\alpha^2(n)$ 的值，如图 7.4 所示．同标准正态分布分位点定义一样，称满足上述条件的点 $\chi_\alpha^2(n)$ 为 $\chi^2(n)$ 分布的上 α 分位点．例如：当 $\alpha=0.05$，$n=10$ 时，$\chi_{0.05}^2(10)=18.307$．

2）t 分布

设随机变量 $X\sim N(0,1)$，$Y\sim\chi^2(n)$，且相互独立，则随机变量 $T=\dfrac{X}{\sqrt{Y/n}}$ 服从自由度为 n 的 t 分布（学生氏 t 分布），记作 $T\sim t(n)$．其分布密度函数为

$$f(x)=\frac{\Gamma\left(\frac{n+1}{2}\right)}{\sqrt{n\pi}\;\Gamma\left(\frac{n}{2}\right)}\left(1+\frac{x^2}{n}\right)^{-\frac{n+1}{2}},\ -\infty<x<+\infty,$$

分布密度的图形如图 7.5 所示．图像关于 y 轴对称，随自由度 n 的变化而有所不同．n 比较大时（一般 $n>30$ 时），t 分布与标准正态分布近似．

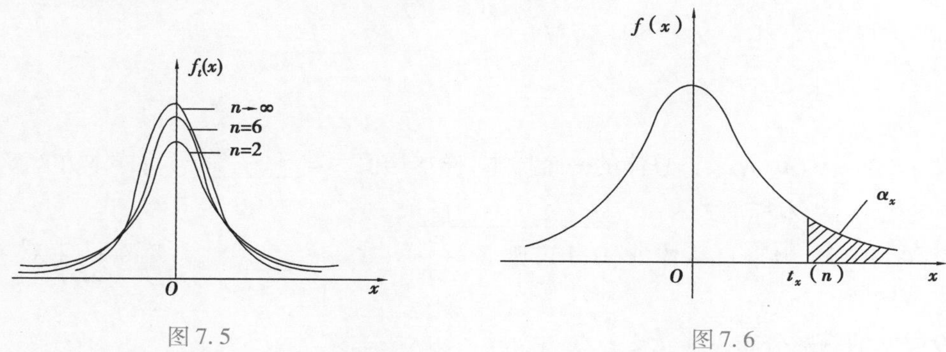

图 7.5　　图 7.6

本书附表中对不同自由度 n 及常用的概率 $\alpha(0<\alpha<1)$ 给出了满足等式

$$p\{t(n)>t_\alpha(n)\}=\int_{t_\alpha(n)}^{+\infty}f(x)\,\mathrm{d}x=\alpha$$

的 $t_\alpha(n)$ 的值．如图 7.6 所示，称满足上述条件的点 $t_\alpha(n)$ 为 t 分布的上 α 分位点．例如：当 $\alpha=0.05$，$n=10$ 时，$t_{0.05}(10)=1.8125$，即

$$p\{t(10)>1.8125\}=0.05.$$

(2)**样本均值的抽样分布**

我们总是假定 $X_1,X_2,\cdots,X_n$ 是来自正态总体 $X\sim N(\mu,\sigma_2)$ 的简单随机样本,可以证明 $\overline{X}$ 仍是正态分布,且 $E\overline{X}=\mu,D\overline{X}=\dfrac{\sigma^2}{n}$,于是 $\overline{X}$ 的分布为

$$\overline{X}\sim N\left(\mu,\frac{\sigma^2}{n}\right) \quad 或 \quad \frac{\overline{X}-\mu}{\sigma/\sqrt{n}}\sim N(0,1).$$

当总体 X 不是正态分布时,当样本容量 n 充分大时,样本均值近似服从正态分布. 即

$$\overline{X}^{a,d}\sim N(E\overline{X},D\overline{X}) \quad 或 \quad \frac{\overline{X}-E\overline{X}^{a,d}}{\sqrt{D\overline{X}}}\sim N(0,1).$$

通常当 $n\geqslant 30$ 时,即可使用此分布.

(3)**样本方差的分布**

当总体 $X\sim N(\mu,\sigma^2)$ 时,有如下常用的定理:

定理 7.1　设 $(X_1,X_2,\cdots,X_n)$ 是来自正态总体 $X\sim N(\mu,\sigma^2)$ 的样本,则有

①样本均值 $\overline{X}$ 与样本方差 S^2 相互独立;

② $\dfrac{(n-1)S^2}{\sigma^2}=\dfrac{\sum\limits_{i=1}^{n}(X_i-\overline{X})^2}{\sigma^2}\sim\chi^2(n-1)$.

(4)**其他抽样分布**

定理 7.2　设 $(X_1,X_2,\cdots,X_n)$ 是来自正态总体 $X\sim N(\mu,\sigma^2)$ 的样本,则有

$$\frac{\overline{X}-\mu}{S/\sqrt{n}}\sim t(n-1).$$

习题 7.1

1. 设 $X_1,X_2,\cdots,X_n$ 是来自总体的一个样本,样本均值 $\overline{X}=$ ________;样本方差 $S^2=$ ________;样本标准差 $S=$ ________.

2. 设 $X_1,\cdots,X_5$ 为来自总体 $N(0,1)$,则 $X_1+\cdots+X_5\sim$ ________;$X_1^2+\cdots+X_5^2\sim$ ________.

3. 设样本的频数分布见表 7.2.

表 7.2

X	0	1	2	3	4
频数	1	3	2	1	2

则样本均值 $\overline{X}=$ ________,样本方差 $S^2=$ ________.

7.2 参数估计

统计推断是数理统计学的中心内容,大致可分为估计问题和假设检验问题. 本节主要讨论参数估计问题,这里讨论的参数,不仅指总体分布函数 $F(x,\theta)$ 中的未知参数 θ(θ 可以是向量),而且还指分布的各种特征数,如均值、方差、有关的矩等.

例 7.3 灯泡厂每批生产出来的灯泡,由于种种随机因素的影响,每个灯泡的使用寿命是不一致的,即使用寿命是一个随机变量. 根据以往的经验知道,灯泡的寿命 X 服从正态分布 $N(\mu,\sigma^2)$,但对于不同批次的灯泡,正态分布中 μ,σ^2 可以取不同的值. 现有一批灯泡,要想估计其寿命分布中的 μ,σ^2,一般方法是从该批灯泡中抽取一部分作为样本,设为 $X_1,X_2,\cdots,X_n$,利用样本来估计 μ,σ^2,即为参数估计问题.

例 7.4 假定我们需要了解种子的发芽率,如何根据样本资料来确定该批种子的发芽率,即为频率的估计问题.

以上两个例子尽管形式不同,但就统计问题而言却是一样的,都是估计与总体有关的参数. 参数估计可分为点估计和区间估计,所谓的点估计就是构造一个适当的统计量 $\hat{\theta}(X_1,X_2,\cdots,X_n)$,用 $\hat{\theta}$ 估计相应的参数,这个统计量 $\hat{\theta}$ 就称为 θ 的估计量. 若有样本的一组观察值 $(x_1,x_2,\cdots,x_n)$,代入 $\hat{\theta}$ 可得 θ 的一个估计值 $\hat{\theta}(x_1,x_2,\cdots,x_n)$. 区间估计是构造两个统计量 $\hat{\theta}_1(X_1,X_2,\cdots,X_n)$ 和 $\hat{\theta}_2(X_1,X_2,\cdots,X_n)$,对任意一组样本观察值 $x_1,x_2,\cdots,x_n$,有 $\hat{\theta}_1(x_1,x_2,\cdots,x_n)<\hat{\theta}_2(x_1,x_2,\cdots,x_n)$. 用区间 $[\hat{\theta}_1,\hat{\theta}_2]$ 去估计总体参数 θ 的范围. 参数估计的主要问题是如何来构造这种合适的统计量.

7.2.1 点估计

(1)均值的点估计

由于总体的均值表示总体中数据的平均状况,在总体均值未知的情况下,一般用样本均值 $\overline{X}=\frac{1}{n}\sum_{i=1}^{n}X_i$ 来估计总体均值,即

$$\hat{\mu}=\hat{EX}=\overline{X}=\frac{1}{n}\sum_{i=1}^{n}X_i.$$

例 7.5 要估计一批种子的发芽率 p,设 $(X_1,X_2,\cdots,X_n)$ 是总体 X 的一个样本,求发芽率 p 的估计量.

解 由题可知总体 X 服从两点分布

$$p(X=x)=(1-p)^{1-x}p^x,\quad x=0,1,$$

要估计的参数只有一个 p,总体均值 $EX=p$(样本均值),因此得 $\hat{p}=\overline{X}$.

(2)**方差的点估计**

由于总体的方差表示总体中数据与平均值的偏差状况,在对总体均值和方差不了解的情况下,一般用样本方关 S^2 来估计总体方差,即

$$\hat{\sigma}^2 = \hat{DX} = \frac{1}{n-1}\sum_{i=1}^{n}(X_i - \overline{X})^2.$$

例 7.6 设 $X_1,X_2,\cdots,X_n$ 是正态总体 $X\sim N(\mu,\sigma^2)$ 的样本. 设 8,9,10,10,11,12,14,15,15,16 是 $n=10$ 的一个样本观测值. 求未知参数 μ,σ^2 的估计量(值).

解

$$(\text{估计量})\begin{cases}\hat{\mu} = \overline{X}\\ \hat{\sigma}^2 = \dfrac{1}{n-1}\sum\limits_{i=1}^{n}(X_i - \overline{X})^2\end{cases}.$$

$$(\text{估计值})\begin{cases}\hat{\mu} = 12\\ \hat{\sigma}^2 = 7.2\end{cases}.$$

7.2.2 区间估计

点估计能给出一个明确的数量,但点估计仅仅是未知参数的一个近似值,不能反映这个近似值的误差范围. 为了弥补这种不足,又提出了区间估计的概念,两种估计互相补充,在实际中各有其用. 区间估计的理论是20世纪著名的统计学家奈曼在1934年开始建立的.

前面已经给出,若 θ 是一个要估计的参数,$X_1,X_2,\cdots,X_n$ 是一个样本,要做 θ 的区间估计,就是设法找到两个统计量 $\hat{\theta}_1,\hat{\theta}_2$,并且对任一组样本观察值 $x_1,x_2,\cdots,x_n$,都有 $\hat{\theta}_1<\hat{\theta}_2$,而把 θ 估计在 $\hat{\theta}_1$ 和 $\hat{\theta}_2$ 之间,即 $\hat{\theta}_1\leqslant\theta\leqslant\hat{\theta}_2$.

评价一个区间估计量 $[\hat{\theta}_1,\hat{\theta}_2]$ 的好坏主要有两个要素:其一是"精度",可以用区间长度 $\hat{\theta}_2-\hat{\theta}_1$ 来衡量,长度越大,精度越低. 其二是"信度",即用 $[\hat{\theta}_1,\hat{\theta}_2]$ 这个区间来估计 θ 有多大的可靠性,可以用 $p\{\hat{\theta}_1\leqslant\theta\leqslant\hat{\theta}_2\}$ 的大小来衡量,这个概率也称为区间估计的"置信度". 精度和信度是一对矛盾关系,当一个增大时,另一个将会减小(其他条件不变). 例如:当你估计一个人的年龄时,若估计在23~25岁,则精度较大而正确的可能性(置信度)就会小一些;若估计他的年龄在10~40岁,可靠性比较大,但精度很差. 在实际应用中,我们要根据所研究问题的要求来确定信度和精度(一般信度优先). 若要同时提高一个区间估计的信度和精度,就必须增加样本容量.

在构造一个参数 θ 的区间估计量 $\hat{\theta}_1$ 和 $\hat{\theta}_2$ 时,通常情况下先给出所要求的可靠性,应不低于某个数 $1-\alpha$(一般接近于1,即 α 较小). 即

$$p\ \{\hat{\theta}_1\leqslant\theta\leqslant\hat{\theta}_2\}\geqslant 1-\alpha.$$

如果一个区间估计满足上式,称 $[\hat{\theta}_1,\hat{\theta}_2]$ 是 θ 的置信度为 $1-\alpha$ 的置信区间,α 称为置信水平,$\hat{\theta}_1$ 称为置信下限,$\hat{\theta}_2$ 称为置信上限.

下面讨论某些参数区间估计的具体求法.

(1)单个正态总体均值 μ 的区间估计

设 $X_1,X_2,\cdots,X_n$ 是由某个总体 X 中抽取的样本,据此对总体均值 μ 进行区间估计. 区间估计中的信度是一个事件的概率,因而与总体的分布是否已知,总体的分布类型有很大关系,这里我们只讨论两种情况.

1)总体 X 是正态分布,$X\sim N(\mu,\sigma^2)$,且 σ^2 已知

前面已经讨论过,若 $X_1,X_2,\cdots,X_n$ 是来自正态总体 $X\sim N(\mu,\sigma^2)$ 的简单随机样本,则一定有

$$Z=\frac{\overline{X}-\mu}{\sigma/\sqrt{n}}\sim N(0,1)\ .$$

对于给定的一个水平 α,由标准正态分布表可以查得 $Z_{\frac{\alpha}{2}}$(称为临界值),使得

$$p\left\{-Z_{\frac{\alpha}{2}}\leqslant\frac{\overline{X}-\mu}{\sigma/\sqrt{n}}\leqslant Z_{\frac{\alpha}{2}}\right\}=1-\alpha,$$

即

$$p\left\{\overline{X}-\frac{\sigma}{\sqrt{n}}Z_{\frac{\alpha}{2}}\leqslant\mu\leqslant\overline{X}+\frac{\sigma}{\sqrt{n}}Z_{\frac{\alpha}{2}}\right\}=1-\alpha.$$

这里 σ 及 $Z_{\frac{\alpha}{2}}$是已知的,$\overline{X}-\frac{\sigma}{\sqrt{n}}Z_{\frac{\alpha}{2}}$和 $\overline{X}+\frac{\sigma}{\sqrt{n}}Z_{\frac{\alpha}{2}}$都仅仅是样本的函数,即是统计量. 因此令

$$\hat{\theta}_1=\overline{X}-\frac{\sigma}{\sqrt{n}}Z_{\frac{\alpha}{2}}\quad,\quad\hat{\theta}_2=\overline{X}+\frac{\sigma}{\sqrt{n}}Z_{\frac{\alpha}{2}},$$

可得

$$p\{\hat{\theta}_1\leqslant\mu\leqslant\hat{\theta}_2\}=1-\alpha,$$

即

$$\left[\overline{X}-\frac{\sigma}{\sqrt{n}}Z_{\frac{\alpha}{2}},\overline{X}+\frac{\sigma}{\sqrt{n}}Z_{\frac{\alpha}{2}}\right]\tag{7.1}$$

为参数 μ 的一个信度为 $1-\alpha$ 的置信区间. 区间的长度 $\frac{2\sigma}{\sqrt{n}}Z_{\frac{\alpha}{2}}$反映了区间估计的精度.

从该式中可以看出:

①$1-\alpha$ 越大,α 越小,$Z_{\frac{\alpha}{2}}$将增大,精度下降. 即可靠性增大,精度越差;

②σ^2 越大,精度越低. 即方差大,随机影响较大,精度自然会低;

③样本容量 n 增大,精度越高,道理是明显的. 但要注意,精度与$\sqrt{n}$呈比例而不是 n,即 n 是原来的 4 倍,精度只是原来的 2 倍.

区间估计也可以记为 $\overline{X}\pm\frac{\sigma}{\sqrt{n}}Z_{\frac{\alpha}{2}}$,此时可以把$\frac{\sigma}{\sqrt{n}}Z_{\frac{\alpha}{2}}$看作用 $\overline{X}$ 估计 μ 时的误差. 就是说,有 $1-\alpha$ 的把握肯定用 $\overline{X}$ 估计 μ 的误差不超过 $\frac{\sigma}{\sqrt{n}}Z_{\frac{\alpha}{2}}$.

例 7.7 某车间生产滚珠,从长期实践可以认为滚珠的直径 X 服从正态分布,且直径的方

差 $\sigma^2 = 0.05$,从某天生产的产品中随机抽取 6 个,测得直径(单位:mm)为:14.6　15.1　14.9　14.8　15.2　15.4 ,试对 $\alpha = 0.05$ 求出滚珠平均直径的区间估计.

解　由式(7.1),SAS 软件编程计算 μ 的置信区间为

下限: $\hat{\mu}_1 = \overline{X} - \frac{\sigma}{\sqrt{n}} Z_{\frac{\alpha}{2}} = 14.82$,

上限: $\hat{\mu}_2 = \overline{X} + \frac{\sigma}{\sqrt{n}} Z_{\frac{\alpha}{2}} = 15.18$,

因此得到滚珠直径的一个 95% 置信区间为 [14.82,15.18].

对于一个参数的置信区间的理解是:置信度只是对于用此种方法构造的统计量

$$\hat{\theta}_1 = \overline{X} - \frac{\sigma}{\sqrt{n}} Z_{\frac{\alpha}{2}}, \quad \hat{\theta}_2 = \overline{X} + \frac{\sigma}{\sqrt{n}} Z_{\frac{\alpha}{2}},$$

所确定的区间估计量在 100 次抽样的观察值所确定的 100 个估计区间中,大约有 95 个包含 μ 值,而[14.82,15.18]只是抽样的一个观察值所确定的一个区间.

2)总体为正态分布 $X \sim N(\mu, \sigma^2)$, 但 σ^2 未知

由于方差是未知的,上述方法中,$\overline{X} - \frac{\sigma}{\sqrt{n}} Z_{\frac{\alpha}{2}}$就不是一个统计量,含有未知参数,这样使我们想到可以用样本标准差 S 来估计总体标准差 σ. 利用前面讲过的抽样分布

$$T = \frac{\overline{X} - \mu}{S/\sqrt{n}} \sim t(n-1)$$

来求 μ 的区间估计. 前面讲过 t 分布的形状接近于标准正态分布,也是一个对称分布.

由上面的方法,对于给定的 α,可以通过查 t 分布表,得临界值 $t_{\frac{\alpha}{2}}(n-1)$,则有

$$p\left\{ -t_{\frac{\alpha}{2}}(n-1) \leqslant \frac{\overline{X} - \mu}{S/\sqrt{n}} \leqslant t_{\frac{\alpha}{2}}(n-1) \right\} = 1 - \alpha,$$

由此得到 μ 的 $1 - \alpha$ 置信区间为

$$\left[\overline{X} - \frac{S}{\sqrt{n}} t_{\frac{\alpha}{2}}(n-1), \overline{X} + \frac{S}{\sqrt{n}} t_{\frac{\alpha}{2}}(n-1) \right]. \tag{7.2}$$

例 7.8　某种零件的重量服从正态分布 $X \sim N(\mu, \sigma^2)$. 现从中抽得 $n = 16$ 的样本,其观察质量(单位:kg)为:4.8　4.7　5.0　5.2　4.7　4.9　5.0　5.0　4.6　4.7　5.0　5.1　4.7　4.5　4.9　4.9,求总体分布的均值 μ 的区间估计($\alpha = 0.05$).

解　由式(7.2)可得则 μ 的置信区间为

下限: $\mu_1 = \overline{X} - \frac{S}{\sqrt{n}} t_{\frac{\alpha}{2}}(n-1) = 4.753$,

上限: $\hat{\mu}_2 = \overline{X} + \frac{S}{\sqrt{n}} t_{\frac{\alpha}{2}}(n-1) = 4.959$,

即 μ 的一个 95% 的置信区间为[4.753,4.959].

(2)正态总体方差的区间估计

设 $X_1, X_2, \cdots, X_n$ 来自正态总体 $X \sim N(\mu, \sigma^2)$,由第 6 章抽样分布可知

$$\chi^2=\frac{(n-1)S^2}{\sigma^2}\sim\chi^2(n-1),$$

其中 $S^2=\frac{1}{n-1}\sum_{i=1}^{n}(X_i-\overline{X})^2$ 是样本方差. 利用这个分布,可以构造方差 σ^2 的区间估计量.

设
$$p\left\{\chi^2_{1-\frac{\alpha}{2}}(n-1)\leqslant\frac{(n-1)S^2}{\sigma^2}\leqslant\chi^2_{\frac{\alpha}{2}}(n-1)\right\}=1-\alpha,$$

整理得

$$p\left\{\frac{(n-1)S^2}{\chi^2_{\frac{\alpha}{2}}(n-1)}\leqslant\sigma^2\leqslant\frac{(n-1)S^2}{\chi^2_{1-\frac{\alpha}{2}}(n-1)}\right\}=1-\alpha.$$

当给定 α 时,可通过查 $\chi^2(n-1)$ 表,求得临界值 $\chi^2_{\frac{\alpha}{2}}(n-1)$, $\chi^2_{1-\frac{\alpha}{2}}(n-1)$,由此可得 σ^2 的 $1-\alpha$ 置信区间为

$$\left[\frac{(n-1)S^2}{\chi^2_{\frac{\alpha}{2}}(n-1)},\frac{(n-1)S^2}{\chi^2_{1-\frac{\alpha}{2}}(n-1)}\right],$$

从而 σ 的 $1-\alpha$ 置信区间为

$$\left[\sqrt{\frac{(n-1)S^2}{\chi^2_{\frac{\alpha}{2}}(n-1)}},\sqrt{\frac{(n-1)S^2}{\chi^2_{1-\frac{\alpha}{2}}(n-1)}}\right].\tag{7.3}$$

例 7.9　投资的回收利润率常用来衡量投资风险. 随机地调查了 26 个年头回收利润率(%),标准差 $S=15(\%)$,设回收利润率服从正态分布,求它的方差的区间估计($\alpha=0.05$).

解　本题中 $n=26$, $S=15$, $\alpha=0.05$, $\chi^2_{0.025}(25)=40.646$, $\chi^2_{0.975}(25)=13.120$,则由式(7.3),求得方差的区间估计

置信下限:　$\hat{\sigma}_1{}^2=\frac{(n-1)S^2}{\chi^2_{\frac{\alpha}{2}}(n-1)}=\frac{25\times15^2}{40.646}=138.39$,

置信上限:　$\hat{\sigma}_2^2=\frac{(n-1)S^2}{\chi^2_{1-\frac{\alpha}{2}}(n-1)}=\frac{25\times15^2}{13.120}=428.73$,

故方差的 95% 的区间估计是[138.39,428.73].

标准差的 95% 的区间估计是$[\sqrt{138.39},\sqrt{428.73}]=[11.76,20.71]$.

习题 7.2

1. 由于 $\chi\sim N(\mu,\sigma^2)$, μ,σ^2 均未知,σ^2 的置信度为 0.95 的置信区间为

$$\left[\frac{(n-1)S^2}{\chi^2_{\frac{\alpha}{2}}(n-1)},\frac{(n-1)S^2}{\chi^2_{1-\frac{\alpha}{2}}(n-1)}\right],$$

这里 $\alpha=0.05$, $n=20$, $S=4.02$,求它的一个置信度为 0.95 的置信区间.

2. 一家制衣厂收到一批制服纽扣,直径规定为 10 mm. 为确定纽扣直径是否为 10 mm,无放回抽取 9 个作为样本,测得直径分别为:9.9,10.9,10.0,10.1,9.9,10.1,10.0,10.0,9.9,据此:(1)求总体均值,方差和标准差的点估计;(2)若假设直径服从正态分布,求均值的 95% 置信区间. $\hat{\mu}=10.089$, $\hat{\sigma}^2=0.08765$, $\hat{\sigma}=\sqrt{0.08765}\approx0.296057$.

7.3 假设检验

7.3.1 基本概念

(1)假设检验的概念

假设检验是统计推断中另一类重要的问题. 下面通过几个具体的例子,给出什么是假设检验.

例 7.10 某餐厅每天营业额服从正态分布,以往使用老菜单时,均值 $\mu_0=8\ 000$ 元,标准差 640 元,一个新菜单挂出以后,九天中平均营业额 $\overline{X}=8\ 300$ 元,经理想知道,这个差别是新菜单引起的,还是营业额的随机性引起的.

在这个问题中,经理关心的是在挂出新菜单后,营业额分布中的均值是否仍然是 $\mu_0=8\ 000$,或是增加了. 首先假设总体均值无变化,利用样本对这个假设进行判断,即是假设检验的问题.

例 7.11 某成药制造商声称,他有 90% 的把握保证它的药能有效缓解过敏症状,从患有过敏症的人群中随机抽取 200 人,服药后,有 160 人的症状得到了缓解,据此判定制造商的声明是否真实.

例 7.12 例 7.2 中的数据直方图表明,总体服从正态分布,如何检验这个结论正确与否也是假设检验问题.

从上面的例子可以归结为,假设检验即是对总体的分布函数的形式或分布中某些参数作出某种假设,然后通过抽取样本,构造适当的统计量,对假设的正确性进行判断的过程.

(2)统计假设

要对总体做出判断,常常要先对所关心的问题,做出某些假定(或是猜测),这些假定可能是正确的,也可能是不正确的,它们一般是关于总体分布或其参数的某些陈述,称为统计假设.

我们一般要同时提出两个对立的假设,即原假设和备择假设. 在很多情况下,我们给出一个统计假设仅仅是为了拒绝它. 例如,要判断一枚硬币是否均匀,则假设硬币是均匀的(在研究这类问题时,通常是已经怀疑该结论的真实性);或者,要判断一种方法优于其他方法,则假设两种方法之间没有区别,这样的假设称为原假设,或零假设,记为 H_0. 例如,检验硬币均匀性的原假设记为 $H_0:p=0.5$(p 为出现正面的概率). 与原假设对立的假设称为备择假设. 备择假设的选取通常要和实际问题相符,如上面检验硬币均匀性的备择假设可以是 $p\neq 0.5$,当我们已经肯定是 p 偏大时,也可选 $p>0.5$,或其他确定的值,备择假设记为 H_1.

在本节开始给出的 3 个例子中,原假设和备择假设可选为:

①$H_0:\mu=\mu_0=8\ 000 \leftrightarrow H_1:\mu>8\ 000$;

②$H_0:p\geqslant 90\% \leftrightarrow H_1:p<90\%$；

③H_0：总体服从正态分布$\leftrightarrow H_1$：总体不服从正态分布.

(3)假设检验的基本思想

假设检验的基本依据是“小概率原理”. 所谓的小概率原理就是，概率很小的随机事件在一次试验中一般不会发生. 下面通过一个例子来说明这一思想.

例 7.13 美国有一位参议员提出一条简化税法的议案，这位参议员声称，这项简化不会改变税收总数，即年终结算税收总额不会改变. 为了估算参议员的提案要求，财政部应用计算机档案中 10 万张有代表性的完税申报表，每张表列出在旧税制下应付的税款总数，再算出在新税制下的总税收，从这些档案中随机的抽取 100 张，考察新税制下税收总数与旧税制下税收总数的差，其平均值 $\overline{X}=-219$ 美元，标准差 $S=725$ 美元，我们的假设是 $H_0:\mu=0$（两种税制下税收总额的差为零），备择假设 $H_1:\mu<0$，如何来判别这一假设是否正确呢？

若该假设是正确的，即总体的均值为零，这里抽取的 $n=100$ 的样本，可以视为大样本，$\overline{X}$ 近似为正态分布，且 $E\overline{X}=0,D\overline{X}=72.5^2$，则

$$p(\overline{X}\leqslant -219)=\Phi\left(\frac{-219-0}{72.5}\right)=\Phi(-3.02)=0.0013.$$

即 H_0 为真时，一次随机抽样得到 $\overline{X}=-219$ 美元或更小的概率只有 0.001 3，由小概率原理可知，这是不该发生的，既然它发生了，我们就有理由怀疑这个假设是不真的，即新税制将减少税收，新税制下的税收总额与旧税制下税收总额之差小于零.

例 7.14 某工厂声称其产品合格率达到了 95%，如果我们在其产品中随机抽取了一件却不合格，我们就有理由怀疑厂方的声称是不正确的；若抽到了正品，就没有理由否定它.

从这两例子中我们看到，假设检验的基本方法，就是在原假设成立的条件下构造一个关于样本的小概率事件，根据抽样观测值，由小概率事件是否发生，对原假设给出判断：若小概率事件发生，则拒绝原假设 H_0，否则接受 H_0.

(4)假设检验中的两类错误

在对原假设的真伪进行判断时，由于样本的随机性可能使判断发生两类错误，由例 7.13 可以看到，根据小概率原理我们拒绝了原假设 $H_0:\mu=0$，但对于 $p(\overline{X}\leqslant -219)$ 这个事件来说，在原假设是真的情况下，毕竟有一定的发生的可能，这个概率记为 α，这里 $\alpha=0.0013$，这就是说有 $\alpha=0.0013$ 这么大的可能性 H_0 为真，而我们却拒绝了 H_0，这类错误称为第一类错误（弃真错误）. α 可以根据研究问题的性质由我们给出，也就是我们构造的小概率事件发生的可能性，在假设检验中称为显著性水平；相反在例 7.14 中，如果抽到了正品，而接受了厂方的声称，也可能犯错误，即本来 $H_0:p\geqslant 95\%$ 是不真的，由于抽样的随机性，却接受了 H_0，我们称犯了第二类错误（取伪错误），其概率用 β 来表示. 显然，在假设检验中，我们总是希望 α 和 β 都尽量的小，但是它们之间却存在着密切的联系，欲使它们同时都小有时是不可能的. 两类错误之间的关系是：

①两类错误的概率是相互关联的，当样本容量固定时，一类错误的概率减少导致另一类错误的概率增加.

②第一类错误的概率(即水平 α)与接受假设的接受域相关,两者可以互相调整.

③要同时降低两类错误的概率,或保持一个不变而降低另一个,只能通过增加样本容量.

④当原假设不真时,参数的真值越接近假设下的值时,β 的值就越大.

如果 α 取的很小,则拒绝域就会很小,产生的后果是 H_0 难于被拒绝,如果在 α 很小时 H_0 仍被拒绝了,说明实际情况在很大的可能性上确实与 H_0 有显著差异. 基于这个理由,常把 $\alpha=0.05$时拒绝 H_0 称为是"显著"的,即实际情况与 H_0 有显著差异,而把 $\alpha=0.01$ 时拒绝 H_0 称为"极显著"或"高度显著"的. 总之,当 α 越小时拒绝 H_0,我们越能相信 H_0 是不真的;当 α 很小时,H_0 被接受时,则我们只能承认在所给水平下没有充分的理由拒绝 H_0,并非表示我们确实相信 H_0.

7.3.2 单个正态总体参数的假设检验

在实际应用中,很多现象可以近似地用正态分布去描述. 因此关于正态分布参数的假设检验,是最常见的检验问题. 这一节我们主要讨论均值和方差的假设检验. 随着原假设和备择假设以及已知条件的不同,可以分出许多不同情形,以下就几种假设分别讨论.

(1)正态总体方差 σ^2 已知时,均值 μ 的假设检验

设 $X_1,X_2,\cdots,X_n$ 是来自方差 σ^2 已知的正态总体 $N(\mu,\sigma^2)$ 的一个样本,欲对 $H_0:\mu=\mu_0\leftrightarrow H_1:\mu\neq\mu_0$ 进行检验.

由抽样分布可知

$$Z=\frac{\overline{X}-\mu}{\sigma/\sqrt{n}}\sim N(0,1),$$

若 H_0 成立,则有

$$Z=\frac{\overline{X}-\mu_0}{\sigma/\sqrt{n}}\sim N(0,1).$$

若选取显著性水平为 α,则有

$$p\left\{\left|\frac{\overline{X}-\mu_0}{\sigma/\sqrt{n}}\right|>Z_{\frac{\alpha}{2}}\right\}=\alpha.$$

因为我们的备择假设是 $\mu\neq\mu_0$,这时要求的是 $\overline{X}-\mu_0$ 不能太大或太小,因此在上式中,选用绝对值,称为双侧检验. 上式即是我们在 H_0 成立的条件下构造的小概率事件,若抽样使小概率事件发生,就拒绝 H_0,否则接受 H_0. 因此,该问题的拒绝域为

$$\left\{\frac{\overline{X}-\mu_0}{\sigma/\sqrt{n}}<-Z_{\frac{\alpha}{2}}\right\}\cup\left\{\frac{\overline{X}-\mu_0}{\sigma/\sqrt{n}}>Z_{\frac{\alpha}{2}}\right\}.$$

例 7.15 某工厂制成一种新的钓鱼绳,声称其折断平均受力为 15 kg,已知标准差为 0.5 kg,为检验 15 kg 这个数字是否真实,在该厂产品中随机抽取 50 件,测得其折断平均受力是 14.8 kg,若取显著性水平 $\alpha=0.01$,问是否应接受厂方声称为 15 kg 这个数字?(假定折断拉力 $X\sim N(\mu,\sigma^2)$.)

解 $H_0:\mu=\mu_0=15\leftrightarrow H_1:\mu\neq\mu_0$

$n=50,\sigma=0.5,\overline{X}=14.8,\alpha=0.01,Z_{0.005}=2.58,$

$$Z=\left|\frac{\overline{X}-\mu_0}{\sigma/\sqrt{n}}\right|=\left|\frac{14.8-15}{0.5/\sqrt{50}}\right|=2.82>Z_{0.005}=2.58.$$

此时，拒绝 H_0. 这意味着，厂方声称的 15 kg 的说法与抽样实测结果的偏离在统计上达到显著程度，不好用随机误差来解释.

(2)正态总体方差 σ^2 未知时，均值 μ 的假设检验

在实际问题中，更多的情况是假定总体 X 的分布是 $N(\mu,\sigma^2)$，而 σ^2 未知，欲对 $H_0:\mu=\mu_0\leftrightarrow H_1:\mu\neq\mu_0$ 进行检验.

在这种情况下，除采用的检验统计量与上部分不同，方法原理完全相同. 在方差未知时，采用统计量 $T=\dfrac{\overline{X}-\mu}{S/\sqrt{n}}\sim t(n-1)$，这里不再一一讨论，各种假设下的拒绝域为

$$\left\{\left|\frac{\overline{X}-\mu_0}{S/\sqrt{n}}\right|>t_{\frac{\alpha}{2}}(n-1)\right\}.$$

例 7.16 某种钢筋的强度依赖于其中 C,Mn,Si 的含量所占的比例. 今炼了 6 炉含 C:0.15%，Mn:1.20%，Si:0.40% 的钢，这 6 炉钢的钢筋强度(单位:kg/mm)分别为:48.5,49.0,53.5,49.5,56.0,52.5. 根据长期资料的分析，钢筋强度服从正态分布，现在问:按这种配方生产出的钢筋强度能否认为其均值为 52 kg/mm.

解 $H_0:\mu=\mu_0=52.0\leftrightarrow H_1:\mu\neq 52.0$,

$n=6,\overline{X}=51.5,S=2.983,\alpha=0.05,t_{0.025}(5)=2.571$,

$$T=\left|\frac{\overline{X}-\mu_0}{S/\sqrt{n}}\right|=0.410<t_{0.025}(5)=2.571.$$

可以接受原假设 $H_0:\mu=52.0$.

(3)正态总体方差 σ^2 的假设检验

设 $X_1,X_2,\cdots,X_n$ 是来自正态总体 $N(\mu,\sigma^2)$ 的样本，欲对方差作假设检验. $H_0:\sigma^2=\sigma_0^2\leftrightarrow H_1:\sigma_1^2\neq\sigma_0^2$.

由抽样分布可知

$$\frac{(n-1)S^2}{\sigma^2}\sim\chi^2(n-1),$$

在 H_0 成立的条件下有

$$\frac{(n-1)S^2}{\sigma_0^2}\sim\chi^2(n-1),$$

构造小概率事件

$$p\left\{\left\{\frac{(n-1)S^2}{\sigma_0^2}<\chi^2_{1-\frac{\alpha}{2}}(n-1)\right\}\cup\left\{\frac{(n-1)S^2}{\sigma_0^2}>\chi^2_{\frac{\alpha}{2}}(n-1)\right\}\right\}=\alpha.$$

当 H_0 为真时，以上事件发生的概率为 α，若抽得的样本使该事件发生，则有理由拒绝 H_0，该事件即为 H_0 的拒绝域.

例 7.17 某维尼龙厂根据长期累积资料知道，所生产的维尼龙的纤度服从正态分布，它

的标准差为0.048. 某日随机抽取5根纤维,测得其纤度是:1.32,1.55,1.36,1.40,1.44. 问该日所生产的维尼龙纤度的方差有无显著变化?($\alpha=0.05$)

解 以"无显著变化"为原假设.

$H_0:\sigma^2=\sigma_0^2=0.048^2 \leftrightarrow H_1:\sigma^2\neq\sigma_0^2=0.048^2$,

$n=5, S^2=0.007\,788, \sigma_0^2=0.048^2, \alpha=0.05, \chi^2_{0.025}(4)=11.14, \chi^2_{0.975}(4)=0.484$,

$$\chi^2=\frac{(n-1)S^2}{\sigma_0^2}=\frac{4\times 0.007\,788}{0.048^2}=13.506\,9>\chi^2_{0.025}(14)=11.14.$$

拒绝 H_0,当日生产的维尼龙纤度的方差有显著改变.

习题7.3

1. 设某个假设检验问题的拒绝域为 W,且当原假设 H_0成立时,样本值$(x_1, x_2, \cdots, x_n)$落入 W 的概率为0.15,则犯第一类错误的概率为 ________.

2. 设样本 $X_1,X_2,\cdots,X_n$来自正态总体 $N(\mu,1)$,假设检验问题为:$H_0:\mu=0\leftrightarrow H_1:\mu\neq 0$,则在 H_0成立的条件下,对显著水平 α,拒绝域 W 应为 ________________.

3. 糖厂用自动打包机打包,每包标准重为100 kg,每天开工后,需要检验一次打包机工作是否正常,即检查打包机是否有系统偏差. 某日开工后抽得9包质量(单位:kg)如下:

99.3,98.7,100.5,101.2,98.3,99.7,99.5,102.1,100.5

问该日打包工作是否正常?($\alpha=0.05$,包重服从正态分布)

4. 某厂在出品的汽车蓄电池说明书上写明使用寿命服从正态分布,且标准差为0.9年,如果随机抽取10只蓄电池,发现样本标准差是1.2年,并取 $\alpha=0.05$,试检验厂方说明书上所写是否可信.

综合练习7

一、填空题

1. 进行30次独立试验, 测得零件加工时间的样本均值 $\bar{x}=5.5$, 样本方差 $S=1.7$, 设零件加工时间服从正态分布 $X\sim N(\mu,\sigma^2)$, 则零件加工时间的数学期望 μ 的对应于置信水平0.95的置信区间为________(已知 $t_{0.975}(29)=2.04$).

2. 设 $X_1,X_2,\cdots,X_n$ 是从总体 $X\sim N(\mu,4)$ 中抽取的样本,在 $\alpha=0.05$ 的情形下,μ 的置信区间为________.

3. 假设检验的基本原理是________.

二、选择题

4. 已知 $X_1,X_2,\cdots,X_n$ 都是来自总体的样本,其他的未知,则下列是统计量的是(   ).

A. $X+\overline{X}$ B. $\frac{1}{n-1}\sum_{i=1}^{n}X_i{}^2$ C. $\overline{X}+a$ D. $\frac{1}{3}\overline{X}+a\overline{X_1}$

5. 设 $X\sim N(0,1)$,且 X_1,X_2 是从中抽取的样本,则统计量 X_1+X_2 服从的分布为(   ).

A. $N(0,1)$ B. $N(0,2)$ C. $\chi^2(1)$ D. $\chi^2(2)$

6. 设 $X_1,X_2,\cdots,X_n$ 是来自总体 $X\sim N(\mu,\sigma^2)$的样本,则(   ).

A. $\overline{X}\sim N\left(\mu, \frac{\sigma^2}{n}\right)$ B. $\overline{X}\sim N(\mu, \sigma^2)$ C. $\overline{X}\sim N\left(\frac{\mu}{n}, \frac{\sigma^2}{n^2}\right)$ D. $\overline{X}\sim\left(\mu, \frac{\sigma^2}{n^2}\right)$

7. 设 $X_1,\cdots,X_n$ 是来自总体 X 的样本,且 $EX=\mu$,则通常采用的 μ 的估计量是( ).

A. $\frac{1}{n}\sum_{i=1}^{n-1}X_i$ B. $\frac{1}{n-1}\sum_{i=1}^{n}X_i$ C. $\frac{1}{n-1}\sum_{i=1}^{n-1}X_i$ D. $\frac{1}{n}\sum_{i=1}^{n}X_i$

8. 在区间估计中,$p(\hat{\theta}_1<\theta<\hat{\theta}_2)=1-\alpha$ 的正确含义是( ).

A. θ 以 $1-\alpha$ 的概率落在区间 $(\hat{\theta}_1,\hat{\theta}_2)$ 内

B. θ 落在区间 $(\hat{\theta}_1,\hat{\theta}_2)$ 以外的概率为 α

C. θ 不落在区间 $(\hat{\theta}_1,\hat{\theta}_2)$ 内的概率为 α

D. 随机区间 $(\hat{\theta}_1,\hat{\theta}_2)$ 包含 θ 的概率为 $1-\alpha$

9. 设 $X\sim N(\mu,64)$,$X_1,X_2,\cdots,X_n$ 为 X 的样本,μ 的置信度为 $1-\alpha$ 的置信区间的长度随 n 的增大而( ).

A. 增大 B. 减小 C. 不变 D. 有时增大,有时减小

10. 设总体 $X\sim N(\mu,\sigma^2)$,σ^2 已知,μ 是未知参数,$\overline{X}$ 是样本均值,$\Phi(x)$ 为标准正态分布函数,且 $\Phi(1.96)=0.975$, $\Phi(1.64)=0.95$. 则 μ 的置信度为 95% 的置信区间是( ).

A. $\left(\overline{X}\pm0.975\frac{\sigma}{\sqrt{n}}\right)$ B. $\left(\overline{X}\pm1.96\frac{\sigma}{\sqrt{n}}\right)$ C. $\left(\overline{X}\pm1.64\frac{\sigma}{\sqrt{n}}\right)$ D. $\left(\overline{X}\pm0.95\frac{\sigma}{\sqrt{n}}\right)$

11. 设总体 $X\sim N(\mu,\sigma^2)$ 且 σ^2 未知,则 μ 的置信度为 95% 的置信区间是( ).

A. $\left(\overline{X}\pm Z_{0.025}\frac{\sigma}{\sqrt{n}}\right)$ B. $\left(\overline{X}\pm t_{0.025}\frac{S}{\sqrt{n}}\right)$ C. $\left(\overline{X}\pm Z_{0.025}\frac{S}{\sqrt{n}}\right)$ D. $\left(\overline{X}\pm t_{0.025}\frac{\sigma}{\sqrt{n}}\right)$

12. 假设检验时,若增大样本容量,则犯两类错误的概率( ).

A. 都增大 B. 都减小 C. 都不变 D. 一个增大,一个减小

13. 经过显著性检验而被拒绝的假设( ).

A. 一定是正确的 B. 一定是错误的

C. 可能正确,但决策错误的概率是显著性水平 α

D. 可能不正确,但决策犯错误的概率是显著性水平 α

三、解答题

14. 一厂方想了解本厂出品的罐头糖果的寿命,从商店抽样得如下数据(寿命以天计).

2 22 12 25 14 18 7 16

17 16 12 15 10 29 26 13 16

求:(1)样本的平均数及样本方差;(2)从数据中观察,区间 $(\overline{X}-2S,\overline{X}+2S)$ 中含有样本数的百分比.

15. 设从总体中随机地抽取容量为 10 的样本:5,9,7,4,0,-3,2,6,11,10,求此组数据给出总体均值,方差,标准差.

16. 一昆虫学家对甲虫大小很感兴趣,他取了 20 只甲虫的随机样本,测量它们的翅膀长度(单位:mm),得 $\overline{X}=32.4$ mm,$S=4.02$ mm,假定甲虫翅膀长度的总体是正态分布,求总体方差 σ^2 的 95% 置信区间.

17. 某种零件尺寸方差 $\sigma^2=1.21$,对一批这类零件检验 6 件,得尺寸数据(单位:mm):32.56,29.66,31.64,30.00,31.87,31.03. 当置信度 $\alpha=0.05$ 时,问这批零件的平均尺寸能否认为是 32.50 mm(零件尺寸服从正态分布)?

参考文献

[1] 同济大学数学系. 高等数学[M]. 7 版. 北京:高等教育出版社,2014.
[2] 干国胜,肖海华,孙旭东. 高等数学实训教程[M]. 北京:高等教育出版社,2014.
[3] 张韵华,王新茂. Mathematica 7 实用教程[M]. 2 版. 合肥:中国科技大学出版社,2014.
[4] 喻方元. 线性代数及其应用[M]. 上海:同济大学出版社,2015.
[5] 彭先萌,黄琳. 高等数学[M]. 成都:西南财经大学出版社,2019.
[6] 赵静,但琦. 数学建模与数学实验[M]. 3 版. 北京:高等教育出版社,2008.
[7] 颜文勇,郑茂波. 数学建模[M]. 2 版. 北京:高等教育出版社,2021.
[8] 孙旭东,干国胜. 数学实验[M]. 武汉:武汉大学出版社,2019.
[9] 同济大学应用数学系. 工程数学概率统计简明教程[M]. 北京:高等教育出版社,2003.
[10] 金炳陶,张祖骥,陈晓龙. 概率论与数理统计训练教程[M]. 北京:高等教育出版社,2003.

附　录

附表 1　标准正态分布表

$$\Phi(x) = \int_{-\infty}^{x} \frac{1}{\sqrt{2\pi}} e^{-t^2/2} dt$$

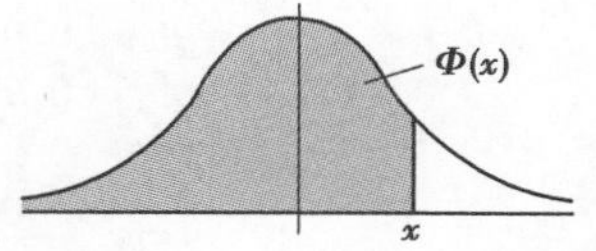

x	0.00	0.01	0.02	0.03	0.04	0.05	0.06	0.07	0.08	0.09
0.0	0.500 0	0.504 0	0.508 0	0.512 0	0.516 0	0.519 9	0.523 9	0.527 9	0.531 9	0.535 9
0.1	0.539 8	0.543 8	0.547 8	0.551 7	0.555 7	0.559 6	0.563 6	0.567 5	0.571 4	0.575 3
0.2	0.579 3	0.583 2	0.587 1	0.591 0	0.594 8	0.598 7	0.602 6	0.606 4	0.610 3	0.614 1
0.3	0.617 9	0.621 7	0.625 5	0.629 3	0.633 1	0.636 8	0.640 6	0.644 3	0.648 0	0.651 7
0.4	0.655 4	0.659 1	0.662 8	0.666 4	0.670 0	0.673 6	0.677 2	0.680 8	0.684 4	0.687 9
0.5	0.691 5	0.695 0	0.698 5	0.701 9	0.705 4	0.708 8	0.712 3	0.715 7	0.719 0	0.722 4
0.6	0.725 7	0.729 1	0.732 4	0.735 7	0.738 9	0.742 2	0.745 4	0.748 6	0.751 7	0.754 9
0.7	0.758 0	0.761 1	0.764 2	0.767 3	0.770 4	0.773 4	0.776 4	0.779 4	0.782 3	0.785 2
0.8	0.788 1	0.791 0	0.793 9	0.796 7	0.799 5	0.802 3	0.805 1	0.807 8	0.810 6	0.813 3
0.9	0.815 9	0.818 6	0.821 2	0.823 8	0.826 4	0.828 9	0.831 5	0.834 0	0.836 5	0.838 9
1.0	0.841 3	0.843 8	0.846 1	0.848 5	0.850 8	0.853 1	0.855 4	0.857 7	0.859 9	0.862 1
1.1	0.864 3	0.866 5	0.868 6	0.870 8	0.872 9	0.874 9	0.877 0	0.879 0	0.881 0	0.883 0
1.2	0.884 9	0.886 9	0.888 8	0.890 7	0.892 5	0.894 4	0.896 2	0.898 0	0.899 7	0.901 5
1.3	0.903 2	0.904 9	0.906 6	0.908 2	0.909 9	0.911 5	0.913 1	0.914 7	0.916 2	0.917 7
1.4	0.919 2	0.920 7	0.922 2	0.923 6	0.925 1	0.926 5	0.927 8	0.929 2	0.930 6	0.931 9
1.5	0.933 2	0.934 5	0.935 7	0.937 0	0.938 2	0.939 4	0.940 6	0.941 8	0.942 9	0.944 1
1.6	0.945 2	0.946 3	0.947 4	0.948 4	0.949 5	0.950 5	0.951 5	0.952 5	0.953 5	0.954 5
1.7	0.955 4	0.956 4	0.957 3	0.958 2	0.959 1	0.959 9	0.960 8	0.961 6	0.962 5	0.963 3
1.8	0.964 1	0.964 9	0.965 6	0.966 4	0.967 1	0.967 8	0.968 6	0.969 3	0.969 9	0.970 6
1.9	0.971 3	0.971 9	0.972 6	0.973 2	0.973 8	0.974 4	0.975 0	0.975 6	0.976 1	0.976 7
2.0	0.977 2	0.977 8	0.978 3	0.978 8	0.979 3	0.979 8	0.980 3	0.980 8	0.981 2	0.981 7
2.1	0.982 1	0.982 6	0.983 0	0.983 4	0.983 8	0.984 2	0.984 6	0.985 0	0.985 4	0.985 7
2.2	0.986 1	0.986 4	0.986 8	0.987 1	0.987 5	0.987 8	0.988 1	0.988 4	0.988 7	0.989 0
2.3	0.989 3	0.989 6	0.989 8	0.990 1	0.990 4	0.990 6	0.990 9	0.991 1	0.991 3	0.991 6
2.4	0.991 8	0.992 0	0.992 2	0.992 5	0.992 7	0.992 9	0.993 1	0.993 2	0.993 4	0.993 6
2.5	0.993 8	0.994 0	0.994 1	0.994 3	0.994 5	0.994 6	0.994 8	0.994 9	0.995 1	0.995 2
2.6	0.995 3	0.995 5	0.995 6	0.995 7	0.995 9	0.996 0	0.996 1	0.996 2	0.996 3	0.996 4
2.7	0.996 5	0.996 6	0.996 7	0.996 8	0.996 9	0.997 0	0.997 1	0.997 2	0.997 3	0.997 4
2.8	0.997 4	0.997 5	0.997 6	0.997 7	0.997 7	0.997 8	0.997 9	0.997 9	0.998 0	0.998 1
2.9	0.998 1	0.998 2	0.998 2	0.998 3	0.998 4	0.998 4	0.998 5	0.998 5	0.998 6	0.998 6
3.0	0.998 7	0.998 7	0.998 7	0.998 8	0.998 8	0.998 9	0.998 9	0.998 9	0.999 0	0.999 0
3.1	0.999 0	0.999 1	0.999 1	0.999 1	0.999 2	0.999 2	0.999 2	0.999 2	0.999 3	0.999 3
3.2	0.999 3	0.999 3	0.999 4	0.999 4	0.999 4	0.999 4	0.999 4	0.999 5	0.999 5	0.999 5
3.3	0.999 5	0.999 5	0.999 5	0.999 6	0.999 6	0.999 6	0.999 6	0.999 6	0.999 6	0.999 7
3.4	0.999 7	0.999 7	0.999 7	0.999 7	0.999 7	0.999 7	0.999 7	0.999 7	0.999 7	0.999 8

附表2 泊松分布表 $P\{X \leqslant x\} = \sum_{k=0}^{x} \frac{\lambda^k e^{-\lambda}}{k!}$

x	λ								
	0.1	0.2	0.3	0.4	0.5	0.6	0.7	0.8	0.9
0	0.904 8	0.818 7	0.740 8	0.673 0	0.605 0	0.548 8	0.496 6	0.449 3	0.406 6
1	0.995 3	0.982 5	0.963 1	0.938 4	0.909 8	0.878 1	0.844 2	0.808 8	0.772 5
2	0.999 8	0.998 9	0.996 4	0.992 1	0.985 6	0.976 9	0.965 9	0.952 6	0.937 1
3	1.000 0	0.999 9	0.999 7	0.999 2	0.998 2	0.996 6	0.994 2	0.990 9	0.986 5
4		1.000 0	1.000 0	0.999 9	0.999 8	0.999 6	0.999 2	0.998 6	0.997 7
5				1.000 0	1.000 0	1.000 0	0.999 9	0.999 8	0.999 7
6							1.000 0	1.000 0	1.000 0

x	λ								
	1.0	1.5	2.0	2.5	3.0	3.5	4.0	4.5	5.0
0	0.367 9	0.223 1	0.135 3	0.082 1	0.049 8	0.030 2	0.018 3	0.011 1	0.006 7
1	0.735 8	0.557 8	0.406 0	0.287 3	0.199 1	0.135 9	0.091 6	0.061 1	0.040 4
2	0.919 7	0.808 8	0.676 7	0.543 8	0.423 2	0.320 8	0.238 1	0.173 6	0.124 7
3	0.981 0	0.934 4	0.857 1	0.757 6	0.647 2	0.536 6	0.433 5	0.342 3	0.265 0
4	0.996 3	0.981 4	0.947 3	0.891 2	0.815 3	0.725 4	0.628 8	0.532 1	0.440 5
5	0.999 4	0.995 5	0.983 4	0.958 0	0.916 1	0.857 6	0.785 1	0.702 9	0.616 0
6	0.999 9	0.999 1	0.995 5	0.985 8	0.966 5	0.934 7	0.889 3	0.831 1	0.762 2
7	1.000 0	0.999 8	0.998 9	0.995 8	0.988 1	0.973 3	0.948 9	0.913 4	0.866 6
8		1.000 0	0.999 8	0.998 9	0.996 2	0.990 1	0.978 6	0.959 7	0.931 9
9			1.000 0	0.999 7	0.998 9	0.996 7	0.991 9	0.982 9	0.968 2
10				0.999 9	0.999 7	0.999 0	0.997 2	0.993 3	0.986 3
11				1.000 0	0.999 9	0.999 7	0.999 1	0.997 6	0.994 5
12					1.000 0	0.999 9	0.999 7	0.999 2	0.998 0

x	λ								
	5.5	6.0	6.5	7.0	7.5	8.0	8.5	9.0	9.5
0	0.004 1	0.002 5	0.001 5	0.000 9	0.000 6	0.000 3	0.000 2	0.000 1	0.000 1
1	0.026 6	0.017 4	0.011 3	0.007 3	0.004 7	0.003 0	0.001 9	0.001 2	0.000 8
2	0.088 4	0.062 0	0.043 0	0.029 6	0.020 3	0.013 8	0.009 3	0.006 2	0.004 2
3	0.201 7	0.151 2	0.111 8	0.081 8	0.059 1	0.042 4	0.030 1	0.021 2	0.014 9
4	0.357 5	0.285 1	0.223 7	0.173 0	0.132 1	0.099 6	0.074 4	0.055 0	0.040 3
5	0.528 9	0.445 7	0.369 0	0.300 7	0.241 4	0.191 2	0.149 6	0.115 7	0.088 5
6	0.686 0	0.606 3	0.526 5	0.449 7	0.378 2	0.313 4	0.256 2	0.206 8	0.164 9
7	0.809 5	0.744 0	0.672 8	0.598 7	0.524 6	0.453 0	0.385 6	0.323 9	0.268 7
8	0.894 4	0.847 2	0.791 6	0.729 1	0.662 0	0.592 5	0.523 1	0.455 7	0.391 8
9	0.946 2	0.916 1	0.877 4	0.830 5	0.776 4	0.716 6	0.653 0	0.587 4	0.521 8
10	0.974 7	0.957 4	0.933 2	0.901 5	0.862 2	0.815 9	0.763 4	0.706 0	0.645 3
11	0.989 0	0.979 9	0.966 1	0.946 6	0.920 8	0.888 1	0.848 7	0.803 0	0.752 0
12	0.995 5	0.991 2	0.984 0	0.973 0	0.957 3	0.936 2	0.909 1	0.875 8	0.836 4
13	0.998 3	0.996 4	0.992 9	0.987 2	0.978 4	0.965 8	0.948 6	0.926 1	0.898 1
14	0.999 4	0.998 6	0.997 0	0.994 3	0.989 7	0.982 7	0.972 6	0.958 5	0.940 0
15	0.999 8	0.999 5	0.998 8	0.997 6	0.995 4	0.991 8	0.986 2	0.978 0	0.966 5
16	0.999 9	0.999 8	0.999 6	0.999 0	0.998 0	0.996 3	0.993 4	0.988 9	0.982 3
17	1.000 0	0.999 9	0.999 8	0.999 6	0.999 2	0.998 4	0.997 0	0.994 7	0.991 1
18		1.000 0	0.999 9	0.999 9	0.999 7	0.999 4	0.998 7	0.997 6	0.995 7
19			1.000 0	1.000 0	0.999 9	0.999 7	0.999 5	0.998 9	0.998 0
20					1.000 0	0.999 9	0.999 8	0.999 6	0.999 1

附表 3 χ^2 分布表

$$P\{\chi^2(n) > \chi^2_\alpha(n)\} = \alpha$$

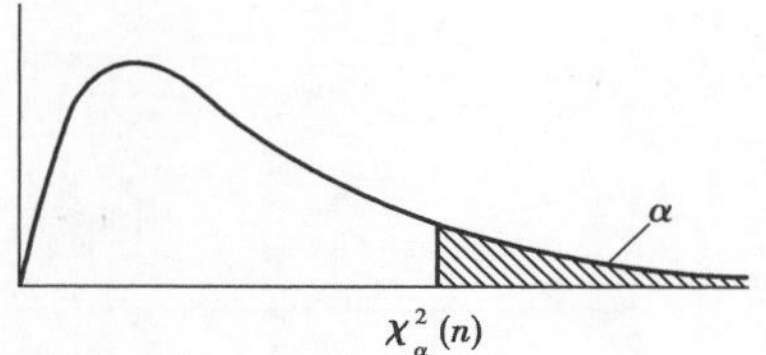

n \ α	0.995	0.99	0.975	0.95	0.90	0.10	0.05	0.025	0.01	0.005
1	0.000	0.000	0.001	0.004	0.016	2.706	3.843	5.025	6.637	7.879
2	0.010	0.020	0.051	0.103	0.211	4.605	5.992	7.378	9.210	10.597
3	0.072	0.115	0.216	0.352	0.584	6.251	7.815	9.348	11.344	12.837
4	0.207	0.297	0.484	0.711	1.064	7.779	9.488	11.143	13.277	14.860
5	0.412	0.554	0.831	1.145	1.610	9.236	11.070	12.832	15.085	16.748
6	0.676	0.872	1.237	1.635	2.204	10.645	12.592	14.440	16.812	18.548
7	0.989	1.239	1.690	2.167	2.833	12.017	14.067	16.012	18.474	20.276
8	1.344	1.646	2.180	2.733	3.490	13.362	15.507	17.534	20.090	21.954
9	1.735	2.088	2.700	3.325	4.168	14.684	16.919	19.022	21.665	23.587
10	2.156	2.558	3.247	3.940	4.865	15.987	18.307	20.483	23.209	25.188
11	2.603	3.053	3.816	4.575	5.578	17.275	19.675	21.920	24.724	26.755
12	3.074	3.571	4.404	5.226	6.304	18.549	21.026	23.337	26.217	28.300
13	3.565	4.107	5.009	5.892	7.041	19.812	22.362	24.735	27.687	29.817
14	4.075	4.660	5.629	6.571	7.790	21.064	23.685	26.119	29.141	31.319
15	4.600	5.229	6.262	7.261	8.547	22.307	24.996	27.488	30.577	32.799
16	5.142	5.812	6.908	7.962	9.312	23.542	26.296	28.845	32.000	34.267
17	5.697	6.407	7.564	8.682	10.085	24.769	27.587	30.190	33.408	35.716
18	6.265	7.015	8.231	9.390	10.865	25.989	28.869	31.526	34.805	37.156
19	6.843	7.632	8.906	10.117	11.651	27.203	30.143	32.852	36.190	38.580
20	7.434	8.260	9.591	10.851	12.443	28.412	31.410	34.170	37.566	39.997
21	8.033	8.897	10.283	11.591	13.240	29.615	32.670	35.478	38.930	41.399
22	8.643	9.542	10.982	12.338	14.042	30.813	33.924	36.781	40.289	42.796
23	9.260	10.195	11.688	13.090	14.848	32.007	35.172	38.075	41.637	44.179
24	9.886	10.856	12.401	13.848	15.659	33.196	36.415	39.364	42.980	45.558
25	10.519	11.524	13.120	14.611	16.473	34.382	37.652	40.646	44.314	46.925
26	11.160	12.198	13.844	15.379	17.292	35.563	38.885	41.923	45.642	48.290
27	11.807	12.878	14.573	16.151	18.114	36.741	40.113	43.194	46.962	49.642
28	12.461	13.565	15.308	16.928	18.939	37.916	41.337	44.461	48.278	50.993
29	13.120	14.256	16.147	17.708	19.768	39.087	42.557	45.722	49.586	52.333
30	13.787	14.954	16.791	18.493	20.599	40.256	43.773	46.979	50.892	53.672
31	14.457	15.655	17.538	19.280	21.433	41.422	44.985	48.231	52.190	55.000
32	15.134	16.362	18.291	20.072	22.271	42.585	46.194	49.480	53.486	56.328
33	15.814	17.073	19.046	20.866	23.110	43.745	47.400	50.724	54.774	57.646
34	16.501	17.789	19.806	21.664	23.952	44.903	48.602	51.966	56.061	58.964
35	17.191	18.508	20.569	22.465	24.796	46.059	49.802	53.203	57.340	60.272
36	17.887	19.233	21.336	23.269	25.643	47.212	50.998	54.437	58.619	61.581
37	18.584	19.960	22.105	24.075	26.492	48.363	52.192	55.667	59.891	62.880
38	19.289	20.691	22.878	24.884	27.343	49.513	53.384	56.896	61.162	64.181
39	19.994	21.425	23.654	25.695	28.196	50.660	54.572	58.119	62.426	65.473
40	20.706	22.164	24.433	26.509	29.050	51.805	55.758	59.342	63.691	66.766

注：当 $n>40$ 时，$\chi^2_\alpha(n) \approx \frac{1}{2}(z_\alpha + \sqrt{2n-1})^2$.

附表4 t 分布表

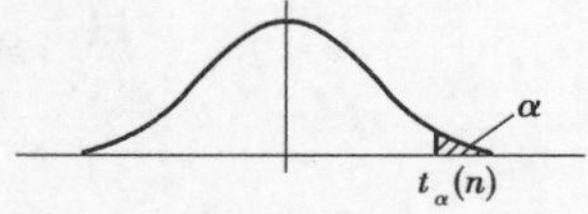

$$P\{t(n) > t_\alpha(n)\} = \alpha$$

n \ α	0.20	0.15	0.10	0.05	0.025	0.01	0.005
1	1.376	1.963	3.077 7	6.313 8	12.706 2	31.820 7	63.657 4
2	1.061	1.386	1.885 6	2.920 0	4.302 7	6.964 6	9.924 8
3	0.978	1.250	1.637 7	2.353 4	3.182 4	4.540 7	5.840 9
4	0.941	1.190	1.533 2	2.131 8	2.776 4	3.746 9	4.604 1
5	0.920	1.156	1.475 9	2.015 0	2.570 6	3.364 9	4.032 2
6	0.906	1.134	1.439 8	1.943 2	2.446 9	3.142 7	3.707 4
7	0.896	1.119	1.414 9	1.894 6	2.364 6	2.998 0	3.499 5
8	0.889	1.108	1.396 8	1.859 5	2.306 0	2.896 5	3.355 4
9	0.883	1.100	1.383 0	1.833 1	2.262 2	2.821 4	3.249 8
10	0.879	1.093	1.372 2	1.812 5	2.228 1	2.763 8	3.169 3
11	0.876	1.088	1.363 4	1.795 9	2.201 0	2.718 1	3.105 8
12	0.873	1.083	1.356 2	1.782 3	2.178 8	2.681 0	3.054 5
13	0.870	1.079	1.350 2	1.770 9	2.160 4	2.650 3	3.012 3
14	0.868	1.076	1.345 0	1.761 3	2.144 8	2.624 5	2.976 8
15	0.866	1.074	1.340 6	1.753 1	2.131 5	2.602 5	2.946 7
16	0.865	1.071	1.336 8	1.745 9	2.119 9	2.583 5	2.920 8
17	0.863	1.069	1.333 4	1.739 6	2.109 8	2.566 9	2.898 2
18	0.862	1.067	1.330 4	1.734 1	2.100 9	2.552 4	2.878 4
19	0.861	1.066	1.327 7	1.729 1	2.093 0	2.539 5	2.860 9
20	0.860	1.064	1.325 3	1.724 7	2.086 0	2.528 0	2.845 3
21	0.859	1.063	1.323 2	1.720 7	2.079 6	2.517 7	2.831 4
22	0.858	1.061	1.321 2	1.717 1	2.073 9	2.508 3	2.818 8
23	0.858	1.060	1.319 5	1.713 9	2.068 7	2.499 9	2.807 3
24	0.857	1.059	1.317 8	1.710 9	2.063 9	2.492 2	2.796 9
25	0.856	1.058	1.316 3	1.708 1	2.059 5	2.485 1	2.787 4
26	0.856	1.058	1.315 0	1.705 6	2.055 5	2.478 6	2.778 7
27	0.855	1.057	1.313 7	1.703 3	2.051 8	2.472 7	2.770 7
28	0.855	1.056	1.312 5	1.701 1	2.048 4	2.467 1	2.763 3
29	0.854	1.055	1.311 4	1.699 1	2.045 2	2.462 0	2.756 4
30	0.854	1.055	1.310 4	1.697 3	2.042 3	2.457 3	2.750 0
31	0.853 5	1.054 1	1.309 5	1.695 5	2.039 5	2.452 8	2.744 0
32	0.853 1	1.053 6	1.308 6	1.693 9	2.036 9	2.448 7	2.738 5
33	0.852 7	1.053 1	1.307 7	1.692 4	2.034 5	2.444 8	2.733 3
34	0.852 4	1.052 6	1.307 0	1.690 9	2.032 2	2.441 1	2.728 4
35	0.852 1	1.052 1	1.306 2	1.689 6	2.030 1	2.437 7	2.723 8
36	0.851 8	1.051 6	1.305 5	1.688 3	2.028 1	2.434 5	2.719 5
37	0.851 5	1.051 2	1.304 9	1.687 1	2.026 2	2.431 4	2.715 4
38	0.851 2	1.050 8	1.304 2	1.686 0	2.024 4	2.428 6	2.711 6
39	0.851 0	1.050 4	1.303 6	1.684 9	2.022 7	2.425 8	2.707 9
40	0.850 7	1.050 1	1.303 1	1.683 9	2.021 1	2.423 3	2.704 5
41	0.850 5	1.049 8	1.302 5	1.682 9	2.019 5	2.420 8	2.701 2
42	0.850 3	1.049 4	1.302 0	1.682 0	2.018 1	2.418 5	2.698 1
43	0.850 1	1.049 1	1.301 6	1.681 1	2.016 7	2.416 3	2.695 1
44	0.849 9	1.048 8	1.301 1	1.680 2	2.015 4	2.414 1	2.692 3
45	0.849 7	1.048 5	1.300 6	1.679 4	2.014 1	2.412 1	2.689 6